国家出版基金项目
NATIONAL PUBLICATON FOUNDADON

未来无线通信网络

# 认知无线电原理与应用

谢　刚　著

U0282368

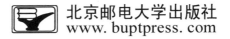

北京邮电大学出版社
www.buptpress.com

# 内 容 简 介

随着无线通信的迅猛发展,有限的频谱资源变得越来越紧张,另外传统的静态无线频谱资源分配策略也导致频谱利用率低下。提高频谱效率是第五代移动通信系统亟待解决的重要问题,认知无线电作为解决上述问题的关键技术得到了越来越广泛的关注。

本书分五部分系统阐述了认知无线电的原理与技术,第一部分介绍了认知无线电的概述。第二部分介绍了若干数学工具和下一代无线通信系统的关键技术。第三部分介绍了认知无线电的频谱感知技术,包括概述与基础、新型单节点频谱感知技术和多节点协作频谱感知技术。第四部分介绍动态频谱接入技术,包括基于干扰温度限制的分布式频谱共享、自适应资源分配、基于拍卖理论的动态频谱接入技术和多天线系统动态频谱接入技术。第五部分介绍了认知无线电技术的应用。

本书内容丰富,可以作为研究第五代移动通信、认知无线电、认知网络的专业技术人员和研究生的教材和参考书,也可以从事该方向的技术人员的参考资料

## 图书在版编目(CIP)数据

认知无线电原理与应用 / 谢刚著. -- 北京:北京邮电大学出版社,2016.11
ISBN 978-7-5635-4966-5

Ⅰ. ①认… Ⅱ. ①谢… Ⅲ. ①移动无线通信 Ⅳ. ①TN924

中国版本图书馆 CIP 数据核字(2016)第 288481 号

书　　　名:认知无线电原理与应用
著作责任者:谢　刚　著
责 任 编 辑:张珊珊
出 版 发 行:北京邮电大学出版社
社　　　址:北京市海淀区西土城路 10 号(邮编:100876)
发 行 部:电话:010-62282185　传真:010-62283578
E-mail:publish@bupt.edu.cn
经　　　销:各地新华书店
印　　　刷:北京鑫丰华彩印有限公司
开　　　本:720 mm×1 000 mm　1/16
印　　　张:14
字　　　数:280 千字
版　　　次:2016 年 11 月第 1 版　2016 年 11 月第 1 次印刷

ISBN 978-7-5635-4966-5　　　　　　　　　　　　定　价:35.00 元

# 丛书总序

　　近年来,智能手机、平板电脑、移动软件商城、无线移动硬盘、无线显示器、无线互联电脑等的出现开启了无线互联的新时代,无线数据流量和信令对现有无线通信网络带来了前所未有的冲击,容量需求呈非线性爆炸式增长。伴随着无线通信需求的不断增长,用户希望能够享受更加丰富的业务和更好的用户体验,这就要求未来的无线通信网络能够提供宽带、高速、大容量的无线接入,提高频谱利用率、能量效率及用户服务质量,降低成本和资费。基于此,本丛书着眼于未来无线通信网络中各种创新技术的理论和应用,旨在给广大读者带来一些思考和帮助。

　　本丛书首批计划出版五本书,其中《无线泛在网络的移动性管理技术》一书详细介绍无线泛在网络环境中移动性管理技术面临的问题与挑战,为读者提供了移动性管理技术的研究现状及未来的发展方向。《认知无线电与认知网络》一书主要阐述认知无线电的概念、频谱感知、频谱共享等,向读者介绍并示范如何利用凸函数最优化、博弈论等数学理论来进行研究。环境感知、机器学习和智能决策是认知网络区别于其他通信网络的三大特征,《认知无线网络中的人工智能》一书关注的是认知网络的学习能力,重点讨论了人工神经网络、启发式算法和增强学习等算法如何用于解决认知网络中的频谱检测、功率分配、参数调整等具体问题。《宽带移动通信系统的网络自组织(SON)技术》一书通过系统讲解IMT-Advanced 系统的 SON 技术,详细分析了 SON 系统方案、协议流程、新网络测量方案、关键技术解决方案和算法等。《绿色通信网络技术》一书重点介绍多网共存的绿色通信网络中的相关技术,如绿色通信网络概述、异构网络与绿色通信、FPGA 与绿色通信等。

　　从最早的马可尼越洋电报到现在的移动通信,从第一代移动通信到现在第四代移动通信的二十年中,无线通信已经成为整个通信领域中的重要组成部分,是具有全球规模的最重要的产业之一。当前无线移动通信的持续发展面临着巨大的挑战,也带来了广阔的创新空间。我们衷心感谢国家新闻出版总署的大力支持,将"丛书"列入"十二五"国家重点图书出版规划项目,并给予国家出版基金的支持,衷心希望本丛书的出版能为我国无线通信产业的发展添砖加瓦。本丛书的作者主要是年轻有为的青年学者,他们活跃在教学和科研的第一线,本丛书凝聚了他们的心血和潜心研究的成果,希望广大读者给予支持和指教。

# 前　言

　　无线频谱作为一种有限的、不可再生的资源，在无线技术越来越发达、无线应用越来越广泛的今天，已经变得极为宝贵。目前，各国的频谱分配政策和方法大同小异，普遍采用所谓"静态分配"的方式：将频谱划分为不相互重叠的多个部分，分别分配给不同的使用者，称之为授权频段，而其使用者被称为授权用户，对授权频段具有独占权，其对授权频段的利用具有排他性。但经过几十年的发展，这些频谱资源的使用情况却令人失望。提高频谱效率是第五代移动通信系统亟待解决的重要问题，认知无线电作为解决上述问题的关键技术得到了越来越广泛的关注。认知无线电系统采用频谱感知、干扰避让、资源分配等技术接入授权频段，并避免引入干扰，从而在特定的频谱范围内实现共存，提高频谱利用率。在认知无线电系统中，为了实现预期的智能自适应功能，必须采用多种新技术和新方法。

　　鉴于此，本书介绍了认知无线电与认知网络的新技术和新方法。第一部分介绍了认知无线电的概述。第二部分介绍了若干数学工具和下一代无线通信系统的关键技术。第三部分介绍了认知无线电的频谱感知技术，包括概述与基础、新型单节点频谱感知技术和多节点协作频谱感知技术。第四部分介绍动态频谱接入技术，包括基于干扰温度限制的分布式频谱共享、自适应资源分配、基于拍卖理论的动态频谱接入技术和多天线系统动态频谱接入技术。第五部分介绍了认知无线电技术的应用。感谢为本书编写做出贡献的几位博士研究生，他们是曾令康，张然然，毛峻岭和邓潘亮。

　　还要感谢读者的阅读和帮助，希望更多的有志之士投入到伟大的无线通信的理论研究和工程实践中。

　　限于作者水平，恳请读者批评指正。

# 目　　录

## 第一部分　绪论

## 第二部分　相关基础知识

# 第三部分　频谱感知

# 第四部分 动态频谱接入技术

# 第五部分 认知无线电技术的应用

# 第一部分
# 绪　论

# 第1章　认知无线电概述

## 1.1　认知无线电的产生背景及意义

无线通信[1-3]的便捷性、及时性和移动性使得其无论在日常生活领域还是国防安全等各个方面,无疑都成为通信及数据传输的首选方案之一。面对这种巨大的需求,无线通信技术及其应用几十年来取得了极大的进步和成就:办公楼、酒店、学校等热点区域已经部署了众多 WLAN(Wireless Local Area Network)热点;蓝牙等短距通信技术可以方便地连接不同的设备;卫星通信则满足了超远距离通信的需求;个人移动通信的需求最为迫切,发展也最为迅猛。无线蜂窝系统经历三代革命性的技术革新[4-8]后,据统计 2010 年底全球手机用户的数量已经高达 52.8亿[9],而在亚洲等地区用户量仍在不断增长。与此同时后续的无线通信技术如LTE 和 LTE-A[10,11]等也得到深入的研究,并形成了相应的标准,大规模部署商用在即。以上通信技术虽然各具特色,其目标却完全一致:任何时间和地点,提供高速的无线连接和数据服务。

无论何种技术,都无一例外地以无线频谱为支撑。无线频谱作为一种有限的、不可再生的资源,在无线技术越来越发达、无线应用越来越广泛的今天,已经变得极为宝贵。目前,各国的频谱分配政策和方法大同小异,普遍采用所谓"静态分配"的方式:将频谱划分为不相互重叠的多个部分,分别分配给不同的使用者,称为授权频段,而其使用者被称为授权用户,对授权频段具有独占权,其对授权频段的利用具有排他性。但经过几十年的发展,这些频谱资源的使用情况却令人失望:美国联邦通信委员会(Federal Communications Commission,FCC)的调查报告[12,13]显示,在不同的地理位置和时间区间内,授权频段利用率在 15%～85%范围内波动;美国国家无线电网络研究实验床(National Radio Network Research Testbed,NRNRT)测试项目[14]则显示,6 个测试地点 30 Hz～3 GHz 的频谱资源平均利用率仅为5.2%;而世界各地的学术文献[15-17]也都证明了频谱资源利用不足这一现实。

　　一方面,为了充分地利用授权频段,在有限的频谱资源上支持更多的用户[18],人们开发了多种多址方式,如频分多址(Frequency Division Multiple Access,FDMA)、时分多址(Time Division Multiple Access,TDMA)、码分多址(Code Division Multiple Access,CDMA)以及空分多址(Space Division Multiple Access,SDMA)等。另一方面,在调制、编码以及多入多出(Multiple Input and Multiple Output,MIMO)等技术上也投入很大的力量进行研究,以尽可能地提高频谱利用率[19]。

　　即便进行了以上的诸多努力,但由于香农定律[20]和频谱分配方式的限制,难以从根本上解决频谱资源紧张的问题,授权频段的利用率无疑仍然令人失望,与初衷相违背。但是,这一状况不仅提示我们应当加强对授权频段的充分利用,也为急迫需求频谱资源的各种无线技术和应用提供了一线新的希望。

　　现行的频谱资源分配方式也给出了一些无须授权就可使用的频段,比如工业、科学和医用(Industrial,Scientific and Medical,ISM)频段,只要符合一定的标准,设备可以随意访问。在这一频段上,Wi-Fi、蓝牙以及其他一些无线技术实现了良好的共存。ISM频段无须授权频段的成功应用,证明了频谱共享的可能性,也从侧面动摇了传统的频谱分配方法。一些新的共享频谱资源的思想和无线技术应运而生。

　　1999年Joseph Mitola提出了认知无线电(Cognitive Radio,CR)[21,22]的概念,试图用一种智能的无线电平台来提高频谱的利用率。经过十余年的研究和发展,目前学界公认的认知无线电的定义以下有三种。

　　1. 由Joseph Mitola提出[23]:具有高度智能的无线平台,可以分析用户的状态和需求来为用户提供最符合其需求的资源;感知无线环境的变化来选择最优的服务;并通过"无线电知识描述语言"(Radio Knowledge Representation Language,RKRL)来提供更强的灵活性。

　　2. 由FCC提出[13]:设备具有和环境进行交互的能力,可以自适应地改变自身的发射机参数和其他设置等而无须改变其硬件的一种新型无线电通信平台。

　　3. 由Simon Haykin提出[24]:认知无线电是一个对周围环境进行感知的智能系统,其内部的节点和网络可以通过对环境的学习自适应地调整工作方式和状态,避免对其他系统的干扰。

　　认知无线电系统采用频谱感知、干扰避让、资源分配等技术接入授权频段,并避免引入干扰,从而在特定的频谱范围内实现共存,提高频谱利用率。在认知无线电系统中,为了实现预期的智能自适应功能,必须采用多种新技术和新方法。其中的关键技术主要包括以下两类。

（1）频谱感知技术

频谱感知技术主要的目的是通过测量周围电磁环境数据,经过相应的算法从这些数据中提取出授权用户在该频段的工作状态,并克服实际环境中存在的多种干扰因素,提高频谱感知结果的可靠性。这一技术在认知无线电中具有极其重要的地位,是认知无线电实现既定目标的依赖和基础。本文中认知无线电关键技术的研究也将集中在这一领域。

（2）频谱共享和管理技术

基于频谱感知技术提供的结果,对可用的频谱资源进行尽可能合理的管理和高效的利用。频谱共享和管理技术作为一个较为宽泛的定义,其中包含了对于频谱资源的划分和分配、发射功率的分配和调整、干扰抑制等方面。在不同的条件下,考虑到授权用户及其他因素的变化,认知无线电系统的共存及资源分配公平性等,频谱共享技术需要利用最优化、博弈论等数学手段进行研究。

# 1.2　认知无线电的发展与标准化工作

认知无线电最为重要的特征是对周围环境的自适应,其可以工作在那些未被充分利用的授权频段上而对原先授权用户不产生强烈干扰,这将为无线通信系统的发展提供极大的空间。因此,这一概念的提出,立即引起了各界极大的兴趣,美国联邦通信委员会甚至已于 2003 年 12 月将认知无线电技术作为实现频谱协商和共享的候选方案[25],并说明:"只要具备认知无线电功能,即使是其用途未获许可的无线终端,也能使用需要无线许可的无线频段"。而在这之后,有关认知无线电技术的标准化和相关研究也广泛地开展起来:

• 2004 年 5 月,FCC 建议:非授权的无线电设备可在电视广播频段内操作;

• 2004 年 11 月,IEEE 正式成立了 IEEE 802.22 工作组,这是世界范围内第一个基于认知无线电技术的标准化组织;

• 2004 年 11 月,IEEE 成立了 IEEE 802.16h 工作组,其致力于利用认知无线电等技术解决设备的共存问题,从而使 IEEE 802.16 系列标准可在 UHF 电视频段进行应用;

• 2005 年 9 月,IEEE 802.22 标准工作组完成了对无线地域网的功能需求和信道模型等相关文档;

• 2005 年,IEEE 成立了 IEEE 1900 标准组,主要负责进行与下一代无线通信技术和高级频谱管理技术相关的电磁兼容研究,推进认知无线电的研究工作;

• 2006 年,IEEE 802.22 标准工作组开始对业内提交的提案进行审议,在

2006 年 3 月,最终形成了合并的提案以作为编写标准的基础;

• 2006 年 6 月 8 日到 10 日,首届面向无线网络和通信技术的国际认知无线电技术大会 IEEE CrownCom 在希腊召开;

• 2007 年 3 月 22 日,IEEE 1900 标准组变更为 IEEE SCC 41,其中包括 4 个工作组:IEEE 1900.1 工作组,主要负责解释和定义有关下一代无线电系统和频谱管理的术语和概念;IEEE 1900.2 工作组,主要为频带内以及邻带干扰的共存分析提供操作规程建议;IEEE 1900.3 工作组,评估无线电系统的频谱接入行为;IEEE 1900.4 工作组,为动态频谱接入提供实际应用、可靠性验证等;

• 2008 年 6 月,软件无线电论坛第 59 届大会上,将空白电视频段的使用作为重要的议题进行了探讨。

同时,各国针对认知无线电在军事和民用领域的研究也正积极进行:

• 美国国防高级研究计划局为了有效地利用频谱资源,启动了下一代计划。该计划主要致力于开发允许多用户共享频谱的技术。其中实现灵活的频谱分配是这一计划的主要目标之一。

• 美国加州大学伯克利分校 R. W. Brodwesen 教授的研究组开发研制了 CORVLJS 系统,该系统使用虚拟空闲授权频谱来研究认知无线电技术,并依据他们的研究及相关成果,设计并实现了伯克利仿真平台。

• 端到端可重配置项目(End-to-End Reconfigurability,E2R)是欧洲委员会第六框架项目的一个综合性项目。可为多种协议和应用等提供通用的平台和相关条件,以可升级、可重配置的基于认知算法的架构来优化资源利用。

• 我国在 2009 年以认知无线网络基础理论与关键技术研究为题目进行了 973 项目立项,主要研究认知无线电依托对频谱条件、网络状况和用户需求的学习,实现资源的高效共享以及充分利用。

• 中国国家 973 基础研究计划、国家高技术研究发展计划(863 计划)和国家自然科学基金于 2005 年 7 月开始持续资助或设立课题研究认知无线电技术,对认知无线电物理层和媒质接入控制层的关键技术、协议体系结构、应用场景分析等方面做了具体深入的研究。

虽然认知无线电领域有无数学者在进行各个方面的研究并提出不同的方案,但在基本的目标和概念上形成了一些通行的共识:

利用目标——频谱空洞。

在认知无线电系统中,由于利用的是授权频段,未被利用的频谱可能随时出现或者消失,受到各种原因影响,频谱上的功率也会变化。因此,认知无线电中将频谱资源建模成一个时间、频率和功率三个维度上的变量,称为频谱空洞[26]。认知无线电必须在限定的时间之内按照规定的精确度在目标频段上分析判断其是否存在频谱空洞,进而对其进行利用;同时,对于已经占用的资源,也要周期性地进行感知,如果发现授权用户出现,必须及时地采取措施避免对其造成干扰。

实现方法——认知/重置。

可见无线电无论采用何种实现形式,必须具有以下两种能力[24]来发现和利用频谱空洞。

A. 认知能力:即从环境中通过各种感知手段,获取信息的能力。在具体的认知无线电系统中,这种能力要求获得的参数并不固定,有可能是特定频段上的功率,抑或是其上信号的某种特征。从而实现对目标频段上的信号识别和判决,为选择最优的工作方式和参数提供依据。

B. 重置能力:认知无线电根据认知能力提供的信息,对设备的软硬件参数和工作状态做出正确的设置和变更。

研究模型——干扰温度/先听后说。

A. 干扰温度模型

在干扰温度模型[27,28]中,需要考虑的是授权用户收到的干扰的累积效应,即授权用户接收机收到所有认知无线电用户的累积干扰。只要这种累积的干扰不超过规定的门限值,则认知无线电用户就被允许在该频段上与授权用户共存,而这一门限被称为干扰温度限。基于这一参数,认知无线电用户的发射功率等参数将受到限制。认知用户在进行发射前,必须估计其发射对授权用户的影响,若其发现在频段进行发射会导致干扰温度超过干扰温度限时,就必须停止在该频段的操作并切换至其他频段。

这一模型在理论上可以充分利用频谱资源的容量并自适应地调整发射参数,实现授权用户与非授权用户的共存。但在实际条件下,具有明显的缺陷:(1)为了测量干扰温度,需要在所有影响范围内布设传感器,但该系统将耗费巨大,而且对于拥有多个用户的认知无线电系统而言计算过于复杂;(2)发射信号通过信道后受到各种因素影响,不在同一地理位置的非授权用户很难准确获得授权用户的干扰温度;(3)干扰温度限的设置受到授权用户其本身的工作方式和参数影响,准确、统一的干扰温度限难以确定。因而该模型在实际应用中受到极大限制。

B. 先听后说模型

先听后说(Listen-Before-Talk,LBT)模型[29]不同于干扰温度模型,其要求非授权用户必须在目标频段上先检测授权用户的信号,如果判决授权用户未使用该频段才允许接入。通常情况下,认知无线电系统部署迟于授权系统,而对授权系统进行改造是不现实的,因此二者难以建立有效的沟通。这就要求认知无线电系统具有灵敏的感知能力,例如:IEEE 802.22 标准[30]中就规定认知无线电系统对于数字电视信号的感知灵敏度为−117 dBm,实际环境中等价信噪比大约为−22 dB,而无线麦克风信号则要求灵敏度为−107 dBm,换算为实际环境中的信噪比大约为−12 dB[31]。

# 1.3　认知无线电关键技术研究现状

在 LBT 模型相关的标准和研究中指出,认知无线电系统必须对授权用户具有高度的灵敏度,这一要求的实现即依赖于认知无线电系统的关键技术——频谱感知。频谱感知技术的根本目标是检测授权用户的信号,但值得注意的是,这一技术与传统的信号检测技术却有很大的不同。

• 空间维度上判决结果的处理。由于信号在空间上的传播,同时还存在地形、建筑阻挡等因素,认知无线电系统面临的授权用户信号并非在整个空间都均匀存在。如何对待空间中某一位置的检测结果,甚至在多个空间位置上的检测结果相左时,最终的判决应当如何做出,这些问题是传统信号检测技术所未曾遇到的。

• 极高的灵敏度。当授权用户信号发射机与认知无线电用户之间的信道衰落较大时,认知无线电系统可能会错误地做出授权用户不存在的判决,进而利用该频段,影响了临近的授权用户,产生著名的隐藏终端问题[32,33]。这一问题的解决一方面要求提高检测灵敏度,另一方面,合作频谱感知是有效的途径之一。

• 检测器的噪声不确定度。检测器的接收信号不仅有授权用户的信号,还有各种原因引入的噪声能量。在频谱感知过程中,噪声能量的真值无法获得,只能对其进行估计。一方面,该估计值可能存在一定的偏差;另一方面,实际环境下的噪声并非一成不变的,这就导致所谓的噪声不确定度。当噪声不确定度为 $\rho$ dB 时,用 $\sigma^2$ 表示噪声能量估计值,则噪声能量真值在 $\left[\frac{1}{\rho}\sigma^2, \rho'\sigma^2\right]$ 区间内波动,其中 $\rho' = 10^{(\rho/10)}$。噪声不确定度有可能导致频谱感知的可靠度的降低[34]。

基于以上诸多差异,近年来学术界对频谱感知技术进行了大量深入的研究。早期的频谱感知更侧重于单个认知用户对于所获得抽样信号的分析和判定,随着研究的深入,通过优化感知系统的策略、协议等方面来提高频谱感知性能逐渐成为研究的主流[35]。在本章参考文献[35]中,前者被称为硬层次频谱感知,而后者则被称为软层次频谱感知。

硬层次频谱感知,即单节点频谱感知,在信号检测等理论的支持下,已经发展出多种算法。谱估计方法是重要的一类,其通过把较宽的频谱范围分为多个较小的频段(称为分辨率),并估计其功率谱密度(Power Spectral Density,PSD)。依据谱估计的结果,认为具有较低功率谱密度的频段是潜在的空闲频段。在这一类算法中,Thomson 的 Multi-taper 方法[36]被认为具有较优的性能,而利用其他技术的诸多方案[37-40]也得到了广泛的研究。另一方面,通过建立授权用户信号不存在(通常表示为 $H_0$)和存在(通常表示为 $H_1$)的两种假设,之后经过算法判定何种假设成立的方法也得到了极大的关注。其中,能量检测、匹配滤波器以及循环平稳特征检测等是较为常见的检测算法[41]。能量检测无须授权用户信号的信息,具有实现简单、计算复杂度低的特点,在对目标信号无先验信息的情况下具有最优性能[34],因而得到广泛的应用。然而其对于噪声不确定度等因素极为敏感,性能容易出现波动。基于能量检测,本章参考文献[42]研究了能量感知在噪声能量估计值下的门限设计,本章参考文献[43][45]讨论了频谱感知与系统吞吐量的关系,等等。匹配滤波器及其改进算法[46,47]的原理是当授权用户的信号特性与其中滤波器的特性形成特定的关系时,使滤波器的输出达到信号功率与噪声功率之比最大来进行检测。但其要求对授权用户信号的各种参数必须准确地掌握,否则无法进行。这就限制了其在实际中的应用[34,48]。循环平稳特征检测及其改进算法[49,50]利用通信系统中通常采用周期性载波,存在统计上的循环平稳特性,而噪声则无此特性的区别进行感知。循环平稳特征检测以分析接收信号的谱相关函数中循环频率为手段,判断授权用户信号存在与否,相较其他方法,可以将噪声能量与授权用户信号能量进行区分,从而在低信噪比条件下获得良好的性能,同时对抗噪声不确定度的能力较强。但该类算法对实际环境中的非线性、定时等因素较为敏感,同时过大的计算量也影响了其可用性。除此以外,利用多天线的感知算法[51,52]、基于小波变换的感知算法[53]、基于序贯检测的频谱感知算法[54,55]以及快速检测(Fast Sensing)算法[56]等都得到了一定的研究和发展。

以上介绍的单节点感知不可避免地遇到诸如隐藏终端、性能波动等问题,因此可以有效克服这些问题的合作频谱感知技术被视为一种更为合适的方案。合作频谱感知利用多个认知用户的感知信息做出最终判决,极大地提高了频谱感知的性能[57,58]。根据本章参考文献[35]的分类,合作频谱感知的研究更多地属于软层次频谱感知的范畴。从结构上来说,合作频谱感知可以分为集中式和分布式两种。

集中式合作频谱感知中,分布于不同地理位置上的各检测器首先获得其所在位置上的本地信息,本地信息根据合作频谱感知方案的不同,可以是检测器的单节点频谱感知结果,也可以是多个比特的量化结果或其他信息等。每个检测器都将其本地信息反馈给中心节点,中心节点通过算法处理这些信息,并得到最终的判决。

分布式合作频谱感知与集中式合作频谱感知的不同之处在于其没有一个中心节点进行控制,各个检测器彼此交换分享其本地信息,通过这种方式,每个检测器获得其他检测器的本地信息,进而通过数据融合等方式达到合作频谱感知的目的。

无论集中或分布式的合作频谱感知,本质都是收集多个检测器的信息融合来提高频谱感知的可靠性。相较于单节点的频谱感知,合作频谱感知在提高性能的同时,需要开辟额外的反馈信道。反馈信道的出现一定程度上影响了合作频谱感知系统的部署,因此围绕反馈信息的研究是该领域的重点之一。同时,针对不同反馈信道条件和其他参数设置,收集的数据如何进行融合也是合作频谱感知研究所要重点解决的问题。

将各个独立的检测器的单节点频谱感知结果进行合并的方式一般称为决策融合,如果每个节点的结果仅为 1 比特,则称为硬合并。每个检测器传送的信息表示所检测频段正在被授权用户所使用或是空闲频段。之后通过特定的准则确定最终的判决结果。本章参考文献[59]和[60]中提出了常见的"AND"准则、"OR"准则以及"Majority"多数占优准则。在"AND"准则中,只有当所有用户的判决结果为授权用户出现时,才判定最终的结果为授权用户出现;在"OR"准则中,只要有一个用户的判决结果为授权用户出现,就判定最终的结果为授权用户出现;而在"Majority"多数占优准则中,最终的判决根据收集的两种结果的数量,依据"少数服从多数"的原则进行判定。

可以看出:"AND"准则的出发点是,最大可能地利用空闲频段,提高认知系统的吞吐量;"OR"准则的出发点是,最大可能地保护授权系统;而"Majority"多数占优准则可以看成是两者的折中。这些方法通常可以都认为是"K-N 准则"[61]的特例。进一步的研究显示,以上提到的这些准则都无法达到最优的性能。本章参考文献[62]研究了基于贝叶斯准则的最优合并准则,提出的最优决策融合规则采用的加权方法可以逼近或达到最优的性能。其通过为每个节点的频谱感知结果 $u_i$ 计算一个加权系数 $a_i$,之后将频谱感知结果 $u_i$ 与加权系数 $a_i$ 相乘并求和,最后通过符号函数判断最终结果。这种加权的方法也被以后的研究所广泛采用,如本章参考文献[63]根据认知用户与授权用户的距离进行了分析,设计了一种基于加权的合并方法;本章参考文献[64]提出了一种新的加权系数计算方法;本章参考文献[65]则尝试通过提高每个节点的量化比特数来提高性能,设计了一种分布式的最优合作频谱感知算法;本章参考文献[66]则研究了在不完全参数条件下的合并准则问题。

与上述方法不同的另外一类方法是数据融合,对应的也称为软合并。其需要各个检测节点将感知结果不做判定地传送到判决节点,由判决节点对这些原始数据进行合并,做出判决。本章参考文献[67]中提出了最优合并(Optimal Combination,OC)以及最大比合并(Maximal Ratio Combination,MRC)两种算法,相较等增益合并(Equal Gain Combination,EGC)具有良好的性能增益,但实现困难不利于使用。本章参考文献[68]先通过对合作频谱感知的性能进行分析和推导,得到其解析表达式后再利用优化方法获得唯一的加权系数完成合并准则的设计。虽然这一方法具有接近最大似然准则的性能,但计算极为复杂。本章参考文献[43]则以联合检测概率和误警概率的最优来计算加权系数。这些研究从多个方面证明了采用软合并方式将有利于提高系统的性能,由于软合并方式可以利用的信息更多,其挖掘潜力也更大。

软合并方式不可忽视的缺点是大量的数据传输。在认知无线电系统中,这甚至是无法完成的。为了既获得软合并方式的优良性能,又能接近硬合并方式易于实现的特点,本章参考文献[43]、[70]以及[71]等进行了大量的研究,并发现通过采用合适的量化方式,性能损失并不明显,同时还能达到性能与复杂度折中的目的。

此外,随着对认知无线电研究的深入,除了单纯以优化频谱感知性能为目标进行研究以外,考虑反馈信道限制与性能折中的双门限合作频谱感知[72,73]、为了降低数据传输量并提高感知可靠性的基于分簇合作频谱感知[74,75]、优先考虑用户可靠性和可信度的 Dempster-Shafer 证据推理的数据融合[76-78]以及针对合作频谱感知中特定参数的优化研究[79-81]等都得到了广泛关注。

# 参 考 文 献

[1] Prasad R. Overview of wireless personal communications:Microwave perspectives [J]. IEEE communications Magazine,1997,35(4):104-108.

[2] Tse D,Viswanath P. Fundamentals of wireless communication[M]. Cambridge university press,2005.

[3] Cox D C. Wireless personal communication:What is it? [J]. IEEE Personal Communications,1995,2(2):20-35.

[4] Boucher N J. The cellular radio handbook :a reference for cellular system

operation[M]. Wiley-Interscience,2001.

[5] Mouly M,Pautet M B,Foreword By-Haug T. The GSM system for mobile communications[M]. Telecom publishing,1992.

[6] Clint Smith. 3G Wireless Networks,Second Edition,McGraw-Hill Osborne Media,2006.

[7] Lawrence Harte. Introduction to Wideband Code Division Multiple Access (WCDMA),Althos,2004.

[8] Vieri Vanghi, Aleksandar Damnjanovic, Branimir Vojcic. The CDMA2000 System for Mobile Communications: 3G Wireless Evolution, Prentice Hall,2004.

[9] GSM Association,Public Policy Annual Review 2011,http://gsmworld. com/documents/PPAR_2011_1_Mar. pdf,2011.

[10] Astely D,Dahlman E,Furuskar A, et al. LTE: the Evolution of Mobile Broadband,IEEE Communicrations Magazine,I(47),2009,pp:44-51.

[11] Erik Dahlman,Stefan Parkvall,Johan Skold,et al. 3G Evolution:HSPA and LTE for Mobile Broadband,Academic Press,2007.

[12] FCC. Spectmm Policy Task Force Report. ET docket 02-155,FCC,2002.

[13] FCC. Notice of Proposed Rule Making and Order. ET docket 03-322, FCC,2003.

[14] Mark A. McHemy. NSF Spectrum Occupancy Technical Report, Shared Spectrum Company,measurements project summary. 2005.

[15] M. Wellens, J. Wu, P. Mahonen, Evaluation of Spectrum Occupancy in Indoor and Outdoor Scenario in the Context of Cognitive Radio,In Proc. of 2nd International Conference on Cognitive Radio Oriented Wireless Networks and Communications,Orlando USA,2007,pp:20-427.

[16] M. Islam,C. Koh,S. Oh,et al. ,Spectrum Survey in Singapore:Occupancy Measurements and Analyses, In Proc. of 3rd International Conference on Cognitive Radio Oriented Wireless Networks and Communications, Singapore,2008,pp:1-7.

[17] R. Chiang, G. Rowe, K. Sowerby, A Quantitative Analysis of Spectral Occupancy Measurements for Cognitive Radio,In Proc. of 2007 IEEE 65th Vehicular Technology Conference VTC2007-Spring, Dublin Ireland, pp:

3016-3020.

[18] T. S. Rappaport. Wireless Communications: Principles and Practice, 2nd Edition. Prentice Hall 2001.

[19] S. William. Wireless Communications&Networks, 2nd Edition. Prentice Hall, 2005.

[20] E. Shannon. A Mathematical Theory of Communication, Bell System Technical Journal, 27, 1948, pp: 379-423&623-656.

[21] Mitola J, Maquire G J, Cognitive Radios: Making Software Radios More Personal, IEEE Personal Communications, 6(4), 1999, pp: 13-18.

[22] Mitola J. , Cognitive Radio: An Integrated Agent Architecture for Software Defined Radio [Dissertation], Stockholm, Sweden, Royal Inst Technical (KTH), 2000.

[23] III Mitola, J, Cognitive Radio for Flexible Mobile Multimedia Communications, In Proc. of IEEE International Workshop on Mobile Multimedia Communications, 1999, pp: 3-10.

[24] S. Haykin, Cognitive radio: Brain-Empowered Wireless Communications, IEEE Journal on Selected Areas in Communications, 23(2), Feb. 2005, 5 pp: 201-220.

[25] FCC. Facilitating Opportunities for Flexible, Efticient and Reliable Spectrum Use Employing Cognitive Radio Technologies: Notice of Proposed Rulemaking and Order. Washington: ET Docket no. 03-108, 2003.

[26] P. De, Liang Y. -C, Blind Sensing Algorithm for Cognitive Radio, In Proc. of IEEE Radio and Wireless Symposium 2007, Long Beach CA, 2007, pp: 201-204.

[27] T. Clancy, Achievable Capacity under the Interference Temperature Model, In Proc. of 26th IEEE International Conferfence Compute Communication, Anchorage AK, 2007, pp: 794-802.

[28] P. J. Kolodzy, Interference Temperature: A Metric for Dynamic Spectrum Utilization, International Journal of Network Managemen, 16(2), 2006, pp: 103-113.

[29] F. Capar, I. Martoyo, T. Weiss, et al. , Comparison of Bandwidth Utilization for Controlled and Uncontrolled Channel Assignment in A Spectrum Pooling

System, In Proc. of IEEE VTC Spring 2002, Birmingham AI, 2002.

[30] C. Cordeiro, K. Challapali, D. Birru, et al. IEEE 802. 22: the First Worldwide Wireless Standard based on Cognitive Radios, In Proc. of IEEE the Dynamic Spectrum Access Networks 2005, Baltimore USA, 2005, pp: 328-337.

[31] IEEE, doc_ 22-06-0068-00-0000, IEEE 802. 22TM/d0. 1 Draft Standard for Wireless Regional Area Networks Part 22: Cognitive Wireless RAN Medium Access coNtrol(MAC)and Physical Layer(PHY)Specifications: Policies and Procedures for Operation in the TV Band, May 2006.

[32] Ganesan G. , Li Ye, Agility Improvement through Cooperative Diversity in Cognitive Radio, In Proc. of IEEE Global Telecommunicaton Conference, St. Louis USA, 2005, v5, pp: 2505-2509.

[33] Cabric D. , Tkachenko A. , Brodersen R. , Spectrum Sensing Measurements of Pilot, Energy, and Collaborative Detection, In Proc. of IEEE Military Communication Conference, Washington, D. C, USA, 2006, pp: 1-7.

[34] R. Tandra, A. Sahai, SNR Walls for Signal Detection. IEEE Journal of Selected Topics in Signal Processing, 2(1), 2008, pp: 4-17.

[35] 朱平, 认知无线电关键技术研究[学位论文], 中国北京, 中国科技大学, 2010.

[36] D. Thomson, Spectrum Estimation and Harmonic Analysis, Proceedings of the IEEE, vol 70, 1982, pp: 1055-1096.

[37] Zhang Z. , Li H. , Yang D. , et al. , Collaborative Compressed Spectrum Sensing: What if Spectrum is not Sparse?, Electronics Letters, 48(8), Apr. 2011, pp: 519-520.

[38] Konishi Toshihiro, Izumi Shintaro, Tsuruda Koh, et al, A Low-Power Multi Resolution SpectrumSensing Architecture for A Wireless Sensor Network with Cognitive Radio, IEICE Transactions on Fundamentals of Electronics Communications and Computer Sciences, E94A(11), 2011, pp: 2287-2294.

[39] Park Jongmin, Song Taejoong, Hur Joonhoi, et al. , A Fully Integrated UHF-Band CMOS Receiver With Multi-Resolution Spectrum Sensing (MRSS) Functionality for IEEE 802. 22 Cognitive Radio Applications, IEEE Journal of Solid-State Circuits, vol 44, Jan. 2009, pp: 258-268.

[40] Nguyen Duy Duong, Tio Surya Dharma, Madhukumar AS, A Cooperative Spectrum Sensing Technique with Dynamic Frequency Boundary Detection

and Information-Entropy-Fusion for Primary User Detection, Circuits Systems and Signal Processing,30(4),Aug. 2011,pp:823-845.

[41] S. M. Kay, Fundamentals of Statistical Signal Processing, Volume 2: Detection Theory,Prentice Hall PTR,1998.

[42] Mariani Andrea, Giorgetti Andrea, Chiani Marco, Effects of Noise Power Estimation on Energy Detection for Cognitive Radio Applications, IEEE Transactions on Communications,59(12),Dec. 2011,pp:3410-3420

[43] Liang Y. C. ,Zeng Y. H. ,Peh E. C. Y. ,et al. Sensing-throughput Tradeoff for Cognitive Radio Networks, IEEE Transactions on Wireless Communications. 7(4),2008,pp:1326-1337.

[44] Cardenas-Juarez,Marco,Ghogho Mounir,Spectrum Sensing and Throughput Trade-off in Cognitive Radio under Outage Constraints over Nakagami Fading,IEEE Communications Letters. 15(10). 2011,pp:1110-1113.

[45] Noh Gosan. Lee Jemin. Wang Hano, etal. , Throughput Analysis and Optimization of Sensing-based Cognitive Radio Systems With Markovian Traffic, IEEE Transactions on Vehicular Technology, 59 (8), 2010, pp: 4163-4169.

[46] Zhang Zhang,Yang Qingqing,Wang Lingkai,et al. A Novel Hybrid Matched Filter Structure for IEEE 802. 22 Standard, In Proc. of 2010 IEEE Asia Pacific Conference on Circuit and System,Kuala Lumpur Malaysia. 2010,pp: 652-655.

[47] Gholamipour Amll Hossein,Gorcin Ali,Celebi Hasari,Reconfigurable Filter Implementation of A Matched-tiller based Spectrum Sensor for Cognitive Radio Systems,In Proc. of 2011 IEEE International Symposium on Circuits and Systems,Rio de Janeiro BRAZIL,2011,pp:2457-2460.

[48] Sahai A. ,Cabric D. , A Tutorial on Spectrum Sensing:Fundamental Limits and Practical Challenges, In Proc. of IEEE Symposium New Frontiers Dynamic Spectrum Access Netw,Baltimore MD,2005.

[49] Lunden Jarmo, Koivunen Visa, Huttunen Anu, et al. , Collaborative Cyclostationary Spectrum Sensing for Cognitive Radio Systems, IEEE Transactions on Signal Processing,57(11). 2009,pp:4182-4195.

[50] Renard Julien,Verlant Chenet Jonathan,Dricot Jean Michel,et al. ,Higher-

Order Cyclostationarity Detection for Spectrum Sensing, Eurasip Journal on Wireless Communications and Networking, 2010.

[51] Wang Lei, Zheng Baoyu, Cui Jingwu, et al., Cooperative MIMO Spectrum Sensing Using Free Probability Theory, In Proc. of 2009 5th International Conference on Wireless Communications, Networking and Mobile Computing, Beijing China, 2009, pp:1455-1458.

[52] Lee Woongsup, Cho Dong-Ho, Enhanced Spectrum Sensing Scheme in Cognitive Radio Systems With MIMO Antennae, IEEE Transactions on Vehicular Technology, 60(3), 2011, pp:1072-1085.

[53] Z. Tian, G. B. Giannakis, A Wavelet Approach to Wideband Spectrum Sensing for Cognitive Radios, In Proc. of IEEE International Conference Cognitive Radio Oriented Wireless Networks and Communication, Mykonos Island Greece, 2006, pp:1-5.

[54] Choi K W, Jeon W S, Jeong D G, Sequential Detection of Cyclostationary Signal for Cognitive Radio Systems, IEEE Transactions on Wireless Communications, 8(9), 2009, pp:4480-4485.

[55] Chaudhari Sachin, Koivunen Visa, Poor H. Vincent, Autocomelation-based Decentralized Sequential Detection of OFDM Signals in Cognitive Radios. IEEE Transactions on Signal Processing, 57(7), 2009, pp:2690-2700.

[56] H. Li, C. Li, H. Dai. Quickest Spectrum Sensing in Cognitive Radio, In Proc. of 42nd Annual Conference on Information Sciences and Systems, NJ USA, 2008, pp:203-208.

[57] S. M. Mishra, A. Sahai, R. W. Brodersen. Cooperative Sensing among Cognitive Radios, In Proc. of IEEE International Conference Commun. Istanbul Turkey, 2006, pp:1658-1663.

[58] Wang Beibei, Liu K. J. Ray, Clancy T. Charles, Evolutionary Cooperative Spectrum Sensing Game: How to Collaborate ?. IEEE Transactions on Communications, 58(3), 2010, pp:890-900.

[59] A. Ghasemi, E. S. Sousa. Collaborative Spectrum Sensing for Opportunistic Access in Fading Environments. In Proc. of First IEEE International Symposium on New Frontiers in Dynamic Spectrum Access Networks, 2005, pp:131-136.

[60] Xuping Zhai, Jianguo Pan. Energy-Detection based Spectrum Sensing for Cognitive Radio, In Proc. of 2007 IET Conference on Wireless, Mobile and Sensor Networks, Shanghai China, 2007, pp:944-947.

[61] Chen R., Park J., Bian K. Robust Distributed Spectrum Sensing in Cognitive Radio Networks, In Proc. of 27 th IEEE Conference on Computer Communications, Phoenix USA, 2008, pp:1876-1886.

[62] Z. Chair, P. K. Varshney. Optimal Data Fusion in Multiple Sensor Detection Systems, IEEE Transactions on Aerospace and Electronic Systems, 22(1), 1986, pp:98-101.

[63] Li Yibing, Liu Xing, Meng Wei, Multi-Node Spectrum Detection based on the Credibility in Cognitive Radio System, In Proc. of 5th International Conference on Wireless Communications, Networking and Mobile Computing, Beijing China, 2009, pp:1-4.

[64] Kieu-Xuan Thuc, Koo Insoo, An Efficient Weight-based Cooperative Spectrum Sensing Scheme in Cognitive Radio Systems, IEICE Transactions on Communications, E93B(8), 2010, pp:2191-2194.

[65] Chen Lei, Wang Jun, Li Shaoqian, Cooperative Spectrum Sensing with Multi—Bits Local Sensing Decisions in Cognitive Radio Context, In Proc. of 2008 IEEE Wireless Communications and Networking Conference, Las Vegas USA, 2008, pp:570-575.

[66] Zarrin Sepideh, Lim Teng Joon, Cooperative Spectrum Sensinb in Cognitive Radios With Incomplete Likelihood Functions, IEEE Transactions on Signal Processing, X6(6), 2010, pp:3272-3281.

[67] MaJ., Zhao G., Li Y., Soft Combination and Detection for Cooperative Spectrum Sensing in Cognitive Radio NeUvorks, IEEE Transactions on Wireless Communications, 7(11), 2008, pp:4502-4507.

[68] Quan Zhi, Cui Shuguang, Sayed A. H., Optimal Linear Cooperation for Spectrum Sensing in Cognitive Radio Networks, IEEE Journal of Selected Topics in Signal Processing, 2(1), 2008, pp:28-40.

[69] Shen Bin, Huang Longyang, Zhou Zheng. Weighted Cooperative Spectrum Sensing in Cognitive Radio Networks, In Proc. of 3rd International Conference on Convergence and Hybrid Information Technology,

Washington USA,2008,vol 1,pp:1074-1079.

[70] Mustonen Miia,Matinmikko Maija,Mammela Aarne,Cooperative Spectrum Sensing Using Quantized Soft Decision Combining,In Proc. of 2009 4th International Conference on Cognitive Radio Oriented Wireless Networks and Communications,2009,pp:164-168.

[71] Tani Yuuki. Saba Takahiko,Quantization Scheme for Energy Detector of Soft DecisionCooperative Spectrum Sensing in Cognitive Radio,In Proc. of 2010 IEEE Globecom Workshops,Globecom Workshops,Miami USA,2010, pp:69-73.

[72] Vu-Van Hiep,Koo Insoo,Cooperative Spectrum Sensing Using Individual Sensing Credibility and Double Adaptive Thresholds for Cognitive Radio Network,In Proc. of Advanced Intelligent Computing Theories and Applications:with Aspects of Artificial Intelligence,Changsha China,2010, pp:392-399.

[73] Zhang Jie,Zhou Hui,Liu Lihua,Cooperative Spectrum Sensing with Double Threshold Detection under Noise Uncertainty in Cognitive Radio,In Proc. of 2010 International Conference on Information, Electronic and Computer Science,Zibo China,2010,vol 1-3,pp:1727-1731.

[74] Min Alexander W,Shin Kang G. ,Hu Xin,Secure Cooperative Sensing in IEEE 802. 22 WRANs Using Shadow Fading Correlation, IEEE Transactions on Mobile Computing,10(10),2011,pp:1434-1447.

[75] Qi Chunmei, Wang Jun, Li Shaoqian, Weighted-Clustering Cooperative Spectrum Sensing in Cognitive Radio Context,In Proc. of 2009 International Conference on Communications and Mobile Computing, Kunming China, 2009,vol 1,pp:102-106.

[76] Nhan Nguyen-Thanh, Koo Insoo, Evidence-Theory-based Cooperative Spectrum Sensing With Efficient Quantization Method in Cognitive Radio, IEEE Transactions on Vehicular Technology,60(1),2011,pp:185-195.

[77] Nhan Nguyen-Thanh, Kieu Xuan Thuc, Koo Insoo, Cooperative Spectrum Sensing Using Enhanced Dempster-Shafer Theory of Evidence in Cognitive Radio, In Proc. of Emerging Intelligent Computing Technology and Applications:with Aspects of Artificial Intelligence,2009,pp:688-697.

[78] Qihang Peng, Kun Zeng, Shaoqian Li. A Distributed Spectrum Sensing Scheme based on Credibility and Evidence Theory in Cognitive Radio Context. In Proc. of IEEE 17th International Symposium on Personal, Indoor and Mobile Radio Communications, 2006, pp: 1-5.

[79] Maleki Sina, Chepuri Sundeep Prabhakar, Leus Geert, Optimal Hard Fusion Strategies for Cognitive Radio Networks, In Proc. of 2011 IEEE Wireless Communications and Networking Conference, Cancun, MEXICO, 2011, pp: 1926-1931.

[80] K. Hamdi, B. K. Letaief. Power, Sensing Time and Throughput Tradeoffs in Cognitive Radio Systems: A Cross-Layer Approach, In Proc. of IEEE Wireless Communications and Networking Conference, Budapest Hungary, 2009, pp: 1-5.

[81] Quan Zhi, Cui Shuguang, Sayed A. H. Optimal Multiband Joint Detection for Spectrum Sensing in Cognitive Radio Networks. 2009 IEEE Transactions on Signal Processing, 57(3), 2009, pp: 1128-1140.

第二部分
# 相关基础知识

# 第2章 若干数学工具

## 2.1 最优化方法

本节将介绍认知无线电系统优化中将会涉及的优化理论的相关知识,通信网络中的资源分配问题通常可以建模为带有约束条件的最优化问题,从而通过一些优化方法来提高网络性能。这些优化问题一般可以表达为如下形式:

$$\min f(x)$$
$$s.t. \begin{cases} g_i(x) \leqslant 0, & i=1,\cdots,m \\ h_j(x)=0, & j=1,\cdots,n \end{cases} \tag{2.1}$$

其中,$x$ 是优化参数,$f(x)$ 是优化目标,$g_i(x)$ 和 $h_j(x)$ 分别是优化参数需要满足的不等式约束和等式约束条件。求目标函数的最大值或约束条件小于等于零的情形,可通过取其相反数,从而化为上述形式。

如果 $f(x)$、$g_i(x)$ 和 $h_j(x)$ 均为参数 $x$ 的线性函数,则式(2.1)中的优化问题又被称为线性优化问题。通常线性优化问题很容易就能得到全局最优解,遗憾的是,无线网络中遇到的实际问题往往是不满足线性优化条件的。如果优化目标 $f(x)$ 或者约束函数 $g_i(x)(h_j(x))$ 是非线性的,则式(2.1)中的优化问题称为非线性优化。

在非线性优化问题中,有一类比较特殊的优化问题,它的可行域为一个凸集,优化目标和约束条件为优化参数的凸函数、凹函数或者线性函数,我们把这类问题称为凸优化问题。

**定义 2.1** 如果对于集合 $\Omega$ 中的任意两个变量 $x_1,x_2$ 以及任意 $\theta(0 \leqslant \theta \leqslant 1)$,满足 $\theta x_1 + (1-\theta)x_2 \in \Omega$,则称集合 $\Omega$ 为凸集。

**定义 2.2** 凸函数是一个定义在某个向量空间的凸子集 $C$ 上的实值函数 $f(x)$,如果在其定义域 $C$ 上的任意两点 $x_1,x_2$,以及 $t \in [0,1]$,有 $f(tx_1 + (1-t)x_2) \leqslant tf(x_1) + (1-t)f(x_2)$。如果对于任意的 $t \in (0,1)$ 有 $f[tx_1 + (1-t)x_2] < tf(x_1) + (1-t)f(x_2)$,函数 $f(x)$ 是严格凸的。

凸优化理论已经形成了较为成熟的体系,可以为凸优化问题提供高效可靠的解决方法,在实际系统中应用广泛,如自动控制、信号处理与估值、数据分析等领域,在无线网络和资源优化问题中也占有很重要的地位。下面我们首先介绍最优性条件及对偶理论的相关概念,再对认知无线电系统优化中常用的凸优化方法进行阐述。

## 2.1.1 最优性条件

本节将研究非线性规划的最优解所满足的必要条件和充分条件。这些条件十分重要,它们将为各种算法的推导和分析提供必不可少的理论基础。

1) 无约束问题的极值条件

对于二阶可微的一元函数 $f(x)$,如果 $x^*$ 是局部极小点,则 $f'(x^*)=0$,并且 $f''(x^*)>0$;反之,如果 $f'(x^*)=0$,$f''(x^*)<0$,则 $x^*$ 是局部极大点。关于多元函数,也有与此类似的结果,这就是下述的各定理。

考虑无约束极值问题:

$$\min f(x),x\in E^n$$

**定理 2.1** (一阶必要条件)设 $f(x)$ 是 $n$ 元可微实函数,如果 $x^*$ 是以上问题的局部极小解,则 $\nabla f(x^*)=0$。

**定理 2.2** (二阶必要条件)设函数 $f(x)$ 在点 $\bar{x}$ 处二次可微,若 $\bar{x}$ 是局部极小点,则梯度 $\nabla f(\bar{x})=0$,并且 Hessian 矩阵 $\nabla^2 f(\bar{x})$ 是半正定的。

**定理 2.3** (二阶充分条件)设 $f(x)$ 是 $n$ 元二次可微实函数,如果 $x^*$ 是上述问题的局部最小解,则 $\nabla f(x^*)=0$,$\nabla^2 f(x^*)$ 半正定;反之,如果在 $x^*$ 点有 $\nabla f(x^*)=0$,$\nabla^2 f(x^*)$ 正定,则 $x^*$ 为严格局部最小解。

**定理 2.4** (充要条件)设 $f(x)$ 是 $n$ 元可微凸函数,如果 $\nabla f(x^*)=0$,则 $x^*$ 是上述问题的最小解。

2) 约束条件下的最优性条件

库恩-塔克条件是非线性规划领域中的重要理论成果之一,是确定某点为局部最优解的一阶必要条件,只要是最优点就必满足这个条件。但一般来说它不是充分条件,即满足这个条件的点不一定是最优点。但对于凸规划,库恩-塔克条件既是必要条件,也是充分条件。

对于只含有不等式约束的非线性规划问题,有如下定理:

**定理 2.5** 设 $X^*$ 是非线性规划问题

$$\min_{X\in\chi} f(X)$$
$$\chi=\{X\,|\,X\in E^n,g_i(X)\geqslant 0,i=1,2,\cdots,m\} \tag{2.2}$$

的极小点,若 $X^*$ 起作用约束的梯度 $\nabla g_i(X^*)$ 线性无关(即 $X^*$ 是一个正则点),则 $\exists \Gamma^* = (\gamma_1^*, \gamma_2^*, \cdots, \gamma_m^*)^{\mathrm{T}}$,使下式成立

$$\begin{cases} \nabla f(X^*) - \sum_{i=1}^{m} \gamma_i^* \cdot \nabla g_i(X^*) = 0 \\ \gamma_i^* \cdot \nabla g_i(X^*) = 0, i = 1, 2, \cdots, m \\ \gamma_i^* \geqslant 0, i = 1, 2, \cdots, m \end{cases} \tag{2.3}$$

对式(2.1)中同时含有等式与不等式约束的问题,为了利用以上定理,将 $h_j(X) = 0$,用 $\begin{cases} h_j(X) \geqslant 0 \\ -h_j(X) \geqslant 0 \end{cases}$ 来代替。这样即可得到同时含有等式与不等式约束条件的库恩-塔克条件如下:

设 $X^*$ 为上述问题的极小点,若 $X^*$ 起作用约束的梯度 $\nabla g_i(X^*)$ 和 $\nabla h_j(X^*)$ 线性无关,则 $\exists \Gamma^* = (\gamma_1^*, \gamma_2^*, \cdots, \gamma_m^*)^{\mathrm{T}}$ 和 $\Gamma^* = (\lambda_1^*, \lambda_2^*, \cdots, \lambda_m^*)^{\mathrm{T}}$,使下式成立

$$\begin{cases} \nabla f(X^*) - \sum_{i=1}^{m} \gamma_i^* \cdot \nabla g_i(X^*) - \sum_{j=1}^{m} \lambda_j^* \cdot \nabla h_j(X^*) = 0 \\ \gamma_i^* \cdot \nabla g_i(X^*) = 0, i = 1, 2, \cdots, m \\ \gamma_i^* \geqslant 0, i = 1, 2, \cdots, m \end{cases} \tag{2.4}$$

## 2.1.2　对偶理论

对偶理论是以对偶问题为基础的,若两个规划问题满足:(1)一个规划问题为最大化问题,另一个规划问题为最小化问题;(2)其中一个规划问题存在最优解,那么另外一个规划问题也存在最优解;(3)如果两个规划问题存在最优解,那么两个规划问题的最优值相等,则称这两个问题为对偶问题。利用对偶理论,可以将复杂的原问题转化为解决其对偶问题。我们首先给出对偶问题的定义,然后介绍对偶理论以及对偶单纯形法。

1) 对偶问题的定义

对偶问题可以从经济学和数学两个角度来提出,本节仅限于从经济学角度提出对偶问题。考虑生产 $n$ 种产品、消耗 $m$ 种资源问题的一般形式:

$$\begin{cases} \max z = c_1 x_1 + c_2 x_2 + \cdots + c_n x_n \\ a_{11} x_1 + a_{12} x_2 + \cdots + a_{1n} x_n \leqslant b_1 \\ a_{21} x_1 + a_{22} x_2 + \cdots + a_{2n} x_n \leqslant b_2 \\ \qquad \cdots\cdots \\ a_{m1} x_1 + a_{m2} x_2 + \cdots + a_{mn} x_n \leqslant b_m \\ x_j \geqslant 0 (j = 1, 2, \cdots, n) \end{cases}$$

该问题的对偶问题为

$$\begin{cases} \min w = b_1 y_1 + b_2 y_2 + \cdots + b_m y_m \\ a_{11} y_1 + a_{21} y_2 + \cdots + a_{m1} y_m \leqslant c_1 \\ a_{12} y_1 + a_{22} y_2 + \cdots + a_{m2} y_m \leqslant c_2 \\ \qquad\qquad \cdots\cdots \\ a_{1n} y_1 + a_{2n} y_2 + \cdots + a_{mn} y_m \leqslant c_n \\ y_i \geqslant 0 (i = 1, 2, \cdots, m) \end{cases}$$

从对偶问题的提出可知,对偶决策变量 $y_i$ 代表对第 $i$ 种资源的估价;这种估价不是资源的市场价格,而是根据资源在生产中的贡献而给出的一种价值判断。为了将该价格与市场价格相区别,称其为影子价格(shadow price)。对于更一般的不具有对称性的问题,表 2-1 给出了原问题与其对偶问题的一般对应关系。

**表 2-1 对偶关系表**

| 原问题 | | | 对偶问题 | |
|---|---|---|---|---|
| 目标函数 max | | | 目标函数 min | |
| 约束条件 | $m$ 个 | | $m$ 个 | 决策变量 |
| | $\leqslant$ | | $\geqslant 0$ | |
| | $\geqslant$ | | $\leqslant 0$ | |
| | $=$ | | 无约束 | |
| 决策变量 | $n$ 个 | | $n$ 个 | 约束条件 |
| | $\geqslant 0$ | | $\geqslant$ | |
| | $\leqslant 0$ | | $\leqslant$ | |
| | 无约束 | | $=$ | |
| 约束条件右端项 $b$ | | | 目标函数价值系数 $b^{\mathrm{T}}$ | |
| 目标函数价值系数 $C$ | | | 约束条件右端项 $C^{\mathrm{T}}$ | |
| 约束条件系数矩阵 $A$ | | | 约束条件系数矩阵 $A^{\mathrm{T}}$ | |

2) 对偶的性质

(1) 对称性:对偶问题的对偶是原问题;

(2) 弱对偶性:若 $X$ 是原问题(max)的可行解,$Y$ 是对偶问题的可行解,则存在 $CX \leqslant Yb$;

(3) 无界性:若原问题为无界解,则其对偶问题无可行解;

(4) 最优性:若 $X$ 是原问题(max)的可行解,$Y$ 是对偶问题的可行解,当 $CX = Yb$ 时,$X$ 是原问题的最优解,$Y$ 是对偶问题的最优解;

（5）对偶性：若原问题有最优解，那么对偶问题也一定有最优解，且目标函数值相等；

（6）互补松弛性：在线性规划的最优解中，如果对应某一约束条件的对偶变量值为非零，则该约束条件取严格的等式；反之，如果约束条件取严格的不等式，则其对应的对偶变量为零。

3）对偶单纯形法

利用单纯形法求解线性规划进行迭代时，在 $b$ 列得到的是原问题的一个基可行解，而在检验数行得到的是对偶问题的一个基解。在保持 $b$ 列是原问题的基可行解的前提下，通过迭代使检验数行逐步成为对偶问题的基可行解，即得到了原问题与对偶问题的最优解。根据对偶问题的对称性，如果我们将"对偶问题"看成"原问题"，那么"原问题"便成了"对偶问题"；因此我们也可以这样来考虑，在保持检验数行是对偶问题的基可行解的前提下，通过迭代使 $b$ 列逐步成为原问题的基可行解，这样自然也可以得到问题的最优解。这种在对偶可行基的基础上进行的单纯形法，即为对偶单纯形法。其优点是原问题的初始解不要求是基可行解，可以从非可行的基解开始迭代，从而省去了引入人工变量的麻烦。当然对偶单纯形法的应用也是有前提条件的，这一前提条件就是对偶问题的解是基可行解，也就是说原问题（min）所有变量的检验数必须非负。可以说应用对偶单纯形法的前提条件十分苛刻，所以直接应用对偶单纯形法求解线性规划问题并不多见，对偶单纯形法重要的作用是为接下来将要介绍的灵敏度分析提供工具。对偶单纯形法的具体步骤如下：

（1）根据线性规划问题列出初始单纯形表，要求检验数非负（min），而对资源系数列向量 $b$ 无非负的要求。若 $b$ 非负，则已得到最优解；若 $b$ 列还存在负分量，转入下一步。

（2）选择出基变量：在 $b$ 列的负分量中选取绝对值最大的分量 $\min\{b_i|b_i<0\}$，该分量所在的行称为主行，主行所对应的基变量即为出基变量。

（3）选择入基变量：若主行中所有的元素均为非负，则问题无可行解；若主行中存在负元素，计算 $\theta=\min\{\dfrac{\sigma_j}{-a_{ij}}|a_{ij}<0\}$（这里的 $a_{ij}$ 为主行中的元素），最小比值发生的列所对应的变量即为入基变量。

（4）迭代运算：同单纯形法一样，对偶单纯形法的迭代过程也是以主元素为轴所进行的旋转运算。

（5）重复（1）～（4）步，直到问题得到解决。

在对偶单纯形法中，总是存在着对偶问题的可行解，因此对于能用对偶单纯形法求解的线性规划来说,其解不存在无界的可能,即只能是有最优解或无可行解这两种情况中的一种。对偶单纯形法无可行解的识别是通过入基变量选择失败来加以反映的,即当主行的所有元素均为非负时,就可得出问题无可行解的结论。

## 2.1.3　无约束最优化方法

虽然实用规划问题大多是有约束的,但许多约束最优化方法可将有约束问题转化为若干无约束问题来求解。无约束最优化方法大多是逐次一维搜索的迭代算法。这类迭代算法可分为两类。一类需要用目标函数的导函数,称为解析法。另一类不涉及导数,只用到函数值,称为直接法。这些迭代算法的基本思想是:在一个近似点处选定一个有利的搜索方向,沿这个方向进行一维寻查,得出新的近似点。然后对新点施行同样手续,如此反复迭代,直到满足预定的精度要求为止。根据搜索方向的取法不同,可以有各种算法。属于解析型的算法有:①梯度法;②牛顿法;③共轭梯度法;④变尺度法。属于直接型的算法有交替方向法(又称坐标轮换法)、模式搜索法、旋转方向法、鲍威尔共轭方向法和单纯形加速法等。下面介绍几种常用的优化方法。

**1. 梯度法**

梯度法也称最速下降法,对基本迭代格式

$$x^{k+1} = x^k + t_k p^k \tag{2.5}$$

考虑从点 $x^k$ 出发沿哪个方向使目标函数 $f$ 下降得最快,根据微积分的知识可知,点 $x^k$ 的负梯度方向 $p^k = -\nabla f(x^k)$ 是从点 $x^k$ 出发使 $f$ 下降最快的方向。因此,也称负梯度方向 $-\nabla f(x^k)$ 为 $f$ 在点 $x^k$ 处的最速下降方向。

按基本迭代格式(2.5),每一轮从点 $x^k$ 出发沿最速下降方向 $-\nabla f(x^k)$ 做一维搜索,来建立求解无约束极值问题的方法,称为最速下降法。

这个方法的特点是,每轮的搜索方向都是目标函数在当前点下降最快的方向。同时,用 $\nabla f(x^k) = 0$ 或 $\|\nabla f(x^k)\| \leqslant \varepsilon$ 作为停止条件。其具体步骤如下:

(1) 选取初始数据。选取初始点 $x^0$,给定终止误差,令 $k = 0$。

(2) 求梯度向量。计算 $\nabla f(x^k)$,若 $\|\nabla f(x^k)\| \leqslant \varepsilon$,停止迭代,输出 $x^k$。否则,进行(3)。

(3) 构造负梯度方向。取 $p^k = -\nabla f(x^k)$。

(4) 进行一维搜索。求 $t_k$,使得 $f(x^k + t_k p^k) = \min\limits_{t \geqslant 0} f(x^k + t p^k)$。

令 $x^{k+1} = x^k + t_k p^k$,$k = k+1$,转到(2)。

**2. 牛顿法**

考虑目标函数 $f$ 在点 $x^k$ 处的二次逼近式

$$f(x) \approx Q(x)$$

$$= f(x^k) + \nabla f(x^k)^{\mathrm{T}}(x - x^k) + \frac{1}{2}(x - x^k)^{\mathrm{T}} \nabla^2 f(x^k)(x - x^k)$$

(2.6)

假定 Hessen 矩阵

$$\nabla^2 f(x^k) = \begin{pmatrix} \dfrac{\partial^2 f(x^k)}{\partial x_1^2} & \cdots & \dfrac{\partial^2 f(x^k)}{\partial x_1 \partial x_n} \\ \vdots & & \vdots \\ \dfrac{\partial^2 f(x^k)}{\partial x_n \partial x_1} & \cdots & \dfrac{\partial^2 f(x^k)}{\partial x_n^2} \end{pmatrix}$$

正定。

由于 $\nabla^2 f(x^k)$ 正定，函数 $Q$ 的稳定点 $x^{k+1}$ 是 $Q(x)$ 的最小点。为求此最小点，令 $\nabla Q(x^{k+1}) = \nabla f(x^k) + \nabla^2 f(x^k)(x^{k+1} - x^k) = 0$，即可解得

$$x^{k+1} = x^k - [\nabla^2 f(x^k)]^{-1} \nabla f(x^k)$$

对照基本迭代格式(2.5)，可知从点 $x^k$ 出发沿搜索方向

$$p^k = -[\nabla^2 f(x^k)]^{-1} \nabla f(x^k)$$

并取步长 $t_k = 1$ 即可得 $Q(x)$ 的最小点 $x^{k+1}$。通常，把方向 $p^k$ 叫作从点 $x^k$ 出发的牛顿方向。从一初始点开始，每一轮从当前迭代点出发，沿牛顿方向并取步长为 1 的求解方法，称为牛顿法。其具体步骤如下：

（1）选取初始数据。选取初始点 $x^0$，给定终止误差 $\varepsilon > 0$，令 $k = 0$。

（2）求梯度向量。计算 $\nabla f(x^k)$，若 $\|\nabla f(x^k)\| \leqslant \varepsilon$，停止迭代，输出 $x^k$。否则，进行（3）。

（3）构造牛顿方向。计算 $[\nabla^2 f(x^k)]^{-1}$，取 $p^k = -[\nabla^2 f(x^k)]^{-1} \nabla f(x^k)$。

（4）求下一迭代点。令 $x^{k+1} = x^k + p^k$，$k := k + 1$，转到（2）。

牛顿法的优点是收敛速度快；但是如果目标函数是非二次函数，用牛顿法通过有限轮迭代不能保证可求得其最优解，需要改进措施。此外，当维数较高时，计算 $-[\nabla^2 f(x^k)]^{-1}$ 的工作量很大。

**3. 变尺度法**

变尺度法是求解无约束极值问题非常有效的算法，它既避免了计算二阶导数矩阵及其求逆过程，又比梯度法的收敛速度快，特别是对高维问题具有显著的优越性。下面我们就来简要地介绍一种变尺度法——DFP 法的基本原理及其计算过程。

我们已经知道，牛顿法的搜索方向是 $-[\nabla^2 f(x^k)]^{-1} \nabla f(x^k)$，为了不计算二阶导数矩阵 $[\nabla^2 f(x^k)]$ 及其逆阵，我们设法构造另一个矩阵，用它来逼近二阶导数矩阵的逆阵 $[\nabla^2 f(x^k)]^{-1}$，这一类方法也称拟牛顿法。

下面研究如何构造这样的近似矩阵,并将它记为 $\overline{\boldsymbol{H}}^{(k)}$。我们要求:每一步都能以现有的信息来确定下一个搜索方向;每做一次选代,目标函数值均有所下降;这些近似矩阵最后应收敛于解点处的 Hessen 矩阵的逆矩阵。

当 $f(x)$ 是二次函数时,其 Hessen 矩阵为常数阵 $A$,任两点 $x^k$ 和 $x^{k+1}$ 处的梯度之差为

$$\nabla f(x^{k+1}) - \nabla f(x^k) = A(x^{k+1} - x^k)$$

或

$$x^{k+1} - x^k = A^{-1} [\nabla f(x^{k+1}) - \nabla f(x^k)]$$

对于非二次函数,仿照二次函数的情形,要求其 Hessen 阵的逆阵的第 $k+1$ 次近似矩阵 $\overline{H}^{(k+1)}$ 满足关系式

$$x^{k+1} - x^k = \overline{H}^{(k+1)} [\nabla f(x^{k+1}) - \nabla f(x^k)] \tag{2.7}$$

这就是常说的拟牛顿条件。

若令

$$\begin{cases} \Delta G^{(k)} = \nabla f(x^{k+1}) - \nabla f(x^k) \\ \Delta x^k = x^{k+1} - x^k \end{cases} \tag{2.8}$$

则式(2.7)变为

$$\Delta x^k = \overline{H}^{(k+1)} \Delta G^{(k)} \tag{2.9}$$

现假定 $\overline{H}^{(k)}$ 已知,用下式求 $\overline{H}^{(k+1)}$(设 $\overline{H}^{(k)}$ 和 $\overline{H}^{(k+1)}$ 均为对称正定阵);

$$\overline{H}^{(k+1)} = \overline{H}^{(k)} + \Delta \overline{H}^{(k)} \tag{2.10}$$

其中 $\Delta \overline{H}^{(k)}$ 称为第 $k$ 次校正矩阵。显然,$\overline{H}^{(k+1)}$ 应满足拟牛顿条件式(2.9),即要求

$$\Delta x^k = (\overline{H}^{(k)} + \Delta \overline{H}^{(k)}) \Delta G^{(k)}$$

或

$$\Delta \overline{H}^{(k)} \Delta G^{(k)} = \Delta x^k - \overline{H}^{(k)} \Delta G^{(k)} \tag{2.11}$$

由此可以设想,$\Delta \overline{H}^{(k)}$ 的一种比较简单的形式是

$$\Delta \overline{H}^{(k)} = \Delta x^k (Q^{(k)})^{\mathrm{T}} - \overline{H}^{(k)} \Delta G^{(k)} (W^{(k)})^{\mathrm{T}} \tag{2.12}$$

其中 $Q^{(k)}$ 和 $W^{(k)}$ 为两个待定列向量。

将式(2.12)中的 $\Delta \overline{H}^{(k)}$ 代入式(2.11),得

$$\Delta x^k (Q^{(k)})^{\mathrm{T}} \Delta G^{(k)} - \overline{H}^{(k)} \Delta G^{(k)} (W^{(k)})^{\mathrm{T}} \Delta G^{(k)} = \Delta x^k - \overline{H}^{(k)} \Delta G^{(k)}$$

这说明,应使

$$(Q^{(k)})^{\mathrm{T}} \Delta G^{(k)} = (W^{(k)})^{\mathrm{T}} \Delta G^{(k)} = 1 \tag{2.13}$$

考虑到 $\Delta \overline{H}^{(k)}$ 应为对称阵,最简单的办法就是取

$$\begin{cases} Q^{(k)} = \eta_k \Delta x^k \\ W^{(k)} = \xi_k \overline{H}^{(k)} \Delta G^{(k)} \end{cases} \tag{2.14}$$

由式(2.13)得

$$\eta_k (\Delta x^k)^{\mathrm{T}} \Delta G^{(k)} = \xi_k (\Delta G^{(k)})^{\mathrm{T}} \overline{H}^{(k)} \Delta G^{(k)} = 1 \qquad (2.15)$$

若 $(\Delta x^k)^{\mathrm{T}} \Delta G^{(k)}$ 和 $(\Delta G^{(k)})^{\mathrm{T}} \overline{H}^{(k)} \Delta G^{(k)}$ 不等于零,则有

$$\begin{cases} \eta_k = \dfrac{1}{(\Delta x^k)^{\mathrm{T}} \Delta G^{(k)}} = \dfrac{1}{(\Delta G^{(k)})^{\mathrm{T}} \Delta x^k} \\[3mm] \xi_k = \dfrac{1}{(\Delta G^{(k)})^{\mathrm{T}} \overline{H}^{(k)} \Delta G^{(k)}} \end{cases} \qquad (2.16)$$

于是,得校正矩阵

$$\Delta \overline{H}^{(k)} = \frac{\Delta x^k (\Delta x^k)^{\mathrm{T}}}{(\Delta G^{(k)})^{\mathrm{T}} \Delta x^k} - \frac{\overline{H}^{(k)} \Delta G^{(k)} (G^{(k)})^{\mathrm{T}} \Delta H^{(k)}}{(\Delta G^{(k)})^{\mathrm{T}} \overline{H}^{(k)} \Delta G^{(k)}} \qquad (2.17)$$

从而得到

$$\overline{H}^{(k+1)} = \overline{H}^{(k)} + \frac{\Delta x^k (\Delta x^k)^{\mathrm{T}}}{(\Delta G^{(k)})^{\mathrm{T}} \Delta x^k} - \frac{\overline{H}^{(k)} \Delta G^{(k)} (G^{(k)})^{\mathrm{T}} \Delta H^{(k)}}{(\Delta G^{(k)})^{\mathrm{T}} \overline{H}^{(k)} \Delta G^{(k)}} \qquad (2.18)$$

上述矩阵称为尺度矩阵。通常,我们取第一个尺度矩阵 $\overline{H}^{(0)}$ 为单位阵,以后的尺度矩阵按式(2.18)逐步形成。可以证明:

(1) 当 $x^k$ 不是极小点且 $\overline{H}^{(k)}$ 正定时,式(2.17)右端两项的分母不为零,从而可按式(2.18)产生下一个尺度矩阵 $\overline{H}^{(k+1)}$;

(2) 若 $\overline{H}^{(k)}$ 为对称正定阵,则由式(2.18)产生的 $\overline{H}^{(k+1)}$ 也是对称正定阵;

(3) 由此推出 DFP 法的搜索方向为下降方向。

现将 DFP 变尺度法的计算步骤总结如下。

(1) 给定初始点 $x^0$ 及梯度允许误差 $\varepsilon > 0$。

(2) 若 $\| \nabla f(x^0) \| \leqslant \varepsilon$,则 $x^0$ 即为近似极小点,停止迭代,否则,转向下一步。

(3) 令

$$\overline{H}^{(0)} = I$$

$$p^0 = -\overline{H}^{(0)} \nabla f(x^0)$$

在 $p^0$ 方向进行一维搜索,确定最佳步长 $\lambda_0$:

$$\min_{\lambda} f(x^0 + \lambda p^0) = f(x^0 + \lambda_0 p^0)$$

如此可得下一个近似点

$$x^1 = x^0 + \lambda_0 p^0$$

(4) 一般地,设已得到近似点 $x^k$,算出 $\nabla f(x^k)$,若

$$\| \nabla f(x^k) \| \leqslant \varepsilon$$

则 $x^k$ 即为所求的近似解,停止迭代;否则,计算 $\overline{H}^{(k)}$:

$$\overline{H}^{(k)} = \overline{H}^{(k-1)} + \frac{\Delta x^{k-1} (\Delta x^{k-1})^{\mathrm{T}}}{(\Delta G^{(k-1)})^{\mathrm{T}} \Delta x^{k-1}} - \frac{\overline{H}^{(k-1)} \Delta G^{(k-1)} (G^{(k-1)})^{\mathrm{T}} \Delta H^{(k-1)}}{(\Delta G^{(k-1)})^{\mathrm{T}} \overline{H}^{(k-1)} \Delta G^{(k-1)}}$$

并令 $p^k = -\overline{H}^{(k)} \nabla f(x^k)$,在 $p^k$ 方向上进行一维搜索,得 $\lambda_k$,从而可得下一个近似点

$$x^{k+1} = x^k + \lambda_k p^k$$

(5) 若 $x^{k+1}$ 满足精度要求,则 $x^{k+1}$ 即为所求的近似解,否则,转回(4),直到求出某点满足精度要求为止。

**4. 直接法**

在无约束非线性规划方法中,遇到问题的目标函数不可导或导函数的解析式难以表示时,一般需要使用直接搜索方法。同时,由于这些方法一般都比较直观和易于理解,因而在实际应用中常被采用。下面我们介绍 Powell 方法。这个方法主要由所谓基本搜索、加速搜索和调整搜索方向三部分组成,具体步骤如下:

(1) 选取初始数据。选取初始点 $x^0$,$n$ 个线性无关初始方向,组成初搜索方向组 $\{p^0, p^1, \cdots, p^{n-1}\}$。给定终止误差 $\varepsilon > 0$,令 $k = 0$。

(2) 进行基本搜索。令 $y^0 = x^k$,依次沿 $\{p^0, p^1, \cdots, p^{n-1}\}$ 中的方向进行一维搜索。对应地得到辅助迭代点 $y^1, y^2, \cdots, y^n$,即

$$y^j = y^{j-1} + t_{j-1} p^{j-1}$$
$$f(y^{j-1} + t_{j-1} p^{j-1}) = \min_{t \geq 0} f(y^{j-1} + t p^{j-1}) \quad j = 1, \cdots, n$$

(3) 构造加速方向。令 $p^n = y^n - y^0$,若 $\|p^n\| \leq \varepsilon$,停止迭代,输出 $x^{k+1} = y^n$。否则进行(4)。

(4) 确定调整方向。按下式

$$f(y^{m-1}) - f(y^m) = \max\{f(y^{j-1}) - f(y^j) \mid 1 \leq j \leq n\}$$

找出 $m$。若

$$f(y^0) - 2f(y^n) + f(2y^n - y^0) < 2[f(y^{m-1}) - f(y^m)]$$

成立,进行(5)。否则,进行(6)。

(5) 调整搜索方向组。令

$$x^{k+1} = y^n + t_n p^n$$
$$f(y^n + t_n p^n) = \min_{t \geq 0} f(y^n + t p^n).$$

同时,令

$$\{p^0, p^1, \cdots, p^{n+1}\}_{k+1} = \{p^0, \cdots, p^{m-1}, p^{m+1}, \cdots, p^{n-1}, p^n\}$$

$k = k+1$,转到(2)。

(6) 不调整搜索方向组。令 $x^{k+1} = y^n$,$k = k+1$,转到(2)。

# 2.1.4 约束最优化方法

约束问题的情况较为复杂,先讨论其中的一种较为特殊的情况,即凸规划问题。一般来说,非线性规划的局部最优解和全局最优解是不同的,但是,对凸规划

问题,局部最优解就是全局最优解。因此,这里主要讨论凸规划问题中的约束最优化方法。

　　常用的约束最优化方法有 4 种。①拉格朗日乘子法:它是将原问题转化为求拉格朗日函数的驻点。②制约函数法:分两类,一类叫惩罚函数法,或称外点法;另一类叫障碍函数法,或称内点法。它们都是将原问题转化为一系列无约束问题来求解。③可行方向法:这是一类通过逐次选取可行下降方向去逼近最优点的迭代算法。④近似型算法:这类算法包括序贯线性规划法和序贯二次规划法。前者将原问题化为一系列线性规划问题求解,后者将原问题化为一系列二次规划问题求解。

**1. 拉格朗日乘子法**

　　对于带有约束条件的最优化问题,一种可以获得闭式解的有效方法是拉格朗日乘子法,拉格朗日乘子法的具体步骤如下:

　　(1) 将式(2.1)写为拉格朗日函数 $L$

$$L = f(\boldsymbol{x}) + \sum_{i=1}^{m} \lambda_i g_i(\boldsymbol{x}) + \sum_{j=1}^{n} \mu_j h_j(\boldsymbol{x}) \tag{2.19}$$

其中 $\lambda_i$ 和 $\mu_i$ 是拉格朗日乘子。

　　(2) 令 $L$ 对 $\boldsymbol{x}$ 的微分等零,即 $\dfrac{\partial L}{\partial \boldsymbol{x}} = 0$。

　　(3) 根据上式解得 $\lambda_i$ 和 $\mu_i$。

　　(4) 将 $\lambda_i$ 和 $\mu_i$ 代入约束条件中求得最优的 $\boldsymbol{x}$。

**2. 制约函数法**

　　基本思想是通过构造函数把约束问题转化为一系列无约束最优化问题。这种方法称为序列无约束最小化方法,简称 SUMT。

　　1)惩罚函数法(外点法)

　　构造惩罚函数 $T(x, M)$ 如下:

$$T(x, M) = f(x) + M \sum_{i=1}^{m} \{\min[0, g_i(x)]\}^2 + M \sum_{j=1}^{l} [h_j(x)]^2 \tag{2.20}$$

将求解非线性规划问题(2.1)转化为求解无约束问题

$$\min T(x, M) \tag{2.21}$$

若对某个确定的 $M$,式(2.21)的解 $x(M) \in D$,则 $x(M)$ 是式(2.1)的解。

　　2)障碍函数法(内点法)

　　对具有不等式约束的非线性规划问题

$$\min f(x)$$
$$s.t.\ g_i(x) \geqslant 0,\ i = 1, 2, \cdots, m \tag{2.22}$$

构造障碍函数 $I(x,r_k)$ 如下：

$$I(x,r_k) = f(x) - r_k \sum_{i=1}^{m} \frac{1}{g_i(x)}, 或 I(x,r_k) = f(x) - r_k \sum_{i=1}^{m} \ln g_i(x)$$

将式(2.22)转化为求解

$$\min I(x,r_k) \tag{2.23}$$

其中 $r_1 > r_2 > \cdots > r_k > \cdots > 0$，$\lim_{k \to \infty} r_k = 0$。

若 $x_k$ 是式(2.23)的解，则 $x^* = \lim_{k \to \infty} x_k$ 是式(2.22)的解。

**3. 可行方向法**

在求解约束优化问题的算法中，可行算法是比较重要的一种。它的迭代过程是从一个可行点迭代到另一个可行点。这样的迭代过程一般通过两种策略来实现：由当前可行点产生可行下降方向，求步长，产生下一个可行点，即 Zoutendijk 可行方向法；还有一种是由当前可行点产生一个中间点，然后通过某种渠道得到一个新的可行点，即投影梯度算法。

1) Zoutendijk 可行方向法

Wolfe(1972)用实例说明了对于带线性约束的凸规划问题，Zoutendijk 可行方向法产生的迭代点列不一定收敛到最优值点处，为从理论上证明 Zoutendijk 可行方向法的收敛性，Topkis 和 Veinott(1967)对 Zoutendijk 可行方向法进行修正：在每一步迭代，将所有的约束都考虑进去，得到了如下的 Topkis-Veinott 可行方向法来求解。

(1) 任取 $x_1 \in \Omega$（$\Omega \subset R^n$ 为非空闭凸集），$k=1$。

(2) 求解下列线性规划得到 $d_k$ 和 $z_k$，

$$\min \quad z$$
$$s.t. \begin{cases} d^T \nabla f(x_k) - z \leqslant 0 \\ d^T \nabla g_j(x_k) - z \geqslant -g_j(x_k), \quad j \in I \\ -1 \leqslant d_j \leqslant 1, \quad 1 \leqslant j \leqslant n \end{cases} \tag{2.24}$$

如果 $z_k = 0$，算法中止；否则 $z_k < 0$，进入下一步。

(3) 求步长 $\alpha_k = \arg\min\{f(x_k + \alpha d_k) \mid 0 \leqslant \alpha \leqslant \alpha_{\max}\}$，其中，$\alpha_{\max} = \sup\{\alpha \mid g_j(x_k + \alpha d_k) \geqslant 0, j \in I\}$。

(4) $x_{k+1} = x_k + \alpha_k d_k$，$k = k+1$。转到(2)。

2) GLP 投影梯度算法

求解约束优化问题的投影梯度算法最早由 Goldstein(1964)，Levitin 和 Polyak(1966)提出，因此又称为 GLP 投影梯度算法。对于约束优化问题，设 $f: R^n \to R$ 连续可微，约束集 $\Omega \subset R^n$ 为非空闭凸集，对任意的 $x \in R^n$，定义 $P_{\Omega}(x) = \arg\min\{\|x-y\| \mid y \in \Omega\}$，Calamai 和 More(1987)年给出了下面基础的投影算法。

（1）取 $\varepsilon > 0, \beta > 0, \sigma, \gamma \in (0,1), x_0 \in \Omega, k = 0$.

（2）令 $x_k(1) = P_\Omega(x_k - \nabla f_k)$，若 $||x_k - x_k(1)|| \leqslant \varepsilon$，算法中止；否则，$x_{k+1} = P_\Omega(x_k - \alpha_k \nabla f_k)$，其中，$\alpha_k = \beta \gamma^{m_k}$，$m_k$ 为满足下式的最小非负整数：$f(P_\Omega(x_k - \beta \gamma^{m_k} \nabla f_k)) \leqslant f_k + \sigma[\nabla f_k, P_\Omega(x_k - \beta \gamma^{m_k} \nabla f_k) - x_k]$

### 4. 近似型算法

#### 1）序贯线性规划法

序贯线性规划法的基本思想是将问题式（2.1）中的目标函数 $f(x)$ 和约束条件 $g_i(x) \leqslant 0(i = 1, 2, \cdots, m); h_j(x) = 0(j = 1, 2, \cdots, k)$ 近似为线性函数，并对变量的取值范围加以限制，从而得到一个近似线性规划问题，再用单纯形法求解之，把符合原始条件的最优解作为式（2.1）的解的近似。每得到一个近似解之后，都从这点出发，重复以上步骤。这样，通过求解一系列线性规划问题，产生一个由线性规划最优解组成的序列，这样的序列往往收敛于非线性规划问题的解。线性规划法的具体步骤如下。

（1）给定初始可行点 $x^{(0)}$，步长限制为 $\delta_j^{(0)}(j = 1, 2, \cdots, n)$，缩小系数 $\beta \in (0,1)$，允许误差 $\varepsilon_1, \varepsilon_2$，置 $k = 0$。

（2）求解线性规划问题：

$$\min f(x^{(k)}) + \nabla f(x^{(k)})^{\mathrm{T}}(x - x^{(k)})$$

$$s.t. \begin{cases} g_i(x^{(k)}) + \nabla g_i(x^{(k)})^{\mathrm{T}}(x - x^{(k)}) \geqslant 0, & i = 1, 2, \cdots, m \\ h_j(x^{(k)}) + \nabla h_j(x^{(k)})^{\mathrm{T}}(x - x^{(k)}) = 0, & j = 1, 2, \cdots, l \\ |x_j - x_j^{(k)}| \leqslant \delta_j^{(k)}, & j = 1, 2, \cdots, n \end{cases}$$

求得最优解 $\bar{x}$。

（3）若 $\bar{x}$ 满足原问题式（2.1）的可行性，则令 $x^{(k+1)} = \bar{x}$，转到第（4）步；否则，置 $\delta_j^{(k)} = \beta \delta_j^{(k)}, j = 1, 2, \cdots, n$，返回（2）。

（4）若 $|f(x^{(k+1)}) - f(x^{(k)})| < \varepsilon_1$，且满足 $\|x^{(k+1)} - x^{(k)}\| < \varepsilon_2$ 或 $|\delta_j^{(k)}| < \varepsilon_2$，则点 $x^{(k+1)}$ 为原问题的近似最优解，否则，令 $\delta_j^{(k+1)} = \delta_j^{(k)}, k = k+1$，返回（2）。

#### 2）序贯二次规划法

序列二次规划法，简称 SQP 方法，亦称约束变尺度法，是目前公认的求解约束非线性优化问题的最有效方法之一，得到广泛的重视及应用。但这种方法也有其不足之处，即其迭代过程中的每一步都需要求解一个或多个二次规划的子问题。一般地，由于二次子规划的求解难以利用原问题的稀疏性、对称性等良好特性，随着问题规模的扩大，其计算工作量和所需存储量是非常大的。

下面分别就式（2.1）的 SQP 算法作一介绍，它的一个重要优点就是：如果沿着二次规划子问题的解方向搜索最终能得到步长为1，那么算法就是超线性收敛的。

下面给出一般的 SQP 算法的基本步骤。

(1) 给定初始点 $x_0 \in R^n$,选取正定矩阵 $B_0$,令 $k=0$。

$$\min \nabla f(x_k)^{\mathrm{T}} d + \frac{1}{2} d^{\mathrm{T}} B_k d$$

(2) 求解子规划 $Q(x_k, B_k)$（ 即 $s.t.$ $\begin{aligned} &g_j(x_k) + \nabla g_j(x_k)^{\mathrm{T}} d \leqslant 0, j \in I \\ &g_j(x_k) + \nabla g_j(x_k)^{\mathrm{T}} d = 0, j \in L \end{aligned}$ ），

得到 $d_k$。

(3) 令 $x_{k+1} = x_k + \alpha_k d_k (\alpha_k \geqslant 0)$。

(4) 修正 $B_k$,使 $B_{k+1}$ 正定,令 $k=k+1$,返回(3)。

# 参 考 文 献

[1] Stephen J. Wright. Primal-Dual Interior-Point Methods. Philadelphia：Society for Industrial and Applied Mathematics,1997.

[2] Dimitri P. Bertsekas . On the Goldstein-Levitin-Polyak Gradient Projection Method. IEEE Transactions on Auomatic Control，VOL. AC-21，NO. 2，APRIL 1976.

[3] Stephen Boyd，Lieven Vandenberghe. Convex Optimization. NewYork：Cambridge University Press,2004.

[4] Zhu Han and K. J. Ray Liu. Resource Allocation for Wireless Networks：Basics，Techniques，and Applications. New York：Cambridge University Press,2008.

[5] 邢文讯,谢金星. 现代优化计算方法. 北京:清华大学出版社,1999.

[6] 陈宝林. 最优化理论与算法. 北京:清华大学出版社,2005.

[7] 何坚勇. 最优化方法. 北京:清华大学出版社,2007.

# 2.2 博 弈 论

## 2.2.1 引言

博弈论是一种研究决策主体的行为发生直接相互作用时的决策以及这种决策之间均衡问题的数学方法。它与信息论一样,在 20 世纪 40 ~ 50 年代经历了跨越式的发展。1944 年冯·诺依曼(Von Neumann)和摩根斯坦恩(Morgenstern)发表

专著《博弈论与经济行为》,提出大部分的经济问题都应当用博弈的模型来分析,引出了通用博弈理论。随后,纳什在 1950 年和 1951 年发表的两篇非合作博弈的论文和塔克(Tucker)在 1950 年定义了"囚徒困境"奠定了现代非合作博弈的基石。20 世纪 60 年代博弈论又得到很大进展,泽尔腾(Selten,1965)把纳什均衡的概念引入到动态分析研究中,提出"精炼纳什均衡"的概念,奠定了完全信息动态博弈的基础。针对纳什均衡概念的某些不完善的地方,排除纳什均衡点的缺陷,泽尔腾将那些包含不可置信威胁战略的纳什均衡从均衡中剔除,从而给出动态博弈结果的一个合理的解。另一个重要的工作是海萨尼(Harsanyi,1967—1968)对不完全信息博弈的研究,建立了不完全信息博弈的基础工作。博弈论得到了系统阐述与澄清,形成了完整而系统的体系。同时,在合作博弈方面,纳什(Nash,1950)和夏普里(Shapley,1953)研究的"讨价还价"模型,将合作博弈研究推向顶峰。博弈论作为分析和解决冲突和合作的工具,目前在生物学、经济学、国际关系、政治学、军事战略等学科都有广泛的应用。值得注意的是,近年来,随着高可靠、大容量无线通信的需求,各个无线传输链路之间存在资源共享以及相互影响等问题,怎样协调传输链路之间的相互作用使得系统能够获得最佳总体性能,博弈论在通信系统设计中的应用是当前通信与信息领域学术界和工业界共同关注的热点。

博弈论作为分析不同行为主体相互作用的数学工具,其主要包含以下三个基本要素。

**1. 参与人(Player)**

在博弈模型中,能够有权决定自身行为的主体称为参与人 $N=\{1,\cdots,n\}$。在博弈论中,对于参与人有一个重要的前提假设:每个参与人都是"理性的",也就是说,每个参与人都是以个人主体最大化为优化目标。

**2. 策略集(Strategy sets)**

博弈模型中,参与人所有可能选择的策略构成策略集 $S_i,i\in N$。

**3. 效用函数(Utility)**

在所有博弈参与人的策略集 $S$ 确定后,对于第 $i$ 个参与人会产生效用函数 $u_i$:$S\to R$,其中 $S=\times_{i\in N}S_i$。

我们通常把上述三要素构成的博弈模型表征为 $G=\langle N,(S_i),(u_i)\rangle$。

## 2.2.2　非合作博弈

在非合作博弈论中,纳什均衡是最基本最核心的概念。分析一个多人博弈,通常我们需要回答三个问题:第一,这个博弈最终的结局将会如何？纳什均衡将会是多人非合作博弈的结果,也就说每个参与人考虑其他参与人的策略均采用最佳策略。第二,这样的纳什均衡是否总是存在? 纳什证明纳什均衡的存在具有普遍性。第三,存在的纳什均衡是否唯一? 纳什均衡的唯一性要根据具体情况分析而定。然而,纳什均衡只是给出了多人博弈的最终结果,并没有告诉我们怎么才能达到纳什均衡。一般情况下,博弈中的每个参与人首先任意选择其策略,随后通过某些准则更新各自的策略直到收敛到均衡状态。

### 1. 纳什均衡

在博弈论中,纳什均衡是最为常见的解,其定义如下。

**定义**:策略博弈 $G=\langle N,(S_i),(u_i)\rangle$,策略组合 $s^*=(s_1^*,\cdots,s_n^*)$ 如果满足以下条件:$u_i(s_i^*,s_{-i}^*)\geqslant u_i(s_i,s_{-i}^*)$,$\forall s_i$,$i=1,\cdots,n$,则为纳什均衡。

其中,对于每一个 $i=1,\cdots,n$,$s_i^*$ 为给定其他参与人策略 $s_{-i}^*=(s_1^*,\cdots,s_{i-1}^*,s_{i+1}^*,\cdots,s_n^*)$ 的情况下第 $i$ 个参与人的最优策略。也就是说在纳什均衡的前提下,任何参与人都不能单方面改变其策略来提高效用。换句话说,纳什均衡是每个参与人的选取最佳策略的结果,如果

$$s_i^* \in \arg\max_{s_i \in S_i} u_i(s_i,s_{-i}^*),\ i=1,\cdots,n$$

$s^*$ 则是一个纳什均衡。

在定义了纳什均衡之后,我们很自然地关心纳什均衡的存在性。基于不动点理论,有许多不同形式的纳什均衡存在性定理,本书将仅介绍其中最为常见的一个。

**纳什均衡存在性定理**:策略博弈 $G=\langle N,(S_i),(u_i)\rangle$。若对于所有 $i\in N$,$S_i$ 是 $R^{n_i}$ 上的非空紧凸子集;$u_i$ 是 $S$ 上的连续函数且为 $S_i$ 上的拟凹函数,$i=1,\cdots,n$,则博弈 $G$ 存在纳什均衡。

纳什均衡存在性定理为应用博弈论解决实际问题的学者们在考察博弈模型提供了一种先验导引。不需要求解一个博弈的纳什均衡,只要满足上述条件,我们就能提前知道纳什均衡是否存在。

在上述所有的定义中,所有参与人都采用确定策略,基于确定策略的纳什均衡通常称为纯纳什均衡。然而,这种纯纳什均衡并不普遍存在,混合纳什博弈的引入解决了纳什均衡的普适性问题。在混合纳什博弈中,参与人为了避免自己的策略被其他参与人知道,同时预计其他参与人的策略来最终决定自身的最优策略。混合策略博弈 $G=\langle N,(\Delta S_i),(u_i)\rangle$,其中,$\alpha_i\in\Delta(S_i)$ 为参与人的一个混合策略,$\alpha=(\alpha_1,\cdots,\alpha_n)\in\times_j S_j$ 表示一个混合策略组合,$\alpha_{-i}=(\alpha_1,\cdots,\alpha_{i-1},\alpha_{i+1},\cdots,\alpha_n)$ 表示包括除第 $i$ 个参与人以外各个参与人混合战略的组合。在混合纳什博弈中,参与人 $i$ 的期望效用为:

$$U_i(\alpha) = \sum_{\alpha\in A}\left(\prod_{j\in N}\alpha_j(a_j)u_i(\alpha)\right)$$

其中 $\alpha_j(a_j)$ 为参与 $j$ 人根据其混合策略 $\alpha_j$ 选择行动 $a_j$ 的概率，$\prod\limits_{j\in N}\alpha_j(a_j)$ 则为在混合策略组合 $\alpha$ 之下行动组合 $s$ 的出现概率。

**定义**：混合策略博弈 $G=\langle N,(\Delta S_i),(u_i)\rangle$，混合策略组合 $\alpha^*$ 如果满足以下条件：对于所有 $i\in N$，所有 $\alpha_i\in\Delta(S_i)$，有 $U_i(\alpha_i^*,\alpha_{-i}^*)\geqslant U_i(\alpha_i,\alpha_{-i}^*)$ 则为 $G$ 的混合战略纳什均衡。其中，对于所有 $i\in N$，$\alpha_i^*$ 是 $i$ 对 $\alpha_{-i}^*$ 的最优反应。

**混合纳什均衡的存在性**：纳什在 1950 年指出，每一个有限策略博弈 $G=\langle N,(\Delta S_i),(\mu_i)\rangle$ 都有混合战略纳什均衡。

纳什给出的混合纳什均衡存在性定理奠定了在客观世界中纳什均衡具有普遍存在性。

**2. 纳什均衡的唯一性**

在纳什均衡研究中，均衡点的唯一性是另外一个重点关注的特性。如果纳什博弈只存在一个均衡点，我们能够准确地预见到各个用户的均衡策略以及最终博弈的结果。然而，与存在性定理不同的是均衡点的唯一性只是在某些特殊情况下出现。对于一般情况，Wilson 在 1971 年给出几乎所有有限博弈都有有限奇数个纳什均衡（包括混合策略均衡）的理论。Rosen 在 1965 年给出了 $N$ 个参与人凹博弈解存在且唯一的条件：策略博弈 $G=\langle N,(S_i),(\mu_i)\rangle$，对于所有的 $i\in N$，假设策略集满足 $S_i=\{s_i\in\mathbb{R}\,|\,h_i(s_i)\geqslant 0\}$，同时 $h_i$ 为凹函数且存在 $h_i(\tilde{s}_i)>0$，$\tilde{s}_i\in\mathbb{R}$；效用函数 $(u_1,\cdots,u_n)$ 满足 $(\bar{s}-\hat{s})^{\mathrm{T}}\nabla u(\hat{s})+(\hat{s}-\bar{s})^{\mathrm{T}}\nabla u(\bar{s})>0$，则该博弈存在唯一纯纳什均衡。

当前，还有三类特殊的情形能够确保纳什均衡具有唯一性：

**标准函数不动点**：Yates 在 1995 年给出了一种标准函数，这种标准函数能够证明通过迭代更新收敛到唯一的不动点。可以将该方法扩展到验证是否纳什均衡具有唯一性：如果参与人的最优反应函数 $B_i(s_{-i})=\{s_i\in S_i:u_i(s_i,s_{-i})\geqslant u_i(s_i',s_{-i})$，$\forall s_i'\in S_i\}$ 满足标准函数，则该非合作博弈模型纳什均衡具有唯一性。其中，标准函数满足如下性质。

1. 正值性：$I(B)>0$。
2. 单调性：如果 $B>B'$，则 $I(B)>I(B')$。
3. 伸缩性：对于所有的 $\alpha>1$，有 $\alpha I(B)>I(\alpha B)$。

**潜博弈（Potential game）**：Monderer 与 Shapley 在 1996 年给出了具有唯一纳什均衡的潜博弈模型。策略博弈 $G=\langle N,(S_i),(u_i)\rangle$，对于所有的 $i\in N$，满足 $P(s_i,s_{-i})-P(s_i',s_{-i})=u_i(s_i,s_{-i})-u_i(s_i',s_{-i})$，则该博弈称作精确潜博弈（exact potential game）。如果满足 $\mathrm{sgn}(P(s_i,s_{-i})-P(s_i',s_{-i}))>\mathrm{sgn}(u_i(s_i,s_{-i})-u_i(s_i',$

$s_{-i}$）），则该博弈称作顺序潜博弈（ordinal potential game）。

**超模博弈（Supermodular game）**：Topkis 在 1998 年给出了存在唯一纳什均衡的超模博弈模型。策略博弈 $G=\langle N,(S_i),(u_i)\rangle$ 对于所有的 $i \in N$，如果满足 $S_i$ 是可行域上的紧子集；效用函数 $u_i$ 在 $s_i$ 上满足上半连续且在 $s_{-i}$ 上连续；同时，效用函数 $u_i$ 在 $(s_i,s_{-i})$ 上满足 $\dfrac{\partial^2 u_i(s_i,s_{-i})}{\partial s_i \partial s_{-i}} \geqslant 0$，则该博弈为超模博弈。

**3. 多纳什均衡及其选择**

当纳什均衡存在多个博弈，我们不禁要问如何选取这些均衡点。为了定义在这种情形下的最优性，一个经典的概念是帕累托最优性（Pareto optimality）：在不使任何参与人效用变坏的情况下，不可能找到一种策略使某些参与人的效用变好，所达到的一种状态。

**定义**：策略博弈 $G=\langle N,(S_i),(u_i)\rangle$，如果存在 $u_{-i}$ 不降低的条件下，有 $u_i' > u_i$，那么 $u_i'$ 是原效用 $u_i$ 帕累托改进。

帕累托改进是指在具有多个纳什均衡条件下，可以通过适当的改变策略，至少能提高一部分参与人的效用而不会降低所有其他参与人的效用。

上述帕累托最优性是在假设参与人能够完全获取其他参与人策略，每个参与人是理性的以及具有合作动机的前提下定义的。然而，如果现实中这些假设并不完全存在，纳什均衡仍然存在么？ 如果这时仍旧存在多个纳什均衡点，我们该如何选取？ 演化博弈能够很好地回答上述两个问题。在演化博弈中，如果具有理性动机的参与人的效用均值大于整个种群的平均效用，那么经过多次动态更新以后，理性动机的参与人将会不断上升。通过这种动态过程，参与人的策略将收敛到演化稳定策略（Evolutionarily stable strategy）。其定义如下：在两个参与人的对称博弈 $G=\langle(1,2),(S,S),(u_i)\rangle$ 中，存在策略 $s,s' \neq s,\varepsilon \in (0,1)$，使得 $u[s,\varepsilon s'+(1-\varepsilon)s] > u[s',\varepsilon s'+(1-\varepsilon)s]$，那么 $s$ 就被称为演化稳定策略。

由上面的定义可以看出，博弈双方都采用这最优的演化稳定策略，并且演化稳定策略必然是纳什均衡。并且只要参与人非理性突变的数目不是太多，理性种群的数量将会随着动态重复过程而增加。

**4. 非合作博弈论的经济学模型**

在经济学中，古诺（Cournot）、伯川德（Bertrand）和斯坦克尔伯格（Stackelberg）是最基本的三种竞争模型。这三种模型最大的区别在于博弈过程中的策略规则前提不同。下面我们就分别介绍这三种模型。

（1）古诺寡头竞争模型

假定有 2 个生产同种产品的寡头企业和 1 个仲裁者，其中，第 $i$ 个寡头企业生

产 $x_i$ 数量产品的成本为 $C_i(x_i)=cx_i,i=1,2$,所有寡头企业生产的总产量为 $X$,假定反需求函数为线性函数:$P(X)=a-X$,如果 $X\leqslant a$,$P(X)=0$,若 $X>0$,其中 $a>0,c\geqslant0$ 为常数,则企业 $i$ 的利润为:

$$\pi_i(x_i,x_{-i})=x_i[P(x_i+x_{-i})-c]=\begin{cases}x_i(a-c-x_i-x_{-i}) & x_i+x_{-i}\leqslant a \\ -cx_i & x_i+x_{-i}>a\end{cases}$$

古诺博弈的规则为:

第一轮,企业1选择产量 $x_1$,同时企业2在不知道企业1生产数量的前提下,选择产量 $x_2$;

第二轮,仲裁人根据各企业的总产量确定价格水平,消费者根据这个价格支付。

(2) 伯川德竞争模型

假定有2个生产相同产品的企业竞争销售产品,企业 $i$ 的成本函数为 $cq$,其中 $q_i$ 是企业 $i$ 的产量,$c>0$ 为常数,需求函数为

$$D(p)=\begin{cases}a-p & p\leqslant a \\ 0 & p>a\end{cases}$$

其中,$p$ 为产品价格。当企业的价格水平不同的时候,消费者将购买出价较低企业的产品,如果两个企业价格相同,各企业的销售量将相同,所以,企业的利润为:

$$\pi_i(p_i,p_{-i})\begin{cases}(p_i-c)(a-p_i) & \text{若 } p_i<p_{-i} \\ (p_i-c)(a-p_i)/2 & \text{若 } p_i=p_{-i} \\ 0 & \text{若 } p_i>p_{-i}\end{cases}$$

其中 $-i$ 表示除 $i$ 以外的其他企业。

伯川德博弈规则为:

第一轮,企业1确定价格 $p_1$,同时企业2在不知道企业1定价的前提下确定价格 $p_2$;

第二轮,消费者向价格最低的企业订购产品,生产企业根据订购量来生产。

本模型与古诺模型最大的不同在于不需要仲裁人来定价,生产量由订购量来决定。

(3) 斯坦克尔伯格竞争模型

假定有两个企业在同一产品市场上进行竞争。与前面两个模型不同的是斯坦克尔伯格竞争中,寡头企业(leader)首先公开其决策策略,其他企业(follower)根据观察到寡头企业的策略再做出决定。在本模型中,竞争的效用既可以是产量又可以是价格。其博弈规则总结如下:

第一轮,寡头企业 1 确定其产量 $x_1$;

第二轮,其他企业 2,在知道寡头企业产量 $x_1$ 的前提下确定产量 $x_2$;

第三轮,仲裁人根据各企业的总产量确定价格水平,消费者根据这个价格支付。

### 5. 拍卖理论

拍卖理论是博弈论的一个重要的应用分支,它是由买家、卖家、拍卖人以及拍卖规则组成的一套体系。使用拍卖这一投标机制主要有三方面的好处:第一,提高资源的利用效率;第二,卖家能够知晓买家关于物品估价的信息;第三,可以有效防止买家与卖家代理人的灰色交易。最为常见的拍卖方式分为:第一价格拍卖和第二价格拍卖。

第一价格拍卖:在第一价格拍卖中,出价最高的投标者赢得拍卖物品,并按他的投标值进行支付。若每个竞标者的估价为 $x_i$ 且报价为 $b_i$,那么其收益 $m_i$ 为:

$$m_i = \begin{cases} x_i - b_j & b_i > \max_{j \neq i} b_j \\ 0 & b_i < \max_{j \neq i} b_j \end{cases}$$

对于第一价格拍卖的占优策略分析:在第一价格拍卖中报价不能超过估价,因为一旦赢得拍卖,便会给自己造成损失,所以报价要低于估价才能有赢利。但是在报价低于估价的情况下,报价越低一旦赢得拍卖获利越多,但赢得拍卖的概率越小,报价越高赢得拍卖的概率虽然大但赢得拍卖后的获利却少,那么对于买家而言如何报价才是最优?经计算,出价为其他所有买家最高价值的期望值时为最优报价,即:$B(x) = \dfrac{1}{G(x)} \displaystyle\int_0^x y g(y) \mathrm{d}y = E[Y \mid Y < X]$〔其中 $G(x)$ 为买家估价分布函数,$g(y)$ 为其概率密度函数〕。

定理:在第一价格拍卖中,所有竞标者出价为其他所有买家最高价值的期望值时,达到纳什均衡。

证明:令买家的估价为 $x$,报价为 $b$,$z = B^{-1}(b)$,则其期望收益为:

$$m(x,z) = G(z)[x - B(z)] = G(z)\{x - E[Y|Y<X]\}$$

把 $E[Y \mid Y < X] = \dfrac{1}{G(x)} \displaystyle\int_0^x y g(y) \mathrm{d}y$ 代入上式可以得到:

$$m(x,z) = G(z)x - \int_0^z y g(y) \mathrm{d}y$$

对 $z$ 求导数得:

$$m'(x,z) = g(z)(x - z)$$

在 $z = x$ 处 $m'(x,z) = 0$,$m(x,z)$ 取最大值。

此时 $b = B(x) = E[Y|Y<X]$,可见所有竞标者出价为其他所有买家最高价值

的期望值时能够达到纳什均衡。

第二价格拍卖:在第二价格拍卖中,出价最高的买家将赢得拍卖,但只需要按照第二高的出价水平进行支付。

若每个买家的估价为 $x_i$ 报价为 $b_i$ 那么其收益为:

$$m_i = \begin{cases} x_i - b_i > \max_{j \neq i} b_j & b_i > \max_{j \neq i} b_j \\ 0 & b_i < \max_{j \neq i} b_j \end{cases}$$

对于第二价格拍卖占优策略:第二价格拍卖中,买家按照物品对自己的真实价值进行出价是占优策略。因为当其他买家的最高出价高于估价时,买家的最优策略是使出价低于其他买家的最高出价来输掉拍卖以免给自己造成损失;当其他买家的最高出价等于估价时,买家可以随意出价,因为即使赢得拍卖收益也是零;当其他买家的最高出价低于估价时,买家应使出价高于其他买家的最高出价来获利。可见无论何种情况按自己的估价来出价都是最优策略。

下面我们将对上述两种经典的拍卖方式从卖家和买家两个方面作比较。

**1. 对于卖家而言**

在各买家信息完备,并且各个竞买者足够理性时卖家收益是相同的。

**2. 对于买家而言**

在两种拍卖方式下,赢得拍卖的买家是一样的,并且赢得拍卖的支付期望也是相同的。但第一价格拍卖在制定出价策略时要用到微积分计算,并且其出价策略还要受到各买家是否为对称模型的制约,因此制定最优策略比较烦琐;而第二价格拍卖的出价简单又不受是否为对称模型的影响,制定策略较为简单。因此真实拍卖往往采用第二价格拍卖。

当拍卖模型由单物品扩展到多物品时,第二价格拍卖机制将成为 Vickrey-Clarke-Groves(VCG)拍卖机制的特例,VCG 机制满足激励相容性,真实出价是其占优策略。其规律如下:报价最高的买家赢得拍卖,其支付规则为: $M_i^V(x) = W(a_i, x_{-i}) - W_{-i}(x)$ ,其中 $W(a_i, x_{-i})$ 表示买家 $i$ 取最小可能值 $a_i$ 时的社会效用, $W_{-i}(x)$ 表示买家 $i$ 报价为 $x_i$ 时其他买家的效用之和,二者之差即为出价,也就是该买家对社会效用造成的损失。

在单个物品拍卖中,VCG 机制能保证每个买家的期望支付最大化的个体理性且激励相容的拍卖机制。

## 2.2.3 合作博弈

合作博弈是博弈论另一个重要分支,与非合作博弈研究参与人在博弈中如何选择策略不同,合作博弈更加关心的是参与人期望获得的结果。在合作博弈论中,主要由两类基本博弈模型组成:讨价还价博弈以及联盟博弈。

**1. 讨价还价博弈**

合作博弈中的讨价还价问题可以简单描述如下:令 $K=\{1,2,\cdots,K\}$ 表示参与博弈的参与人集合,$S$ 是 $\mathscr{R}^K$ 的一个闭的凸子集,表示在参与人一起工作时所有可行的支付分配策略的集合。令 $R_{min}^i$ 表示第 $i$ 个人所期望的最小的支付,否则他将不愿意进行合作,也就是说所设计的算法是失败的。假设 $\{R_i \in S \geqslant R_{min}^i \forall i \in K\}$ 是一个非空的有界集合,这意味着系统有足够的资源来满足所有活动用户的要求,否则,系统将会丢弃某些用户来满足这一条件。定义 $R_{min}=(R_{min}^1,R_{min}^2,\cdots,R_{min}^K)$,那么称 $(S,R_{min})$ 为一个 $K$ 人的议价问题。

在可行集 $S$ 中,Pareto 最优的定义如下:如果一个点 $(R_1,R_2,\cdots,R_K)$ 是 Pareto 最优的,当且仅当不存在其他的分配方案使得满足:$R_i' \geqslant R_i \forall i$ 和 $R_i' > R_i, \exists i,$。由以上定义可以看出,Pareto 最优点是能够满足以上条件的一类点,当处于这些点时不会存在其他的分配方式使得一些参与人能够在不牺牲别的参与人效用的条件下获得更好的效用。实际上,每个 Pareto 最优点都是在最大的总效用和参与人的公平性之间的一种折中。

有许多合作博弈解可以用来寻找 Pareto 最优点。纳什指出在下面六条公理约束下,NBS 提供了唯一的、公平的 Pareto 最优点:

(1) 个体合理性:$\bar{R_i} = \sum_{j=1}^{N} \bar{r}_{ij} > R_{min}^i \forall i$ 。

(2) 可行性:$\bar{r} \in S$ 。

(3) Pareto 最优性:对于所有 $\hat{r} \in S$,如果 $\sum_{j=1}^{N} \hat{r}_{ij} \geqslant \sum_{j=1}^{N} \bar{r}_{ij}, \forall i$,那么 $\sum_{j=1}^{N} \hat{r}_{ij} = \sum_{j=1}^{N} \bar{r}_{ij} \forall i$ 。

(4) 选择行为独立无关性:如果 $\hat{r} \in S' \subset S$,那么 $\hat{r} = \phi(S',R_{min})$ 。

(5) 线性比例变换的独立性:对于任何线性变换 $\psi$,有 $\psi[\phi(S,R_{min})] = \phi[\psi(S),\psi(R_{min})]$ 。

(6) 对称性:如果所有方式间进行交换是不变的,那么 $\phi_j(S,R_{min}) = \phi_{j'}(S,R_{min}), \forall j,j'$ 。

公理 4~6 称为公平性公理。公理 4 告诉我们排除不会选到的可行解不会影响 NBS 解的结果。公理 5 表明 NBS 是比例不变的。公理 6 指出,如果每个参与人的可行域是对称的,那么所有参与人将具有相同的解。

从 NBS 的定义中可以看出,它保证了参与人之间资源分配的公平性。博弈论中指出,对于 NBS $\phi(S,R_{\min})$ 存在满足以上六条公理的唯一的等价的解函数。它的解满足下面的关系:

$$\phi(S,R_{\min}) \in \arg \max_{\hat{r} \in S, R_i \geq R_{\min}^i} \prod_{i=1}^{K} (\bar{R}_i - R_{\min}^i)$$

### 2. 联盟博弈

联盟博弈是合作博弈另一个重要的子类,它主要研究参与人如何在博弈中通过合作结盟来提高其效用。

在联盟博弈中,给定一个有限的参与人集合 $N=\{1,2,\cdots,n\}$,参与人之间构成的联盟 $N$ 是的子集,即 $S \subseteq N$,参与人通过一定具有强制约束力的协议构成联盟来保证行动的一致性。联盟的效用函数又称为特征函数,它是一个从 $2^N=\{S\,|\,S\subseteq N\}$ 到实数集 $R^N$ 的一个映射,且 $V(\varnothing)=0$,如果对于任意 $S,T\in 2^N$,且 $S\cap T=\varnothing$,有 $V(S\cup T)\geq V(S)+V(T)$,则合作博弈具有超可加性,也就是说由 $S$ 和 $T$ 组成的新联盟的总效用不小于原来两个联盟的效用之和。如果对于任意 $S,T\in 2^N$,且 $S\cap T=\varnothing$,有 $V(S\cup T)=V(S)+V(T)$,则合作博弈是可加的,新联盟与旧联盟的效用是一致的。

参与人在决定合作后,总收益如何在所有参与人之间进行分配,如果联盟中的参与人认为效用分配对自身不利,他们就会离开联盟,并寻找新的符合自身的收益分配的新联盟。如何分配效用能够保证联盟中的参与人不会离开联盟,夏普利(Shapley)值是解决该问题的两个最常见的解。

在描述夏普利值之前,我们首先定义四个公理。

**公理 1**:虚拟性,如果对于博弈中的虚拟参与人 $i$ 的解函数 $f$ 满足 $f_i(V)=0$,那么解函数满足虚拟参与性,简称虚拟性。也就是说,在联盟中不做出贡献的参与。

**公理 2**:匿名性,如果对于博弈中,处于同样地位的参与人,其效用具有相同性。通常把该性质叫作对称性或者匿名性。在联盟中,参与人的效用应该按照其对联盟贡献的大小来分配。

**公理 3**:有效性,如果博弈中,其解函数 $f(V)=0$ 是有效的。有效性公理的意义在于它要求联盟的竞争与分配要符合理性。

**公理 4**:可加性,如果对于合作博弈 $f(U+V)=f(U)+f(V)$,则解函数满足可加性。

**夏普利值**:夏普利值将整个联盟 $N$ 的效用 $V(N)$ 按照如下的规则进行分配:

$$f_i(V) = \sum_{S\subseteq N/i} \frac{s!(n-s-1)!}{n!} [V(S\cup(i))-V(S)]$$

其中,$s$ 和 $n$ 分别表示联盟 $S$ 和 $N$ 中参与人的个数。

夏普利值的物理含义为参与人 $i$ 在联盟 $S$ 中边际贡献的期望效用。因为如果参与人按照随机的方式形成联盟,每种联盟出现的概率为 $\frac{1}{n!}$,如果参与人 $i$ 加入联盟 $S$ 中,则参与人 $i$ 的边际贡献为 $V(S \cup \{i\}) - V(S)$,同时参与人 $i$ 在不同联盟中的排列共有 $s!(n-s-1)!$,从而每种排列出现的概率为 $\frac{s!(n-s-1)!}{n!}$。所以,在联盟中参与人关于效用的解函数如上式所示。

## 2.2.4 博弈论在认知无线电中的应用

近年来,运用博弈论研究认知无线电系统引起了通信与信息领域学术界和工业界极大的关注。针对认知无线电系统,本章参考文献[1]~[5]应用潜博弈模型证明了基于非合作博弈资源共享方案纳什均衡解的唯一性问题。本章参考文献[6]~[10]通过引入经济学中的价格机制设计功率控制算法来提高纳什均衡解的有效性,其中,本章参考文献[6]和[10]分别应用标准函数和超模博弈模型来证明纳什均衡解的唯一性问题。本章参考文献[11]~[14]运用重复博弈模型研究了认知无线电频谱共享问题。本章参考文献[15]~[19]分别将经济学中的古诺博弈、伯川德博弈和斯塔克伯格博弈等寡头竞争模型引入到认知无线电模型中设计频谱共享方案。本章参考文献[20]~[24]运用拍卖理论对认知无线电系统的频谱共享问题进行了研究。本章参考文献[25]~[28]从合作博弈论中的纳什议价解的角度设计了频谱共享算法,其中,本章参考文献[28]给出了一种分布式实现方案。本章参考文献[29]和[30]应用联盟博弈模型对认知无线电中的功率控制问题和合作频谱检测问题进行了研究。关于更多认知无线电系统博弈论观点的文献,有兴趣的读者可以本章参考文献[31]~[35]。

# 参 考 文 献

[1] N. Nie, C. Comaniciu, Adaptive channel allocation spectrum etiquettefor cognitive radio networks, Mobile Networks and Applications 11(6)(2006) 779-797.

[2] Y. Xing, C. Mathur, M. Haleem, R. Chandramouli, K. Subbalakshmi, Dynamic spectrum access with QoS and interference temperature constraints, IEEE Transactions on Mobile Computing 6(4)(2007)423-433.

［3］J. O. Neel，R. Menon，A. B. MacKenzie，J. H. Reed，R. P. Gilles，Interference reducing networks，in：Proceedingsof the 2nd International Conference on Cognitive Radio OrientedWireless Networks and Communications，August 2007，pp. 96-104.

［4］R. W. Thomas，R. S. Komali，A. B. MacKenzie，L. A. DaSilva，Joint power and channel minimization in topology control：a cognitive network approach，in：IEEE International Conference on Communications，2007，pp. 6538-6543.

［5］L. Giupponi，C. Ibars，Distributed cooperation in cognitive radio networks：overlay versus underlay paradigm，in：IEEE 69thVehicular Technology Conference(VTC09-Spring)，April 2009.

［6］J. Mwangoka，K. Letaief，Z. Cao，Joint power control and spectrum allocation for cognitive radio networks via pricing，PhysicalCommunication 2（1-2）(2009)103-115.

［7］A. Al Daoud，T. Alpcan，S. Agarwal，M. Alanyali，A Stackelberg game for pricing uplink power in wide-band cognitive radio networks，in：Proceedings of 47th IEEE Conference on Decision and Control，2008，pp. 1422-1427.

［8］F. Wang，M. Krunz，S. Cui，Price-based spectrum management in cognitive radio networks，IEEE Journal of Selected Topics in Signal Processing 2(1)(2008)74-87.

［9］W. Wang，Y. Cui，T. Peng，W. Wang，Noncooperative power controlgame with exponential pricing for cognitive radio network，in：IEEE 65th Vehicular Technology Conference(VTC2007-Spring)，2007，pp. 3125-3129.

［10］J. Huang，R. Berry，M. Honig，Spectrum sharing with distributed interference compensation，in：Proceedings of IEEE DySPAN，2005，pp. 88-93.

［11］R. Etkin，A. Parekh，D. Tse，Spectrum sharing for unlicensed bands，IEEE Journal on Selected Areas in Communications 25(3)(2007)517-528.

［12］Y. Wu，B. Wang，K. J. R. Liu，T. C. Clancy，Repeated open spectrum sharing game with cheat-proof strategies，IEEE Transactions on Wireless Communications 8(4)(2009)1922-1933.

［13］M. van der Schaar，F. Fu，Spectrum access games and strategic learning in cognitive radio networks for delay-critical applications，Proc. IEEE 97（4）(2009)720-740.

［14］B. Wang，Z. Ji，K. J. R. Liu，Self-learning repeated game framework for distributed primary-prioritized dynamic spectrum access，in：Proceedings of the IEEE SECON,2007,pp. 631-638.

[15] D. Niyato,E. Hossain,Competitive spectrum sharing in cognitive radio networks:a dynamic game approach, IEEE Transactions onWireless Communications 7(7) (2008)2651-2660.

[16] D. Niyato,E. Hossain,Competitive pricing for spectrum sharing in cognitive radio networks: dynamic game, inefficiency of Nash equilibrium, and collusion,IEEE Journal on Selected Areas in Communications 26(1)(2008) 192-202.

[17] O. Simeone,I. Stanojev,S. Savazzi,Y. Bar-Ness,U. Spagnolini,R. Pickholtz, Spectrum leasing to cooperating secondary ad hoc networks,IEEE Journal on Selected Areas in Communications 26(1)(2008)203-213.

[18] A. Ercan,J. Lee,S. Pollin,J. Rabaey,A revenue enhancing Stackelberg game for owners in opportunistic spectrum access, in: Proceedings of Dyspan,2008.

[19] M. Bloem,T. Alpcan,T. Basar,A Stackelberg game for power control and channel allocation in cognitive radio networks, in: Proceedings of the 2nd International Conference on Performance Evaluation Methodologies and Tools,2007.

[20] J. Huang,R. A. Berry,M. L. Honig,Auction-based spectrum sharing,ACM Mobile Networks and Applications Journal 11(3)(2006)405-418.

[21] Y. Chen,G. Yu,Z. Zhang,H. Chen,P. Qiu,On cognitive radio networks with opportunistic power control strategies in fading channels,IEEE Transactions on Wireless Communications 7(7)(2008)2752-2761.

[22] S. Gandhi,C. Buragohain,L. Cao,H. Zheng,S. Suri,A general framework for wireless spectrum auctions, in: Proceedings of the2nd IEEE International Symposium on New Frontiers in Dynamic Spectrum Access Networks,2007, pp. 22-33.

[23] J. Jia,Q. Zhang,Q. Zhang,M. Liu,Revenue generation for truthful spectrum auction in dynamic spectrum access, in: Proceedings of the 10th ACM International Symposium on Mobile Ad Hoc Networking and Computing, 2009,pp. 3-12.

[24] Y. Wu,B. Wang, K. J. R. Liu, T. C. Clancy, A scalable collusion-resistantmulti-winner cognitive spectrum auction game,IEEE Transactionson Communications 57

(12)(2009)3805-3816.

[25] K. Han, J. Li, P. Zhu, and X. Wang, The frequency-time pre-allocation in unlicensed spectrum based on the games learning, in: Proceedings of the 2nd International Conference on Cognitive Radio Oriented Wireless Networks and Communications, 2007, pp. 79-84.

[26] A. Attar, M. Nakhai, A. Aghvami, Cognitive radio game for secondary spectrum access problem, IEEE Transactions on Wireless Communications 8(4)(2009)2121-2131.

[27] H. Pham, J. Xiang, Y. Zhang, T. Skeie, QoS-aware channel selection in cognitive radio networks: a game-theoretic approach, in: IEEE Global Telecommunications Conference, 2008, pp. 1-7.

[28] J. Suris, L. DaSilva, Z. Han, A. MacKenzie, Cooperative game theory for distributed spectrum sharing, in: Proceedings of the IEEE International Conference on Communications, 2007, pp. 5282-5287.

[29] S. Mathur, L. Sankaranarayanan, N. Mandayam, Coalitional games in Gaussian interference channels, in: Proceedings of the IEEE ISIT, 2006, pp. 2210-2214.

[30] W. Saad, Z. Han, M. Debbah, A. Hjorungnes, T. Basar, Coalitional games for distributed collaborative spectrum sensing in cognitiveradio networks, in: Proceedings of IEEE INFOCOM, 2009.

[31] Zhu Ji, K. J. Ray Liu, Dynamic spectrum sharing: a game theoretical overview, IEEE Communications Magazine 45(5)(2007)88-94.

[32] W. Saad, Z. Han, M. Debbah, A. Hjungnes, T. Basar, Coalitional game theory for communication networks, in: IEEE Signal Processing Magazine, 26(5), pp. 77-97.

[33] A. B. MacKenzie, L. A. DaSilva, Game Theory for Wireless Communications, Morgan and Claypool Publishers, 2006.

[34] D. E. Charilas, A. D. Panagopoulos, A survey on game theory applications in wireless networks, Computer Network(2010).

[35] B. B Wang, Y. Wu, K. J. R. Liu, Game theory for cognitive radio networks: An overview, Computer Network(2010).

# 第3章 下一代无线通信系统关键技术

## 3.1 MIMO

多输入多输出(Multiple-input Multiple-output,MIMO)技术能够大幅度提高无线通信系统的频谱利用率,实现高速的数据传输,近年来引起了人们的广泛关注,被公认为未来无线通信系统的关键技术之一。由于篇幅限制,本书主要从信道容量的角度介绍了几种典型的 MIMO 系统,而没有涉及 MIMO 系统的编码、检测以及信道估计等内容。

### 3.1.1 单用户 MIMO 系统

对于点对点 MIMO 系统的研究,最早由 Telatar 和 Foschini 等人做出了开创性的工作。他们指出,一定的信道衰落条件下,当发射机和接收机使用多根天线时,可以在不增加发射功率的条件下显著提高系统的频谱效率。

图 3-1 是一个 MIMO 系统的基本模型,其中发射机段有 $M$ 根发射天线,接收端有 $N$ 根接收天线,接收机端接收到的信号可以表示为

$$y = Hx + n$$

其中 $y = \mathcal{L}^{N \times 1}$ 表示接收机接收到的信号,$y$ 的第 $i$ 个元素 $y_i$ 为接收机第 $i$ 根天线的接收信号;$x = \mathcal{L}^{M \times 1}$ 表示发射机发射的信号,$x$ 的第 $i$ 个元素 $x_i$ 表示发射机第 $i$ 根天线发射的信号;$H \in \mathcal{L}^{N \times M}$ 表示发射机到接收机的信道,$H$ 的第 $i$ 行第 $j$ 列元素 $h_{ij}$ 表示发射机第 $j$ 根天线到接收机第 $i$ 根天线的信道;$n \in \mathcal{L}^{N \times 1}$ 表示接收机接收到的噪声,$n$ 的第 $i$ 个元素 $n_i$ 表示接收机第 $i$ 根天线接收到的噪声。假设各根天线上接收到的噪声为独立的加性高斯白噪声,且都服从均值为 $0$,方差为 $N_0$ 的复高斯分布。

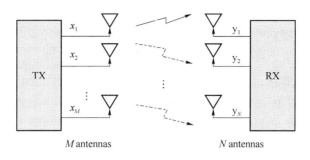

图 3-1 MIMO 系统基本模型

如果接收机端具有理想的信道状态信息,则点对点 MIMO 系统的容量可以表示为

$$C_P = \log \left| \mathbf{I} + \frac{1}{N_0} \mathbf{H}\mathbf{Q}\mathbf{H}^H \right|$$

其中 $\mathbf{Q} = E(\mathbf{x}\mathbf{x}^H)$ 为发送信号 $\mathbf{x}$ 的协方差矩阵。

对应的发送总功率 $P_T$ 可以表示为

$$P_T = \mathrm{Tr}(\mathbf{Q})$$

在实际 MIMO 传输中为了方便信息解调,发射机端可能采用发射矩阵 $\mathbf{F} \in \mathcal{L}^{M \times L}$ 对发送信息 $\mathbf{s} \in \mathcal{L}^{L \times 1}$ 进行编码得到发射信号 $\mathbf{x} = \mathbf{F}\mathbf{s}$,而接收机端为了方便解调也可能采用接收矩阵 $\mathbf{T} \in \mathcal{L}^{L \times N}$ 对接收到的信号 $\mathbf{y}$ 解码得到待判决信号 $\hat{\mathbf{s}} = \mathbf{T}\mathbf{y}$,则

$$\hat{\mathbf{s}} = \mathbf{T}\mathbf{H}\mathbf{F}\mathbf{x} + \mathbf{T}\mathbf{n}$$

当取为 $\mathbf{F}$ 单位矩阵,$M = L$,这时的 MIMO 传输方案又被称为 V-Blast。此时接收端为了方便解调,可以将 $\mathbf{T}$ 按照最小均方误差(MMSE)准则或者迫零(ZF)准则设计,并将 MIMO 信道转换为并行信道进行 $\hat{\mathbf{s}}$ 的判决。

如果将 $\mathbf{T}$ 按照 MMSE 准则设计,接收矩阵 $\mathbf{T} = (N_0\mathbf{I} + \mathbf{H}^H\mathbf{H})^{-1}\mathbf{H}^H$。如果按照 ZF 准则设计,接收矩阵 $\mathbf{T} = (\mathbf{H}^H\mathbf{H})^{-1}\mathbf{H}^H$,有

$$\hat{\mathbf{s}} = \mathbf{s} + (\mathbf{H}^H\mathbf{H})^{-1}\mathbf{H}^H\mathbf{n}$$

为了简便,接收机进行 $\hat{\mathbf{s}}$ 判决时,可以按照并行信道分别对 $\mathbf{s}$ 各元素进行独立判决。此时第 $i$ 个并行信道上,信道增益为 1,噪声方差为 $N_0(\mathbf{H}^H\mathbf{H})^{-1}_{ii}$。

系统传输速率为

$$C_P = \sum_{i=1}^{L} \log_2 \left( 1 + \frac{1}{N_0(\mathbf{H}^H\mathbf{H})^{-1}_{ii}} P_i \right)$$

其中 $P_i$ 为 $\mathbf{s}$ 中第 $i$ 个元素的功率。

可以发现使用 ZF 接收机后,拆分成的各个并行信道上的噪声并不独立,其协

方差矩阵为 $N_0(\boldsymbol{H}^H\boldsymbol{H})^{-1}$。而由于判决时,各个并行信道上的信号进行的是独立判决,并没有考虑到噪声的相关性,因此系统性能会下降。这种引起系统性能下降的原因,我们称作为有色噪声危害。为了避免系统性能的下降,将 MIMO 信道转变为并行信道时,接收端需要使用酉阵作为接收矩阵,这样各个并行信道上的噪声的协方差矩阵仍为对角矩阵。具体可以使用下面这种基于酉阵的传输方案将 MIMO信道变成并行信道。假设接收机和发射机都具有理想的信道状态信息。对信道 $\boldsymbol{H}$进行奇异值分解,得 $\boldsymbol{H}=\boldsymbol{V}\boldsymbol{\Lambda}\boldsymbol{V}^H$,其中 $\boldsymbol{U}$ 和 $\boldsymbol{V}$ 为酉阵,$\boldsymbol{\Lambda}$ 为对角矩阵。令 $\boldsymbol{F}=\boldsymbol{V},\boldsymbol{T}=\boldsymbol{U}^H$,则

$$\hat{s}=\boldsymbol{\Lambda}\boldsymbol{s}+\boldsymbol{U}^H\boldsymbol{n}$$

此时系统传输速率为

$$C_P = \sum_{i=1}^{L}\log_2\left(1+\frac{\lambda_i^2}{N_0}P_i\right)$$

其中 $\lambda_i$ 为 $\boldsymbol{\Lambda}$ 的第 $i$ 个对角线元素,$P_i$ 为 $s$ 中第 $i$ 个元素的功率。

存在信号干扰的 MIMO 点对点系统

上面讨论的是仅存在噪声条件下的 MIMO 系统的容量。实际中 MIMO 系统可能还会受到高斯白噪声以外未知信号的干扰。这个时候,接收机接收到的信号可以表示为

$$\boldsymbol{y}=\boldsymbol{H}\boldsymbol{x}+\boldsymbol{z}+\boldsymbol{n}$$

其中 $z\in\mathcal{L}^{N\times 1}$,$z$ 的第 $i$ 个元素 $n_i$ 表示接收机第 $i$ 根天线接收到的除噪声以外的干扰信号。

如果接收机端具有理想的信道信息,则存在干扰信号条件下的点对点 MIMO系统的容量 $C_I$ 可以表示为

$$C_I=\log_2\left|\boldsymbol{I}+\boldsymbol{R}^{-1}\boldsymbol{H}\boldsymbol{Q}\boldsymbol{H}^H\right|$$

其中 $\boldsymbol{R}=E(\boldsymbol{z}\boldsymbol{z}^H)+N_0\boldsymbol{I}$ 表示接收到的干扰信号加噪声信号的协方差矩阵。

# 3.1.2 多用户 MIMO 系统

随着对 MIMO 技术研究的深入,人们发现利用 MIMO 天线还可以在空间上支持多个用户数据流的传输,实现空分多址。这种多用户 MIMO 系统由于能同时利用多个用户的多根天线使得系统中的天线数量相比单用户 MIMO 系统更多,因此其系统容量也比采用时分复用方式的 MIMO 系统的容量更大。这一优点使得多用户 MIMO 技术得到了越来越多的关注,成为未来移动通信系统的关键技术之一。目前多用户 MIMO 系统,主要分为下行多用户 MIMO 系统和上行多用户MIMO 系统。

### 1. 下行多用户 MIMO 系统

图 3-2 显示了一个下行多用户 MIMO 系统的基本模型。

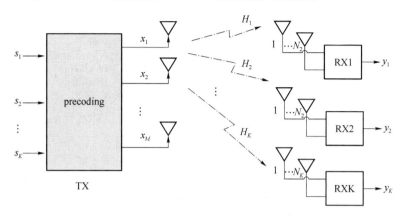

图 3-2　下行多用户 MIMO 系统基本模型

在下行多用户 MIMO 系统中,发射机需要同时给 $K$ 个接收机发射各自对应的数据符号 $s_1, s_2, \cdots, s_K$。假设发射机有 $M$ 根天线,第 $k$ 个接收机有 $N_k$ 根天线,则第 $k$ 个接收机接收到的信号可以表示为

$$y_k = H_k x + n_k$$

其中 $y_k \in \mathcal{L}^{N_k \times 1}$ 表示第 $k$ 个接收机接收到的信号;$x \in \mathcal{L}^{M \times 1}$ 表示发射机的发射信号;$H_k \in \mathcal{L}^{N_k \times M}$ 表示发射机到第 $k$ 个接收机的信道;$n_k \in \mathcal{L}^{n_k \times 1}$ 表示第 $k$ 个接收机接收到的噪声。假设噪声为加性高斯白噪声,则 $n_k$ 的各个元素相互独立且服从均值为 0,方差为 $N_0$ 的复高斯分布。

下行多用户 MIMO 信道又称为 MIMO 广播信道,其信道容量可以通过脏字编码的方法得到。脏字编码的过程如下,以两个接收机为例,发射机首先将一个码字分配给接收机 1,然后将包含接收机 1 码字信息和接收机 2 所需信息的码字分配给接收机 2。这样由于接收机 2 接收的码字具有接收机 1 码字的信息,发射机发送给接收机 1 的码字将不会对接收机 2 产生干扰,而发送给接收机 2 的码字则仍会对接收机 1 产生干扰。以此类推,当接收机有多个时,发送给前面接收机的码字不会对后面的接收机产生干扰,而发送给后面接收机的码字会对前面的接收机产生干扰。当下行 MIMO 多用户 MIMO 系统采用脏字编码时,发射机发送信号 $x$ 由各个接收机所需的信息 $s_1, s_2, \cdots, s_K$ 编码而成,其协方差矩阵 $Q$ 可以表示为

$$Q = \sum_{k=1}^{K} Q_k$$

其中 $Q_k$ 为 $x$ 中包含有 $s_k$ 信息分量的协方差矩阵。

则接收机 $k$ 对应的容量为

$$C_k = \log_2 \left| I + \left( N_0 I + H_k \sum_{k=1}^{K} Q_i H_k^H \right)^{-1} H_k Q_k H_k^H \right|$$

系统总容量为

$$C_{BC} = \sum_{k=1}^{K} \log_2 \left| I + \left( N_0 I + H_k \sum_{k=1}^{K} Q_i H_k^H \right)^{-1} H_k Q_k H_k^H \right|$$

这种脏字编码方法虽然能够达到 MIMO 广播信道的容量界,但是由于编解码过程比较复杂。实际 MU-MIMO 下行系统中,通常采用一种线性的编码方法。这时由于发射机发送信号 $x$ 由各个接收机所需的数据符号 $s_1, s_2, \cdots, s_K$ 线性编码而成,则 $x$ 可以表示为

$$x = \sum_{k=1}^{K} F_k s_k$$

其中 $F_k \in \mathcal{L}^{M \times L_k}$ 为 $s_k$ 的预编码矩阵,$L_k$ 为 $s_k$ 的维度。

这样接收机 $k$ 接收到的信号可以表示为

$$y_k = H_k F_k s_k + \sum_{j \neq k} H_k F_j s_j + n_k$$

则接收机 $k$ 对应的容量为

$$C_k = \log_2 \left| I + \left( N_0 I \sum_{j \neq k} H_k Q_j H_k^H \right)^{-1} H_k Q_k H_k^H \right|$$

其中 $Q_k = E(F_k s_k s_k^H F_k^H)$,为 $x$ 中包含有 $s_k$ 信息的分量的协方差矩阵。

对应的系统总容量为

$$C = \sum_{k=1}^{K} \log_2 \left| I + \left( N_0 I \sum_{j \neq k} H_k Q_j H_k^H \right)^{-1} H_k Q_k H_k^H \right|$$

**2. 上行多用户 MIMO 系统**

上行多用户 MIMO 系统与下行多用户 MIMO 系统相对应。如图 3-3 所示,在上行多用户 MIMO 系统中,$K$ 个发射机需要同时给 1 个接收机发射各自对应的数据符号 $s_1, s_2, \cdots, s_K$。假设接收机有 $N$ 根天线,第 $k$ 个发射机有 $M_k$ 根天线,则接收机接收到的信号可以表示为

$$y = \sum_{k=1}^{K} H_k x_k + n$$

其中 $y \in \mathcal{L}^{N \times 1}$ 表示接收机接收到的信号;$x_k \in \mathcal{L}^{M_k \times 1}$ 表示第 $k$ 个发射机所发射的包含有 $s_k$ 全部信息的信号;$H_k \in \mathcal{L}^{N \times M}$ 表示第 $k$ 个发射机到接收机的信道;$n \in \mathcal{L}^{N \times 1}$ 表示接收机接收到的噪声。假设噪声为加性高斯白噪声,则 $n$ 的各个元素相互独立且服从均值为 0,方差为 $N_0$ 的复高斯分布。

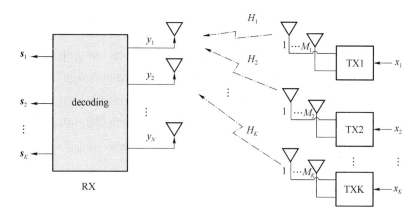

图 3-3　上行多用户 MIMO 系统基本模型

上行多用户 MIMO 信道又称为 MIMO 多址接入信道。可以发现当接收机解调第 $k$ 个发射机的发射信号时，其他发射机的发射信号会变成干扰信号。理论研究表明，MIMO 多址接入信道的信道容量可以通过串行干扰删除的解调方法得到。先将发射机按信号强弱排序，解调时接收机从第一个发射机的信号开始解调，当解调下一个发射机信号时需要将之前已经解调出来的其他接收机的信号删除。这样解调第 $k$ 个发射机时，其只受到第 $(k+1)$ 个发射机到第 $K$ 个发射机发送信号的干扰。

这样发射机 $k$ 对应的容量为

$$C_k = \log_2 \left| \boldsymbol{I} + \left( N_0 \boldsymbol{I} \sum_{j=k+1}^{K} \boldsymbol{H}_k \boldsymbol{Q}_j \boldsymbol{H}_j^H \right)^{-1} \boldsymbol{H}_k \boldsymbol{Q}_k \boldsymbol{H}_k^H \right|$$

其中 $\boldsymbol{Q}_k$ 为 $\boldsymbol{x}_k$ 中包含有 $\boldsymbol{s}_k$ 信息的分量的协方差矩阵。当 $\boldsymbol{x}_k = \boldsymbol{s}_k$ 时，$\boldsymbol{Q}_k = E(\boldsymbol{x}_k \boldsymbol{x}_k^H)$。

系统总容量为

$$C_{\text{MAC}} = \sum_{k=1}^{K} \log_2 \left| \boldsymbol{I} + \left( N_0 \boldsymbol{I} \sum_{j=k+1}^{K} \boldsymbol{H}_j \boldsymbol{Q}_j \boldsymbol{H}_j^H \right)^{-1} \boldsymbol{H}_k \boldsymbol{Q}_k \boldsymbol{H}_k^H \right|$$

化简可以得到

$$C_{\text{MAC}} = \sum_{k=1}^{K} \log_2 \left| \boldsymbol{I} + \frac{1}{N_0} \sum_{j=1}^{K} \boldsymbol{H}_j \boldsymbol{Q}_j \boldsymbol{H}_j^H \right|$$

## 3.2　OFDM

正交频分复用(OFDM)是一种多载波调制技术，其主要思想是将无线通信系统的频谱划分成若干正交子载波，将高速数据信号转化成并行的低速子数据流，调制到每个子载波上进行并行传输。接收端可以采用相应的反变化以解调信号,从而消除子载波之间的相互干扰。对子信道的带宽进行合理设计,可以使其小于传输信道的相关带宽,从而保证每个子信道都经历平坦衰落。随着未来无线通信系统带宽的增加,OFDM 技术也受到了越来越多的关注,被公认为下一代无线通信系统中的关键技术之一。由于篇幅限制,本书主要从信道容量的角度介绍了几种典型的 OFDM 系统,而没有涉及 OFDM 系统的编码、检测、同步以及信道估计等内容。

## 3.2.1　点对点 OFDM 系统

点对点 OFDM 系统的基本原理框图如图 3-4 所示。

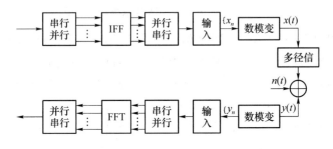

图 3-4　OFDM 系统框图

如果采用循环前缀(Cyclic Prefix,CP),当信道的最大时延小于 OFDM 符号的保护间隔时,系统将不存在子载波间干扰和符号间干扰,每个子载波都经历平坦衰落信道,这时第 $n$ 个子载波的接收信号可以表示为:

$$r_n = h_n s_n + n_n, n = 1, 2, \cdots, N_c$$

其中 $s_n$ 是第 $n$ 个子载波调制后的发送信号,$r_n$ 是第 $n$ 个子载波的接收信号。$h_n$ 是第 $n$ 个子载波上的频域信道,$n_n$ 是第 $n$ 个子载波的复高斯噪声,$N_c$ 是系统的子载波个数。

当每个子载波都经历平坦衰落的时候,$h_n$ 与信道的各径分量有关

$$h_n = \sum_{l=0}^{L-1} g_l \exp\left(-j\frac{2\pi kl}{N_c}\right), n = 1, \cdots, N_c$$

其中 $g_l$ 是第 $l$ 条径的复数冲击响应,$L$ 为多径信道的径数。$h_n$ 可以看成信道的频域抽样冲击响应。可以发现在没有子载波间干扰和符号干扰的情况下,每个子载波的频域信道是时域多径信道的傅里叶变换。

将 OFDM 信道看成频域上多个互不干扰的并行子信道,其容量可以表示为

$$C_{\mathrm{OFDM}} = \sum_{n=1}^{N_c} \log_2\left(1 + \frac{|h_n|^2 P_n}{N_0}\right)$$

其中 $P_n$ 为第 $n$ 个子载波上的发射功率，$N_0$ 为各个子载波上的噪声方差。

## 3.2.2　多用户 OFDM 系统

由于 OFDM 系统中子载波之间相互正交组成了并行信道，实际中可以利用这些互不干扰的并行信道来区分不同的用户接入。这种通过子载波区分多用户的 OFDM 系统又称为 OFDMA 系统。OFDMA 系统分为上行 OFDMA 和下行 OFDMA 系统。在上行 OFDMA 系统中，多个 OFDM 用户发射机使用不同的子载波跟同一个 OFDM 接收机进行通信。在下行 OFDMA 系统中，1 个 OFDM 发射机使用不同的子载波跟多个 OFDM 用户接收机进行通信。无论在上行 OFDMA 还是在下行 OFDMA 系统中，每个用户都会选择不同的子载波进行通信。假设 OFDMA 系统中共有 $K$ 个用户接入，其中用户 $k$ 选择的子载波集合为 $\Omega_k$，则 $\Omega_k \bigcap \Omega_{j \neq k} = \Phi$。这样用户 $k$ 在子载波 $n \in \Omega_k$ 上的通信链路可以表示为

$$r_{k,n} = h_{k,n} s_{k,n} + n_{k,n}$$

其中 $h_{k,n}$ 表示用户 $k$ 链路在子载波 $n$ 上的信道，$s_{k,n}$ 表示用户 $k$ 链路在子载波 $n$ 上发送的信息，$n_{k,n}$ 表示用户 $k$ 链路的接收端在子载波 $n$ 上的噪声，$r_{k,n}$ 表示用户 $k$ 链路的接收端在子载波 $n$ 上接收到的信号。

这样用户 $k$ 在 OFDMA 系统中的接入速率可以表示为

$$C_k = \sum_{r \in \Omega_k} \log_2 \left( 1 + \frac{|h_{k,n}|^2 P_{k,n}}{N_0} \right)$$

其中 $P_{k,n}$ 表示用户 $k$ 链路在子载波 $n$ 上发送信号的功率。

OFDMA 系统的总接入速率可以表示为

$$C_k = \sum_{k=1}^{K} \sum_{r \in \Omega_k} \log_2 \left( 1 + \frac{|h_{k,n}|^2 P_{k,n}}{N_0} \right)$$

## 3.2.3　多小区 OFDMA 系统

目前 OFDMA 系统已经广泛应用于 LTE、LTE-A、WIMAX 等移动蜂窝系统。在蜂窝系统中为了进行信号覆盖，会划分多个小区，这样不同小区间的 OFDMA 系统可能存在一定的干扰。

图 3-5 是一个典型的蜂窝网多小区示意图。

假设共有 $M$ 个小区，每个小区有 $K_M$ 个用户，在小区 $m$ 中用户 $k$ 选择的子载波集合为 $\Omega_{m,k}$。同一小区内的用户选择不同的子载波，而不同小区内的不同用户可能选择相同的子载波，这样在小区 $m$ 中用户 $k$ 在子载波 $n \in \Omega_k$ 上的通信链路可以表示为

$$r_{m,k,n} = h_{m,k,n}s_{m,k,n} + \sum_{p \neq m} \bar{h}_{m,k,n}^{(p,q)} s_{p,q,n} + n_{m,k,n}$$

其中 $h_{m,k,n}$ 表示小区 $m$ 中用户 $k$ 链路在子载波 $n$ 上的信道, $s_{m,k,n}$ 表示小区 $m$ 中用户 $k$ 链路在子载波 $n$ 上发送的信息, $n_{m,k,n}$ 表示小区 $m$ 中用户链路的接收端在子载波 $n$ 上的噪声, $r_{m,k,n}$ 表示小区 $m$ 中用户 $k$ 链路的接收端在子载波 $n$ 上接收到的信号, $\bar{h}_{m,k,n}^{(p,q)}$ 表示小区 $p$ 中用户 $q$ 链路发射机到小区 $m$ 中用户 $k$ 链路接收机在子载波 $n$ 上的信道。

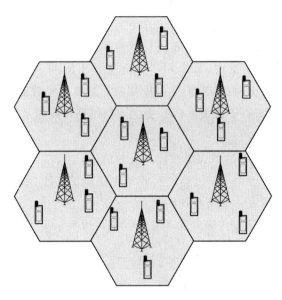

图 3-5  蜂窝网多小区示意图

这样小区 $m$ 中用户 $k$ 在 OFDMA 系统中的接入速率可以表示为

$$C_{m,k} = \sum_{n \in \Omega_{m,k}} \log_2 \left( 1 + \frac{|h_{k,n}|^2 P_{m,k,n}}{N_0 + \sum_{p \neq m} |\bar{h}_{m,k,n}^{(p,q)}|^2 P_{p,q,n}} \right)$$

其中 $P_{m,k,n}$ 表示小区 $m$ 中用户 $k$ 在子载波 $n$ 上发送信号的功率。

小区 $m$ 的接入总速率为

$$C_m = \sum_{k=1}^{K_m} \sum_{n \in \Omega_{m,k}} \log_2 \left( 1 + \frac{|h_{k,n}|^2 P_{m,k,n}}{N_0 + \sum_{p \neq m} |\bar{h}_{m,k,n}^{(p,q)}|^2 P_{p,q,n}} \right)$$

多小区 OFDMA 系统的总接入速率为

$$C_{\text{cells}} = \sum_{m=1}^{M} \sum_{k=1}^{K_m} \sum_{n \in \Omega_{m,k}} \log_2 \left( 1 + \frac{|h_{k,n}|^2 P_{m,k,n}}{N_0 + \sum_{p \neq m} |\bar{h}_{m,k,n}^{(p,q)}|^2 P_{p,q,n}} \right)$$

# 3.3 资 源 分 配

　　无线通信系统中,资源分配主要分为接入资源的分配和功率资源的分配两类。其中接入资源是指可以承载用户接入的时隙、载波、码字、波束等资源。功率资源是指进行用户信息传输所花费的功率。因此接入资源的分配可以看成是用户调度,而功率资源的分配可以看成是对各个用户发射功率的优化。

　　资源分配的主要目的是要通过配置系统中的资源来优化系统的性能,满足用户需求,提高通信质量。常见的资源分配优化准则有:容量最大化准则,比例公平准则,以及功率最小化准则等。

　　假设用户接入集中 $S$ 用户 $k$ 在功率策略 $\boldsymbol{P}$ 和接入策略 $\boldsymbol{\Psi}$ 下的速率函数为 $C_k^{(S)}(\boldsymbol{P},\boldsymbol{\Psi})$,则容量最大化准则可以表示为

$$\max_{S,\boldsymbol{P},\boldsymbol{\Psi}}\sum_{k\in S}C_k^{(S)}(\boldsymbol{P},\boldsymbol{\Psi})$$

其中 $S$ 为系统的一个可行用户接入集。

　　比例公平准则可以表示为

$$\max_{\boldsymbol{P},\boldsymbol{\Psi}}\sum_{k\in\Omega}\log C_k^{(\Omega)}(\boldsymbol{P},\boldsymbol{\Psi})$$

其中 $\Omega$ 为系统中所有用户的集合。

　　由于在瞬时接入的时候,系统不一定能够对 $\Omega$ 中的所有用户进行接入,因此会存在某些 $k\in\Omega,C_k=0$。这个时候基于瞬时速率的比例公平准则不太适用,可以考虑一定时间窗口 $T_c$ 内基于用户平均速率的比例公平准则

$$\max_{S,\boldsymbol{P},\boldsymbol{\Psi}}\sum_{k\in\Omega}\log\left[(T_c-1)R_k+C_k^{(S)}(\boldsymbol{P},\boldsymbol{\Psi})\right]$$

其中 $R_k$ 为用户 $k$ 在当前时间窗口内的平均速率,$C_k^{(S)}(\boldsymbol{P},\boldsymbol{\Psi})$ 为用户 $k$ 在当前时刻策略 $\{S,\boldsymbol{P},\boldsymbol{\Psi}\}$ 下的瞬时速率。

　　功率最小化准则是指在满足用户接入速率需求的条件下,最小化系统的总发射功率,可以表示为

$$\min_{S,\boldsymbol{P},\boldsymbol{\Psi}}P_T(\boldsymbol{P}),\quad s.t.\quad C_k^{(S)}(\boldsymbol{P},\boldsymbol{\Psi})\geqslant\bar{C}_k\quad\forall k$$

其中 $\bar{C}_k$ 为用户 $k$ 的速率需求,$P_T(\boldsymbol{P})$ 代表功率策略 $\boldsymbol{P}$ 下消耗的总功率。

　　在实际应用容量最大化准则,比例公平准则,以及功率最小化准则等准则时,一般还会根据系统的具体设计有选择地考虑一些约束条件。常见的约束条件主要有:总功率约束,用户功率约束,接入资源不冲突约束,用户速率约束以及用户速率成比例约束等。

总功率约束可以表述为：$P_T(\boldsymbol{P}) \leqslant P_{\text{total}}$，其中 $P_{\text{total}}$ 为系统所能支持的最大发射功率。

用户功率约束可以表述为：$P_k(\boldsymbol{P}) \leqslant P_{k,\text{total}}$，其中 $P_k(\boldsymbol{P})$ 代表功率策略 $\boldsymbol{P}$ 下用户 $k$ 消耗的功率，$P_{k,\text{total}}$ 为系统中用户最大的发射功率。

接入资源不冲突约束可以表述为：$\sum\limits_{k \in S} f(k,n)(\boldsymbol{\Psi}) = 1$，其中 $f_{k,n}(\boldsymbol{\Psi})$ 为布尔逻辑函数，用来标识资源块 $n$ 是否分配给了用户 $k$。

用户速率约束可以表述为，$C_k^{(S)}(\boldsymbol{P},\boldsymbol{\Psi}) \geqslant \bar{C}_k$，其中 $\bar{C}_k$ 为用户 $k$ 的速率需求。

用户速率成比例约束可以表述为：

$$C_1^{(S)}(\boldsymbol{P},\boldsymbol{\Psi}) : C_2^{(S)}(\boldsymbol{P},\boldsymbol{\Psi}) : \cdots : C_K^{(S)}(\boldsymbol{P},\boldsymbol{\Psi}) = \beta_1 : \beta_2 : \cdots : \beta_K$$

其中 $\beta_k$ 为各个用户的速率比例系数，$K$ 为系统总用户数。

# 参 考 文 献

[1] J. Winters,"On the capacity of radio communication systems with diversity in a Rayleigh fading environment," IEEE J. Select. Areas Commun. ,vol. 5,no. 6,pp. 871-878,Jun. 1987.

[2] E. Telatar,"Capacity of multi-antenna Gaussian channels," Bell Laboratories Technical Memoran-dum,1995.

[3] G. J. Foschini,"Layered Space-Time architecture for wireless communication in fading environ-ments when using multi-element antennas", Bell Labs Tech. Journal,pp. 41-59,1996.

[4] C. E. Shannon, "A mathematical theory of communication", Bell System Technical Journal,27,1948,pp. 379-423 and 623-656.

[5] C. E. Shannon,"Communication in the presence of noise",Proceedings of the IRE,37,1949,pp. 10-21.

[6] S. Ulukus and R. D. Yates,"Adaptive power control and MMSE interference suppression",ACM Wireless Networks,vol. 4,no. 6,1998,pp. 489-496.

[7] D. Tse, " Optimal power allocation over parallel Gaussian broadcast channels", IEEE International Symposium on Information Theory, Ulm Germany,pp. 27,June 1997

[8] M. K. Varanasi and T. Guess, "Optimum decision feedback multiuser equalization and successive decoding achieves the total capacity of the

Gaussian multiple-access channel", Proceedings of the Asilomar Conference on Signals, Systems and Computers, 1997.

[9] M. Costa, "Writing on dirty paper," IEEE Trans. Inf. Theory, vol. 29, pp. 439-441, May 1983.

[10] U. Erez and S. Brink, "Approaching the dirty paper limit for canceling known interference," in Proc. Allerton Conf. Commun., Control, Comput., Allerton, IL, Oct. 2003.

[11] S. Vishwanath, N. Jindal and A. Goldsmith, "On the capacity of multiple input multiple output broadcast channels," IEEE Transactions on Information Theory, vol. 49, no. 10, 2003, 2658-2668.

[12] S. Vishwanath, N. Jindal, and A. Goldsmith, "Duality, achievable rates, and sum-rate capacity of Gaussian MIMO broadcast channels," IEEE Trans. Inf. Theory, vol. 49, no. 10, pp. 2658-2668, Oct. 2003.

[13] P. Viswanath and D. Tse, "Sum capacity of the multiple antenna broadcast channel and uplink-downlink duality," IEEE Transactions on Information Theory, vol. 49, no. 8, 2003, pp. 1912-1921.

[14] N. Jindal, W. Rhee, S. Vishwanath, S. A. Jafar, and A. Goldsmith, "Sum power iterative water-filling for multi-antenna Gaussian broadcast channels," IEEE Trans. Inf. Theory, vol. 51, no. 4, pp. 1570-1580, Apr. 2005.

[15] W. Yu and J. Cioffi, "Sum capacity of Gaussian vector broadcast channels," IEEE Transactions on Information Theory, vol. 50, no. 9, 2004, pp. 1875-1892

[16] C. Y. Wong, R. S. Cheng, K. B. Letaief, and R. D. Murch, "Multiuser OFDM with Adaptive Subcarrier, Bit, and Power Allocation," IEEE J. Sel. Areas Commun., vol. 17, no. 10, pp. 1747-1758, Oct 1999.

[17] K. Kim, Y. Han, and S. L. Kim, "Joint Subcarrier and Power Allocation in Uplink OFDMA Systems," IEEE Commun. Lett., vol. 9, no. 6, pp. 526-528, Jun 2005.

[18] H. Liu and G. Li, OFDM-Based Broadband Wireless Networks, John Wiley & Sons, Inc., Hoboken, New Jersey, 2005.

[19] W. Rhee and J. M. Cioffi, "Increase in capacity of multiuser OFDM system using dynamic subchannel allocation," in Proc. of IEEE VTC, pp. 1085-

1089,May 2000.

[20] R. Yates,"A framework for uplink power control in cellular radio systems", IEEE Journal on Selected Areas in Communication,vol. 13,no. 7,1995, pp. 1341-1347.

[21] G. Li and H. Liu, "Downlink Dynamic Resource Allocation for Multi-cell OFDMA System",in Conference Record of the Thirty-Seventh Asilomar Conference on Signals,Systems and Computers,vol. 1,pp. 9-12,Nov 2003.

[22] A. Wang, L. Xiao, S. Zhou, X. Xu, and Y. Yao," Dynamic resource management in the fourth generation wireless systems," in Proc. IEEE ICCT 2003,vol. 2,pp. 1095-1098,Apr. 2003.

[23] M. Andrews,K. Kumaran,K. Ramanan,and A. Stoyar and Phil Whitting, "Providing Quality of Service over a Shared Wireless Link," IEEE Communications Magazine,vol. 39,pp150-154,Feb. 2001.

[24] R. Knopp and P. Humlet,"Information capacity and power control in single cell multiuser communication," in Proc. IEEE ICC'95,June 1995,vol. 1,pp. 331-335.

[25] F. P. Kelly,A. K. Maulloo and D. K. H. Tan. ,"Rate control in communication networks:shadow prices, proportional fairness and stability",Journal of the Operational Research Society,vol. 49,pp. 237-252,1998.

[26] H. Kim, Y. Han, "A proportional fair scheduling for multicarrier transmission systems",IEEE Comm. Letters, vol. 9, no. 3, pp. 210-212, Mar. 2005.

第三部分

# 频谱感知

# 第4章 频谱感知概述及基础

## 4.1 频谱感知技术简述

认知无线电技术的出现为在现行的频谱资源分配体制下尽可能地提高频谱利用率提供了可能。由于认知无线电设备是通过随机接入的方式利用频谱资源,其频谱资源利用的优先级是低于授权系统的。认知无线电设备决定利用频谱资源时应当保持相当的谨慎:保证这样的频谱资源利用不会对授权系统造成大于预定容忍度的干扰。

因此,认知无线电设备需要寻找在空域、时域和频域中出现的"频谱空洞"进行利用。所谓"频谱空洞",是指可以被认知无线电设备利用的频谱资源,在空域、时域和频域几个维度上,频谱空洞的分布和出现都是有可能变化的。认知无线电设备在寻找到这些频谱空洞后,就可以对其进行利用,而频谱感知就是寻找频谱空洞的技术。可以说,频谱感知技术是整个认知无线电系统的基石和核心技术,其对于认知无线电系统的可靠性和有效性具有极为重要的影响。

如图 4-1 所示为某段频谱在一段时期内的使用状况。频谱感知的目的就是检测出图中白色区域所示的频谱空洞供认知无线电系统所使用。在频谱空洞上,一般只含有噪声,功率较低;而在正在使用的频谱段上,一般含有授权系统的信号,功率较高。频段感知算法必须精确地判断出哪些频谱是正在被使用的频谱,哪些频谱是所谓的频谱空洞。由于频谱使用状况随时间而不断变化,授权用户有可能会重新使用频谱空洞,这时,认知无线电系统必须迅速地退出此频段以免对授权系统形成干扰,因此认知无线电系统需要每隔一段时间就检测一次频谱使用状况,如图 4-2 所示。另外,感知算法必须在很短的时间内完成检测,这样才能使认知无线电系统有更多的时间去发送自己的数据,提高系统的吞吐率,另外也可以减少对那些在前一感知时间段后重新使用频谱空洞的授权系统的干扰。最后,在感知某一频段的过程当中,所有感知系统的用户都不能使用这一频段,不然无法分清此频谱段是被授权用户所使用还是被感知用户所使用。总上,感知算法应当满足精确性、周期性以及敏捷性等特点。

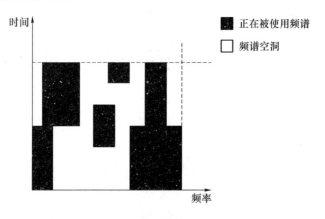

图 4-1　频谱使用情况模拟图

| 感知 | 数据 | 感知 | 数据 | … | 感知 | 数据 |
|------|------|------|------|---|------|------|

图 4-2　感知帧结构示意图

除了上面所述的感知时间短、需周期感知以外,在频谱感知过程中,检测器还面临着如下两个不利因素,这两个因素也会显著影响频谱感知的性能。首先,感知系统对授权系统的发送信息知之甚少,甚至完全不知道。其次,受阴影效应和信道衰落的影响,授权系统的信号经过信道以后在检测器处可能信噪比很低,如果检测器把此信号误判为噪声信号而使用此频段的话,将对授权系统造成很大的干扰。

根据频谱感知的检测对象,可以分为主用户接收端检测和主用户发射端检测。主用户接收端检测主要包括各种基于干扰温度的检测方法以及本地振荡器功率泄露检测等方法。

联邦通信委员会(FCC)为了更好地量化和管理干扰,并尽可能地增加在授权频段上的非授权应用。干扰温度的定义与噪声温度类似,衡量了干扰的功率和带宽等因素,干扰温度的单位是开尔文(Kelvin),定义如下:

$$T_I(f_c,B) = \frac{P_I(f_c,B)}{\kappa K B}$$

其中,$P_I(f_c,B)$ 为中心频率为 $f_c$、带宽为 $B$ 的干扰的平均功率,$\kappa$ 为波尔兹曼常数。基于干扰温度的方案的基本原理是利用主用户设计时预留的冗余度,认为当干扰温度没有超过特定门限时,主用户对此干扰是可以忍受的。因此从用户只需要保证主用户的干扰温度低于特定的门限，就可以与主用户共享频谱资源。

在实际环境中，主用户和认知无线电系统之间的沟通极为有限，甚至完全没有信息交互，因此，从用户对主用户的干扰温度进行准确的测量几乎是不可能的。目前一些基于干扰温度的频谱感知方案研究主要利用大规模的无线传感器网络或者一定的主用户与从用户交互来实现。但随着通信技术的发展，无线系统经过有效的功率控制后留出的冗余量越来越小，基于干扰温度的方案此时的性能将大大下降。

主用户发射端检测要求在尽可能短的时间内，可靠地检测出目标频段上是否有主用户信号。一般来说，主用户发射端检测会建模成一个二元假设问题：$H_1$ 假设代表目标频段上除了噪声外还存在主用户信号；而假设 $H_0$ 则表示目标频段上只有噪声。利用检测理论和其他一些数学工具，在复杂的频谱环境中，特别是低信噪比条件下，完成频谱感知的任务。相较而言主用户发射端检测是比较可行而有效的方案，因此，本书将主要介绍主用户发射端检测的理论基础和算法。

# 4.2　频谱感知基础知识

频谱感知的主要任务是在复杂的电磁环境中判断目标频段上是否有主用户信号的出现。在主用户信号能量相较噪声水平较大，即高 SNR 的条件下时，无须复杂的算法即可进行判断，但在低 SNR 情况下，就需要检测理论的帮助。

通常频谱感知的问题被建模成为一个二元假设检测问题：

$$H_0 : x = w$$

$$H_1 : x = s + w$$

其中 $x$ 为检测器通过抽样获得的信号，$s$ 为主用户信号分量，$w$ 为噪声分量。假设 $H_0$ 表示主用户信号不存在，假设 $H_0$ 则表示主用户信号存在。检测器的性能可以用出现差错的概率来衡量：$P(H_1 ; H_0)$ 表示 $H_0$ 为真时检测器判决为 $H_1$ 的概率，称之为虚警概率，用 $P_{FA}$ 表示；反之，$P(H_0 ; H_1)$ 表示 $H_1$ 为真时检测器判决为 $H_0$ 的概率，称之为漏检概率，用 $P_M$ 表示。在二元假设检测问题中，$P_M$ 等价于 $1 - P(H_0 ; H_1)$，其中 $P(H_1 ; H_1)$ 定义为检测概率，用 $P_D$ 表示。

在检测中，我们希望能够一方面降低 $P_{FA}$，另一方面提高 $P_D$，即同时降低虚警概率和漏检概率，但检测理论指出这两种错误是互为代价的，两种错误概率不可能同时降低。

## 4.2.1　Neyman-Pearson 定理

Neyman-Pearson 定理给出了在固定虚警概率 $P_{FA}$ 如何确定判定域的方法。对于给定的虚警概率 $P_{FA}=\alpha$，Neyman-Pearson 定理使得检测概率 $P_D$ 最大。采用拉格朗日乘数法，构造目标函数 $T$：

$$T = P_D + \lambda(P_{FA} - \alpha)$$
$$= \int_{R_1} p(\boldsymbol{x};H_1)\mathrm{d}\boldsymbol{x} + \lambda\left(\int_{R_1} p(\boldsymbol{x};H_0)\mathrm{d}\boldsymbol{x} - \alpha\right)$$
$$\int_{R_1} [p(\boldsymbol{x};H_1)\mathrm{d}\boldsymbol{x} + \lambda p(\boldsymbol{x};H_0)]\mathrm{d}\boldsymbol{x} - \lambda\alpha$$

其中 $R_1$ 为假设 $H_1$ 的判决域。为了使得 $T$ 最大，必须要求 $\int_{R_1}[p(\boldsymbol{x};H_1)+$ $\lambda p(\boldsymbol{x};H_0)]\mathrm{d}\boldsymbol{x}$ 达到最大值，也就是所有使得该积分为正的 $\boldsymbol{x}$ 都在 $R_1$ 中，即 $R_1$ 应当包括所有满足以下条件的 $\boldsymbol{x}$：

$$p(\boldsymbol{x};H_1)+\lambda p(\boldsymbol{x};H_0)>0$$

整理后可得：

$$\frac{p(\boldsymbol{x};H_1)}{p(\boldsymbol{x};H_0)}>-\lambda$$

令 $\gamma=-\lambda$ 可以得到：

$$\frac{p(\boldsymbol{x};H_1)}{p(\boldsymbol{x};H_0)}>\lambda$$

满足以上条件的情况下，判定假设 $H_1$ 为真，否则 $H_0$ 为真。由于似然比 $\dfrac{p(\boldsymbol{x};H_1)}{p(\boldsymbol{x};H_0)}$ 的非负性，需要保证门限 $\gamma>0$。此时判决的结果可以保证虚警概率 $P_{FA}$ 恒等于 $\alpha$，而检测概率 $P_D$ 最大。

## 4.2.2　贝叶斯风险和最小错误概率

在一些情况下，对于每个假设给出指定的概率是有可能的。例如在数字通信中，发送"0"和"1"的概率是相等的，我们用 $P(H_0)$ 和 $P(H_1)$ 表示两种假设的先验概率，$P(H_i|H_j)$ 表示假设 $H_j$ 为真时假设 $H_i$ 成立的条件概率。对于任何判决，我们可以为其分配一个代价 $C_{ij}$，表示假设 $H_j$ 为真时判定为 $H_i$ 成立的代价。基于以上的定义，可以进一步定义平均代价，或称之为贝叶斯风险 $R$：

$$R = \sum_{i=0}^{1}\sum_{J=0}^{1}C_{ij}P(H_j\mid H_i)P(H_i)$$

在一些情况下，我们可能希望检测器使贝叶斯风险最小。利用 $H_0$ 和 $H_1$ 的判定域 $R_0$ 和 $R_1$ 我们可以将贝叶斯风险写为：

$$R = C_{00}P(H_0)\int_{R_0} p(\boldsymbol{x}\mid H_0)\mathrm{d}\boldsymbol{x} + C_{10}P(H_0)\int_{R_1} p(\boldsymbol{x}\mid H_0)\mathrm{d}\boldsymbol{x}$$
$$+ C_{11}P(H_1)\int_{R_1} p(\boldsymbol{x}\mid H_1)\mathrm{d}\boldsymbol{x} + C_{01}P(H_1)\int_{R_0} p(\boldsymbol{x}\mid H_1)\mathrm{d}\boldsymbol{x}$$

由于是二元假设检验，判定域 $R_0$ 和 $R_1$ 有如下关系：

$$\int_{R_0} p(\boldsymbol{x}\mid H_i)\mathrm{d}\boldsymbol{x} = 1 - \int_{R_1} p(\boldsymbol{x}\mid H_i)\mathrm{d}\boldsymbol{x}$$

贝叶斯风险的表达式变为：

$$R = C_{00}P(H_0) + C_{01}P(H_1) + \int_{R_1}\{[C_{10}P(H_0) - C_{00}P(H_0)]p(\boldsymbol{x}|H_0)$$
$$+ [C_{11}P(H_1) - C_{01}P(H_1)]p(\boldsymbol{x}\mid H_1)\}\mathrm{d}\boldsymbol{x}$$

为了取得最低的贝叶斯风险，应当要求第三项积分最小，即使得积分为负的所有 $\boldsymbol{x}$ 都包含在判定域 $R_1$ 中，则有在满足以下条件：

$$(C_{10} - C_{00})P(H_0)p(\boldsymbol{x}|H_0) < (C_{11} - C_{01})P(H_1)p(\boldsymbol{x}|H_1)$$

的情况下，判定假设 $H_1$ 成立。通常，我们可以假设判断错误付出的代价相较判断正确的代价要大，即 $C_{01} > C_{11}$ 以及 $C_{10} > C_{00}$，可以写为：

$$\frac{p(\boldsymbol{x}|H_1)}{p(\boldsymbol{x}|H_0)} > \frac{(C_{10} - C_{00})P(H_0)}{(C_{11} - C_{01})P(H_1)} = \gamma$$

满足以上条件的情况下，判定假设 $H_1$ 为真，否则 $H_0$ 为真。

特别的，当我们规定判决正确时无须付出代价，而判决错误时付出相同的代价，即 $C_{01} = C_{10} = 1$ 和 $C_{00} = C_{11} = 0$ 时，贝叶斯风险就演变为错误概率。由贝叶斯风险的定义，错误概率为：

$$P_e = P(H_0|H_1)P(H_1) + P(H_1|H_0)P(H_0)$$

最小贝叶斯风险的检测器此时成为最小错误概率检测器：

$$\frac{p(\boldsymbol{x}|H_1)}{p(\boldsymbol{x}|H_0)} > \frac{P(H_0)}{P(H_1)} = \gamma$$

满足以上条件的情况下，判定假设 $H_1$ 为真，否则 $H_0$ 为真。对于以上式子应用贝叶斯公式，可以得到最小错误检测器的另一种形式：

$$p(H_1|\boldsymbol{x}) > p(H_0|\boldsymbol{x})$$

满足以上条件的情况下，判定假设 $H_1$ 为真，否则 $H_0$ 为真。可以看到最小错误概率检测器相当于选择后验概率最大的假设成立，称为最大后验概率（maximum a posteriori，MAP）检测器。

# 4.3　经典单节点频谱感知技术

在经典单节点频谱感知技术中,存在着许多不同类型的检测器。匹配滤波器检测性能较好,但需要较多的先验信息;能量检测器被认为是众多检测器中最简单易行的检测器,且在只知道所感知信号能量的情况下,能量检测器被认为是最优检测器;循环平稳特征检测利用调制后的授权用户信号一般会有载频、跳频序列、循环前缀等使信号呈现出循环平稳随机特性的特点,即其均值和自相关函数呈现出周期性,通过分析信号谱相关函数中循环频率的特性来确定授权用户信号是否存在,但复杂度较高。本节将简单介绍这几种经典的单节点频谱感知算法。

## 4.3.1　匹配滤波器检测

匹配滤波器是一种在某一特定时刻系统输出信噪比最大的线性滤波器。

假定输入信号为有用信号 $s(t)$ 与高斯白噪声 $n(t)$ 之和,即有 $x(t) = s(t) + n(t)$。滤波器单位冲激响应特性为 $h(t)$,对应的传递函数为 $H(f)$,则系统的输出 $y(t)$ 可以表示为 $y(t) = s_0(t) + n_0(t)$。其中, $s_0(t)$、$n_0(t)$ 分别是有用信号 $s(t)$ 与噪声 $n(t)$ 的响应。

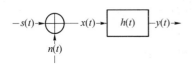

图 4-3　匹配滤波器结构框图

如图 4-3 所示是匹配滤波器的结构框图在 $t_0$ 时刻输出有用信号 $s_0(t)$ 的功率与输出噪声 $n_0(t)$ 的功率之比最大[1]。

根据匹配滤波理论可知,当滤波器的传递函数 $H(f)$ 与有用信号 $s(t)$ 频谱 $S(f)$ 的复共轭相一致,满足 $H(f) = KS^*(f)e^{-j2\pi ft_0}$ 时,可以达到输出信噪比最大。此时,滤波器单位冲激响应特性 $h(t) = Ks(t_0 - t)$。在实际应用中,对应于一个物理可实现系统,要求 $t < 0$ 时,有 $h(t) = 0$[2],即有 $s(t_0 - t) = 0, t < 0; s(t) = 0, t > t_0$。

根据上述对匹配滤波器原理的介绍,下面来接着讨论匹配滤波检测。如图 4-4 所示是匹配滤波检测原理图。输入信号通过匹配滤波器后,在 $t_0$ 时刻进行采样,该时刻将获得最大信噪比。然后将得到的检测统计量与预设的判决器判决门限阈值进行比较,做出响应的判决输出。判决门限阈值的设定将直接决定输出结果,判决门限阈值过高,可能会出现"虚警",错误地进行报警。反之,判决门限阈值过低,可能会出现"虚警",漏掉实际中存在的错误。描述系统性能时,也常用虚警概率和检测概率。检测概率是指实际存在信号时对信号的存在性做出正确判断的概率。

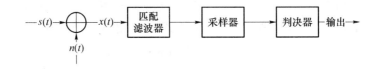

图 4-4 匹配滤波检测原理图

对于一种认知无线电中的频谱感知,接收端用户将通过采样器输出得到的监测统计量 $Y$ 与判决门限阈值 $\lambda$ 相比较。如果 $Y > \lambda$,则接收端认为该频段上有授权用户的存在。反之,如果 $Y < \lambda$,则认为没有授权用户的存在,可以占用该空闲频段。

基于匹配滤波器的检测,可以在短时间内获得较高的处理增益,但是接收端需要已知授权用户的先验信息,才能有效地对授权用户信号进行解调,这就增加了实现的复杂性与计算量。而且如果先验信息有误,将大大影响系统的性能[3]。

## 4.3.2 能量检测

匹配滤波器检测需要知道较多的先验信息,依赖性较大,而能量检测[4-6]与输入信号的先验信息无关,其基本思想是将信号通过带通滤波器,得到所需要的频段,然后对该频段信号进行平方运算处理,获得其功率,在一定的时间范围内累积积分,即能量累积。然后再与判决器的判决门限阈值进行比较,如果大于阈值,说明授权用户存在;反之则说明没有授权用户,从用户可以占用该空闲频段,其原理思想如图 4-5 所示。

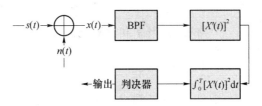

图 4-5 能量检测原理图

一般来说,能量检测有两种实现方式:一种是将接收到的信号先经过一个带通滤波器滤出邻近信号后,进行模/数变换,再经过一个平方器得到信号的能量,最后将其与某个门限值进行比较做出判决,称此方式为时域能量检测器;另一种是首先对接收到的信号进行功率谱估计,将信号变化到频域后计算所检测频段的功率,然后将其与某个门限值进行比较做出判决,称此方式为频域能量检测器。

在实际信道中,存在着噪声的影响,在此,仅考虑高斯白加性噪声的影响。信道模型可以表征为:$x(t) = s(t) + n(t)$。当仅有噪声没有信号时,信道模型简化为:

$x(t)=n(t)$。将信号进行奈奎斯特采样后,各个采样点相互独立,采样前的连续信号可由采样点来表示。仅有噪声时,统计量服从卡方分布。当信号加噪声共同存在时,统计量服从非中心卡方分布。该模型可表征如下:

$$Y \sim \begin{cases} \chi^2_{2TW} \\ \chi^2_{2TW}(2\gamma) \end{cases}$$

其中,$\gamma$ 为信噪比,$TW$ 表示观测时间和频带带宽的乘积,$\chi^2_{2TW}$ 表示只存在噪声时自由度为 $2TW$ 的卡方分布,$\chi^2_{2TW}(2\gamma)$ 表示噪声信号均存在时自由度为 $2TW$、非中心参数为 $2\gamma$ 的非中心卡方分布。

根据香农采样定理,噪声可以表示为 $n(t) = \sum\limits_{i=-\infty}^{+\infty} n_i \sin c(2Wt - i)$,其中 $\sin c(x) = \dfrac{\sin(\pi x)}{\pi x}$,$n_i = n\left(\dfrac{i}{2W}\right)$,即 $n_i$ 是零均值、方差为 $2N_0W$ 的高斯随机变量。在周期 $T$ 内,噪声可以表示为 $n(t) \sum\limits_{i=1}^{2TW} n_i \sin c(2Wt - i)$ $\quad 0 < t < T$。同理,信号可以表示为 $s(t) = \sum\limits_{i=1}^{2TW} s_i \sin c(2Wt - i)$ $\quad 0 < t < T$,其中 $s_i = s\left(\dfrac{i}{2W}\right)$。

在无信号时,即授权用户不存在,此时可以占用空闲频段,假设有 $N$ 个独立的采样点,则检测结果的统计分布近似服从高斯分布,其均值和方差分别为 $\mu_0 = N$,$\sigma_0^2 = 2N$。类似地,当有信号时,即授权用户存在,没有可以占用的空闲频段,此时检测结果的统计分布也近似服从高斯分布,均值和方差为 $\mu_1 = N + 2\gamma$,$\sigma_1^2 = 2N + 2\gamma$,其中 $2\gamma$ 是非中心变量。

给定检测门限阈值,相应的虚警概率和检测概率表示为 $P_f = Q[(K - \mu_0)/\sigma_0]$,$P_d = Q[(K - \mu_1)/\sigma_1]$,其中 $Q(x) = \dfrac{1}{\sqrt{2\pi}} \int_x^\infty \exp\left(-\dfrac{y^2}{2}\right) \mathrm{d}y$。

能量检测是一种盲检测算法,属于信号的非相干检测。它可以适用于任何信号,它不需要知道待检测信号的先验信息,易于实现。但是该方法也有其不足之处,它不能有效地区分信号和噪声,阈值门限的设定易受噪声的影响[7]。另外,本章参考文献[8]给出了能量检测在 Rayleigh 衰落信道中的虚警概率和检测概率的解析表达式,本章参考文献[9]分别给出能量检测在 Nakagami-m、Rayleigh、Rician 衰落信道下检测概率的解析表达式。

## 4.3.3　循环平稳特征检测

在通信系统中,需要对信号进行调制、采样、编码等处理,使得信号的统计特性呈现周期性变化,这样的信号成为循环平稳信号,也称周期平稳信号。然而,由于噪声是随机变量,在信号处理过程中不会呈现周期性变化。所以,可以通过特征检测等方式提取出周期信号的特性,并进行相应的处理,从而区分出信号和噪声[6,10,11]。循环平稳特性检测算法如图 4-6 所示。

分析循环平稳信号 $x(t)$ 的特性时要用到两个函数:循环自相关函数及循环谱相关函数。循环自相关函数和循环谱相关函数的定义如下:

$$R_x^a(\tau) = \lim_{T \to \infty} \frac{1}{T} \int_{-\frac{T}{2}}^{\frac{T}{2}} x\left(t + \frac{\tau}{2}\right) x^*\left(t - \frac{\tau}{2}\right) e^{-j2\pi\alpha t} dt$$

$$S_x^\alpha(f) = \lim_{T \to \infty} \lim_{\Delta t \to \infty} \frac{1}{T\Delta t} \int_{-\frac{\Delta t}{2}}^{\frac{\Delta t}{2}} X_T\left(t + f + \frac{\alpha}{2}\right) X_T^*\left(t, f - \frac{\alpha}{2}\right) dt$$

其中,$\alpha$ 是循环频率,$X_T(t,\nu)$ 表示信号 $x(t)$ 在中心频率为 $\nu$、带宽为 $1/T$ 处频谱分量的复包络。因为功率谱密度是自相关函数的傅里叶变换,循环谱相关函数也可由循环自相关函数的傅里叶变换得到。

图 4-6  循环平稳特性检测算法图

设授权用户信号 $x(t)$ 的循环功率谱密度为 $S_x^\alpha(f)$,加性高斯白噪声 $n(t)$ 的循环功率谱密度为 $S_n^\alpha(f)$,则从用户接收信号 $r(t)$ 的循环功率谱密度 $S_r^\alpha(f)$ 为两者之和。在这种情况下,循环平稳特征检测判别方法可表示如下。

$$S_r^\alpha(f) = \begin{cases} S_n^0(f) & \alpha = 0 \quad H_0 \\ |H(f)|^2 S_x^0(f) + S_n^0(f) & \alpha = 0 \quad H_1 \\ 0 & \alpha \neq 0 \quad H_0 \\ H\left(f + \frac{\alpha}{2}\right) H^*\left(f - \frac{\alpha}{2}\right) S_x^\alpha(f) & \alpha \neq 0 \quad H_1 \end{cases}$$

其中,$H_0$ 表示只有噪声,没有授权用户信号的情况,$H_1$ 表示噪声和授权用户信号共存的情况,$H(f)$ 是信道冲激响应的傅里叶变换。

循环平稳特征检测无需知道信号的先验信息,而且可以将待检测信号与噪声区分出来,因此具有较好的检测性能。但循环平稳特征检测器需要经过两次傅里叶变换,计算复杂度较高,所要求的观测时间也较长。

匹配滤波器检测、能量检测及循环平稳特征检测是单节点频谱感知技术的基本方法,由于它们所需的先验条件、检测性能和算法复杂各不相同,所以它们适用的检测环境也不尽相同,应根据实际应用场景选择合适的算法。表 4-1 罗列了几种经典算法的对比。

表 4-1　经典单节点频谱感知技术比较

| 感知算法 | 适用范围 | 优点 | 缺点 |
|---|---|---|---|
| 匹配滤波器检测 | 认知用户知道授权用户信号的信息 | 检测周期短,能够最大化接受 SNR,可以在很短的时间内完成同步,提高信号的处理增益 | 需要信号先验信息,如调制方式时序、脉冲形状、封装格式等 |
| 循环平稳特征检测 | 待检测信号频谱应该具有周期自相关性 | 可以区分噪声和信号的不同类别,可用于扩频信号的检测 | 计算复杂度高,检测时间相对较长 |
| 能量检测 | 认知用户不知道授权用户信号的信息 | 实现简单且不需要信号先验信息,并且接收机可以只知道随机高斯噪声功率 | 受噪声不确定性影响大,只能识别信号的存在性,不能区分信号类型,检测周期长,不适合极弱信号的检测 |

# 参 考 文 献

[1] S. Haykin. Cognitive Radio：Brain-empowered Wireless Communications. IEEE Journal on Selected Areas in Communications，Feb, 2005，23(2):215~220.

[2] Ian F Akyildiz, Won-Yeol Lee, Mehmet C Vuran. Next generation/dynamic spectrum access/congnitive radio wireless networks. A survey，computer networks 50,2006:2127~2159. Sahai.

[3] Federal Communications Commission (FCC). Facilitating Opportunities for Flexible, Efficient, and Reliable spectrum Use Employing Cognitive Radio Technologies[R]. FCC Document ET Docket No. 03~108,2003.

[4] 谭学治,姜靖,孙洪剑. 认知无线电的频谱感知技术研究. 通信技术. 2007.3：61-63.

[5] Ghasemi A，Sousa E S. Collaborative spectrum sensing for opportunistic access in fading environments[C] IEEE International Symposium on New Frontiers in Dynamic Spectrum Access Networks. IEEE，2005:131-136.

[6] Pearson E S. The Neyman-Pearson story：1926 - 34. Historical sidelights on an episode in Anglo-Polish collaboration. [J]. Research Papers in Statistics:1-23.

［7］ Rigollet P, Tong X. Neyman-Pearson Classification, Convexity and Stochastic Constraints[J]. Journal of Machine Learning Research, 2011, 12 (10):2831-2855.

［8］丰金花, 汪一鸣. 贝叶斯风险在认知无线电系统中的运用[J]. 苏州大学学报: 工科版, 2011, 31(1):6-11.

［9］茆诗松. 贝叶斯统计:中国统计出版社,1991.

［10］Levitan E, Herman G T. A maximum a posteriori probability expectation maximization algorithm for image reconstruction in emission tomography. [J]. IEEE Transactions on Medical Imaging, 1987, 6(3):185-92.

［11］周贤伟. 认知无线电[M]. 2008.

［12］Chen H S, Gao W, Daut D G. Signature Based Spectrum Sensing Algorithms for IEEE 802.22 WRAN[C] IEEE International Conference on Communications. IEEE, 2007:6487-6492.

［13］Urkowitz H. Energy detection of unknown deterministic signals [J]. Proceedings of the IEEE, 1967, 55(4):523-531.

［14］Digham F F, Alouini M S, Simon M K. On the Energy Detection of Unknown Signals Over Fading Channels [J]. IEEE Transactions on Communications, 2007, 5(1):21-24.

［15］Kostylev V I. Energy detection of a signal with random amplitude[C] IEEE International Conference on Communications. 2002:1606-1610 vol.3.

［16］张起晶, 刘婷婷. 能量检测法在确定信道下的性能仿真[J]. 工业仪表与自动化装置, 2014(05):88-89.

［17］施鹏. Rician 信道下基于双门限的能量检测性能分析[J]. 无线电通信技术, 2014, 40(6):54-57.

［18］Goerlich J, Bruckner D, Richter A, et al. Signal analysis using spectral correlation measurement[J]. 1998, 2:1313-1318 vol.2.

［19］Ye Z, Grosspietsch J, Memik G. Spectrum Sensing Using Cyclostationary Spectrum Density for Cognitive Radios[J]. 2007:1-6.

［20］Chen J, Gibson A, Zafar J. Cyclostationary spectrum detection in cognitive radios[C] Cognitive Radio and Software Defined Radios: Technologies and Techniques, 2008 IET Seminar on. IET, 2008:1

# 第5章　新型单节点频谱感知技术

## 5.1　自适应单带频谱感知技术

可以证明,在不同的 SNR 条件下,检测器为了达到相同的频谱感知性能指标,需要的样本数量是不同的:高 SNR 条件下,所需的样本数量很小;而在低 SNR 条件下则需要较多的样本来达到性能要求。传统的本地频谱感知其样本数量是固定的,无法根据检测器的 SNR 等条件进行自适应,造成感知时间的浪费,进而影响到认知无线电系统的可靠性。

自适应频谱感知通过设置两个门限,一个上门限和一个下门限;其可以随着每一个抽样或每一组抽样的到达来不断地做出判断。如果检验统计量在设置的两个门限之间,暂时不做出频段占用情况的决定,而是继续抽样;当检验统计量高于上门限时,停止抽样并断定此频段正在被授权用户使用;当检验统计量低于下门限时,停止抽样并断定此频段是空闲频段,可以让非授权用户使用。

自适应频谱感知技术所需的样本数量小于能量检测器,因而可以有效节省感知时间。目标频段没有被授权用户所使用而且检测器正确判断时,感知时间的减少会导致更多的时间被用来传输从用户的信息,提高系统吞吐量。另外,当一个正在被从用户使用的频段被授权用户重新使用时,从用户必须尽快地把此频段腾出来供授权用户使用。自适应频谱感知方案可以用较少的时间来检测出授权用户,因此可以减少对授权用户系统的干扰。

假设研究从 $f_s$ Hz 到 $f_e$ Hz 的频段。如果每次检测 $W$ Hz 频段,则整个频段可以划分为 $Q=(f_e-f_s)/W$ 个信道。如图 5-1 所示为这一段频谱在某个时段的使用情况。用 $R=\{1,2,\cdots,Q\}$ 表示整个待检测信道的索引,其中,第 $q$ 个信道所占用的频段从 $f_s+(q-1)W$ Hz 到 $f_s+qW$ Hz,$q=1,2,\cdots,Q$。假设 $K$ 个信道被授权用户所占用,则 $Q-K$ 个频段可以被认知无线电系统所使用。用 $R_1=\{q_1,q_2,\cdots,q_K\}$ 表示被占用频段的索引(图5-1中的灰色部分),则 $R_2 = R - R_1$ 表示空闲信道的索引(图5-1中的白色部分)。

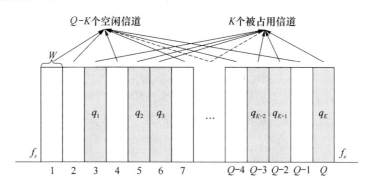

图 5-1　频谱利用分布图

频谱感知的目标是检测出被占用频段的数目和位置,即估计出 $K$ 和 $R_1$。用 $y_q(n)$ 表示第 $q$ 个信道中第 $n$ 个接收信号的抽样,$q = 1, 2, \cdots, Q, n = 1, 2, \cdots, N$,则其可以被建模为:

$$y_q(n) = s_q(n) + \varepsilon_q(n) \qquad (5.1)$$

其中,$s_q(n)$ 表示在第 $q$ 个信道中的授权用户信号,假设其服从均值为零、方差(功率)为 $\sigma_q^2$ 的高斯分布;$\varepsilon_q(n)$ 表示加性白高斯噪声,其均值为零、方差为 $\sigma^2$。此外,假设当 $q_1 \neq q_2$ 时,$y_{q_1}(n)$、$s_{q_1}(n)$ 和 $\varepsilon_{q_1}(n)$ 分别独立于 $y_{q_2}(n)$、$s_{q_2}(n)$ 和 $\varepsilon_{q_2}(n)$。值得指出的是如果 $q \in R_2$,则 $s_q(n) = 0$。

非自适应的检测器,无论信噪比多大,其样本大小都是固定的。而当 SNR> $\mathrm{SNR}_d$ 时,要达到 $\alpha_d$ 和 $\beta_d$ 的性能,并不需要如此多的抽样。在似然比检验中,只有当聚集所有的抽样数据后才会做出判定;而序贯概率比检验则是随着抽样数据的不断到来而不断地做出判定。根据本章参考文献[28][29],序贯概率比检验的统计量可以表示为:

$$\phi_n = \ln \frac{p[\mathbf{y}(n) \mid H_1]}{p[\mathbf{y}(n) \mid H_0]} \qquad (5.2)$$

其中 $\mathbf{y}(n) = [y(1), y(2), \cdots, y(n)]^T$,$p[\mathbf{y}(n) \mid H_1]$ 和 $p[\mathbf{y}(n) \mid H_0]$ 是条件高斯概率密度,其表示式如下:

$$p[\mathbf{y}(n) \mid H_1] = \frac{1}{[2\pi(\sigma_s^2 + \sigma^2)]^{n/2}} \prod_{i=1}^{n} \exp \left\{ -\frac{y^2(i)}{2(\sigma_s^2 + \sigma^2)} \right\} \qquad (5.3)$$

$$p[\mathbf{y}(n) \mid H_0] = \frac{1}{(2\pi\sigma^2)^{n/2}} \prod_{i=1}^{n} \exp \left\{ -\frac{y^2(i)}{2\sigma^2} \right\} \qquad (5.4)$$

把式(5.3)和式(5.4)代入式(5.2),可得:

$$\phi_n = \frac{n}{2}\ln\left(\frac{\sigma^2}{\sigma_s^2 + \sigma^2}\right) + \left(\frac{\sigma_s^2}{2\sigma^2(\sigma_s^2 + \sigma^2)}\right)\sum_{i=1}^{n} y^2(i)$$

$$= \frac{n}{2}\ln\left(\frac{1}{\text{SNR}+1}\right) + \frac{\displaystyle\sum_{i=1}^{n} y^2(i)}{2\sigma^2\left(1 + \dfrac{1}{\text{SNR}}\right)} \tag{5.5}$$

这里，$\text{SNR}=\sigma_s^2/\sigma^2$。序贯概率比检验具有两个门限：上门限 $T_1$ 和下门限 $T_2$，其中 $0<T_2<1<T_1$。$T_1$ 和 $T_2$ 是根据系统期望的虚警概率 $\alpha_d$ 和漏警概率 $\beta_d$ 而设置的，如下式所示：

$$T_1 = \ln\frac{1-\beta_d}{\alpha_d} \tag{5.6}$$

$$T_2 = \ln\frac{\beta_d}{1-\alpha_d} \tag{5.7}$$

如果 $\phi_n > T_1$，断定 $H_1$ 正确；如果 $\phi_n < T_2$，判定 $H_0$ 正确；如果 $T_2 \leqslant \phi_n \leqslant T_1$，不做判定并继续增加样本容量的大小。

## 5.1.1　自适应单带频谱感知技术 1

从式 (5.5) 中可知，如果想基于序贯概率比检验来设计频谱感知算法，那必须知道信噪比 SNR 的大小。但在认知无线电系统中，甚至不知道授权用户信号是否存在，当然也就不会知道信噪比的大小。然而认知无线电系统一般都有其预设性能要求，即当 $\text{SNR} \geqslant \text{SNR}_d$ 时，$\alpha$ 应当小于 $\alpha_d$，$\beta$ 应当小于 $\beta_d$。因此，可以用 $\text{SNR}_d$ 代替 SNR，并得到如下检验统计量：

$$\psi_n = \frac{n}{2}\ln\left(\frac{1}{\text{SNR}_d + 1}\right) + \frac{\displaystyle\sum_{i=1}^{n} y^2(i)}{2\sigma^2\left(1 + \dfrac{1}{\text{SNR}_d}\right)} \tag{5.8}$$

门限仍然沿用 $T_1$ 和 $T_2$。经过变形，上述检验统计量和门限可以变换为：

$$\zeta_n = \sum_{i=1}^{n} y^2(i) \tag{5.9}$$

$$T_{1,n} = 2\sigma^2\left(1 + \frac{1}{\text{SNR}_d}\right)\left[\ln\frac{1-\beta_d}{\alpha_d} - \frac{n}{2}\ln\left(\frac{1}{\text{SNR}_d + 1}\right)\right] \tag{5.10}$$

$$T_{2,n} = 2\sigma^2\left(1 + \frac{1}{\text{SNR}_d}\right)\left[\ln\frac{\beta_d}{1-\alpha_d} - \frac{n}{2}\ln\left(\frac{1}{\text{SNR}_d + 1}\right)\right] \tag{5.11}$$

如果 $\zeta_n > T_{1,n}$，判定授权用户信号存在；如果 $\zeta_n < T_{2,n}$，判定没有授权用户信号；如

果 $T_{2,n} \leqslant \zeta_n \leqslant T_{1,n}$，暂时不做出判定，继续抽样。在一些极端情况下，检验统计量可能永远在两个门限之间，或者说需要极多的抽样才能给出判定结果。应当设计一个准则来应对这种极端情况。认知无线电系统具有一个极限样本容量 $N_d$，可以利用这个极限样本容量来阻止这种极端情况的发生。当 $n = N_d$ 时，如果检测器还没有给出判定，则直接使用能量检测器的判定准则来判断授权用户是否存在，即将检验统计量 $\zeta_n$ 与门限 $T = \sigma^2 Q_{\chi_N^2}^{-1}(\alpha)$ 进行比较。图 5-2 给出了自适应单带频谱感知方案 1 的检测过程。

值得注意的是 $\zeta_n$、$T_{1,n}$ 和 $T_{2,n}$ 可以由以下公式递推得到：

$$\zeta_n = \zeta_{n-1} + y^2(n) \tag{5.12}$$

$$T_{1,n} = T_{1,n-1} - \Delta \tag{5.13}$$

$$T_{2,n} = T_{2,n-1} - \Delta \tag{5.14}$$

这里，

$$\Delta = \sigma^2 \left(1 + \frac{1}{\mathrm{SNR}_d}\right) \ln\left(\frac{1}{\mathrm{SNR}_d} + 1\right) \tag{5.15}$$

上述递推公式可以用来简化所提方案的复杂度。

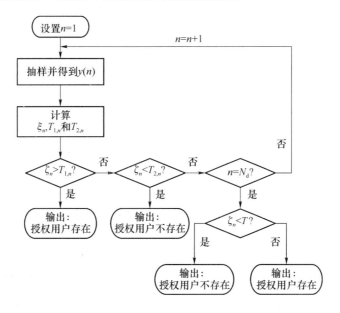

图 5-2　自适应单带频谱感知方案 1 的流程图

## 5.1.2　自适应单带频谱感知技术 2

自适应单带频谱感知方案 2 与方案 1 具有相同的原理，其区别在于：方案 1 每次处理一个抽样,而方案 2 每次处理一组抽样。如图 5-3 所示为方案 2 的处理流程图。在图中,$\tilde{\boldsymbol{y}}(n)=\{y[1+(n-1)M],y[2+(n-1)M],\cdots,y(nM)\}^{\mathrm{T}}$,而 $\tilde{\zeta}_n$、$\tilde{T}_{1,n}$ 和 $\tilde{T}_{2,n}$ 分别等于方案 1 中的 $\zeta_{nM}$、$T_{1,nM}$ 和 $T_{2,nM}$。可以用以下公式来递推得到 $\tilde{\zeta}_n$、$\tilde{T}_{1,n}$ 和 $\tilde{T}_{2,n}$:

$$\tilde{\zeta}_n = \tilde{\zeta}_{n-1} + \sum_{i=(n-1)M+1}^{nM} y^2(i) \tag{5.16}$$

$$\tilde{T}_{1,n} = \tilde{T}_{1,n-1} - M\Delta \tag{5.17}$$

$$\tilde{T}_{2,n} = \tilde{T}_{2,n-1} - M\Delta \tag{5.18}$$

自适应单带频谱感知方案 2 可以看成是自适应单带频谱感知方案 1 和能量检测器的广义版本。当 $M=1$ 时,自适应单带频谱感知方案 2 就等价于自适应单带频谱感知方案 1;当 $M=N_d$ 时,自适应单带频谱感知方案 2 就等价于能量检测器。

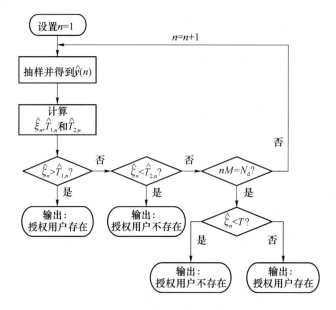

图 5-3　自适应单带频谱感知方案 2 的流程图

在条件为:认知无线电系统性能要求:SNR$\geqslant-10$ dB 时,检测概率不低于 0.9,虚警概率不大于 0.1,即 $\alpha_d=0.1,\beta_d=0.1,\mathrm{SNR}_d=-10$ dB。方案 2 中 $M=100$。

在图 5-4 和图 5-5 中,展示了自适应单带频谱感知方案与能量检测器的检测概率和虚警概率随信噪比的变化情况。当 $N_d=1\,000$ 时,无论是能量检测器还是所提的两种自适应感知方案都不能满足所考虑认知无线电系统的性能要求。当极限样本容量 $N_d$ 增加到 $5\,000$ 时,所有方案均满足了系统的性能要求。

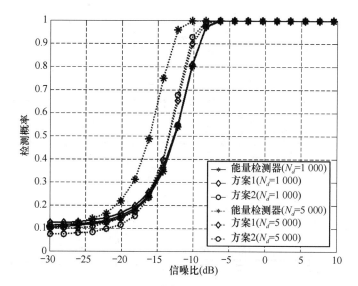

图 5-4 所提方案与能量检测器的检测概率随信噪比的变化图

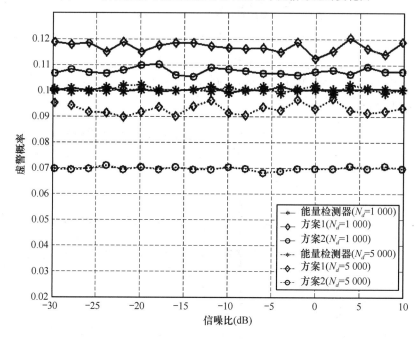

图 5-5 所提方案与能量检测器的虚警概率随信噪比的变化图

如图 5-6 所示为自适应单带频谱感知方案的平均样本容量随信噪比的变化情况。从仿真可知,无论被感知频段是否正在被授权用户所使用,自适应单带频谱感知方案的平均样本容量均远远小于能量检测器。

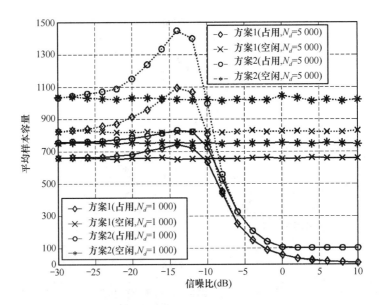

图 5-6    所提方案的平均样本容量随信噪比的变化图

图 5-7 和图 5-8 显示当极限样本容量 $N_d$ 从 1 000 增加到 5 000 时,能量检测器的检测概率得到了提高,但虚警概率始终保持着一个固定值;而自适应单带频谱感知方案的检测概率在 $N_d$ 从 1 000 增加到 5 000 时提高并不明显,但其虚警概率却有较大幅度的降低。

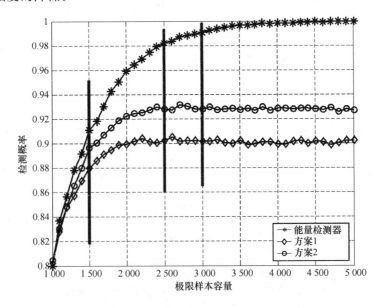

图 5-7    所提方案与能量检测器的检测概率随极限样本容量的变化图

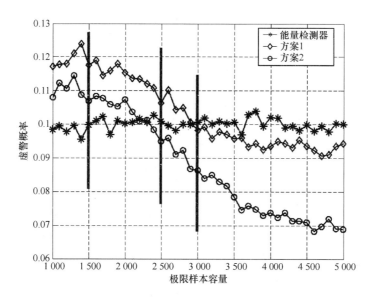

图 5-8 所提方案与能量检测器的虚警概率随极限样本容量的变化图

图 5-7 和图 5-8 中给出了当信噪比是 −10 dB 时,各方案的检测概率与虚警概率随极限样本容量的变化情况。可知能量检测器的检测概率随着极限样本容量的不断增加而逐渐增大,而自适应单带频谱感知方案在当系统要求满足后,它们的检测概率就逐渐停止增长了;同时,能量检测器的虚警概率不随极限样本容量的变化而变化,而所提两种自适应方案的虚警概率随着极限样本容量的不断增加而逐渐减小。

# 5.2 基于信息论准则的多带频谱感知技术

许多频谱感知技术的门限基本都与噪声功率有关。然而,噪声功率不是一成不变的,温度的变化、设备的非线性以及周围环境的干扰都能造成噪声功率的变化,这种现象被称为噪声不确定性[30,31,35]。由于噪声不确定性,噪声功率很难被精确地估计到。如果门限是基于不精确的噪声功率,上述方案的性能将得到极大地损害。一般来说,估计所得到的噪声功率均匀分布在 $[\sigma^2/A, A\sigma^2]$ 之间,即噪声不确定性为:$\delta = 10\lg A$ dB[31,32]。

基于信息论准则的多带频谱感知方案可以同时检测多个频段,无须设置门限,也不需要得知噪声功率的信息,因而它们可以有效地对抗噪声不确定性。该方案首先估计所有候选频带中正在被授权用户所使用的频段的数目,然后再估计这些被占用频段在所有候选频带中的位置。去除这些被占用的频段,其他的频段都可以被认知无线电系统所使用。在检测过程中,通过信息论准则来建模一系列的竞争函数,并选择可以使这些函数达到最小值的变量来估计被占用频段的数目 $\hat{K}$;然后判断具有最大抽样功率的 $\hat{K}$ 个频段为正在被授权用户所使用的频段。

## 5.2.1　基于信息论准则的多带频谱感知技术 1

构造 $\boldsymbol{y}(n)=[y_1(n),y_2(n),\cdots,y_Q(n)]^T$,则 $\boldsymbol{y}(n)$ 可以表示为:

$$\boldsymbol{y}(n)=\boldsymbol{s}(n)+\boldsymbol{\varepsilon}(n) \tag{5.19}$$

这里,$\boldsymbol{s}(n)=[s_1(n),s_2(n),\cdots,s_Q(n)]^T$,$\boldsymbol{\varepsilon}(n)=[\varepsilon_1(n),\varepsilon_2(n),\cdots,\varepsilon_Q(n)]^T$。

从另一个角度观察,可以发现频谱感知相当于寻找 $\boldsymbol{s}(n)$ 中非零元素的数量和位置。研究如下的协方差矩阵:

$$\boldsymbol{\Phi}=E\{\boldsymbol{y}(n)\boldsymbol{y}^T(n)\}=\boldsymbol{\Xi}+\sigma^2\boldsymbol{I} \tag{5.20}$$

这里,$\boldsymbol{\Xi}=E\{\boldsymbol{s}(n)\boldsymbol{s}^T(n)\}$ 是一个对角矩阵,它的第 $q$ 个对角元素 $\Xi_q$ 可以表示如下:

$$\Xi_q=\begin{cases}\sigma_{q_k}^2 & q=q_k\in R_1\\0 & q\in R_2\end{cases} \tag{5.21}$$

因此,$\boldsymbol{\Phi}$ 也是一个对角矩阵,其第 $q$ 个对角元素 $\Xi_q$ 可以表示如下:

$$\boldsymbol{\Phi}_q=\begin{cases}\sigma_{q_k}^2+\sigma^2 & q=q_k\in R_1\\\sigma^2 & q\in R_2\end{cases} \tag{5.22}$$

在上式中,空闲信道对应于 $Q-K$ 个等于 $\sigma^2$ 的对角元素。另外,这 $Q-K$ 个元素是小于其他元素的。因此,如果可以得到 $\boldsymbol{\Phi}$,则空闲信道可以由其最小对角线元素决定。$\boldsymbol{\Phi}$ 可以由以下公式计算得到:

$$\boldsymbol{\Phi}=\lim_{N\to\infty}\boldsymbol{\gamma}=\lim_{N\to\infty}\frac{1}{N}\sum_{n=1}^{N}\boldsymbol{y}(n)\boldsymbol{y}^T(n) \tag{5.23}$$

这里,$\boldsymbol{\gamma}=\dfrac{1}{N}\sum_{n=1}^{N}\boldsymbol{y}(n)\boldsymbol{y}^T(n)$ 是抽样协方差矩阵。

在实际的系统中,$N$ 是有限的。因此,只能得到 $\boldsymbol{\gamma}$ 而不能得到 $\boldsymbol{\Phi}$。这样,就不能基于 $\boldsymbol{\Phi}$ 的最小对角线元素来确定空闲信道了。如何基于 $\boldsymbol{\gamma}$ 来确定空闲信道将是下面主要考虑的问题。

观察式(5.19),其可以被重新写为:

$$\boldsymbol{y}(n)=\boldsymbol{P}\boldsymbol{x}(n)+\boldsymbol{\varepsilon}(n) \tag{5.24}$$

这里,$\boldsymbol{x}(n)=[s_{q_1}(n),s_{q_2}(n),\cdots,s_{q_k}(n)]^T$,$\boldsymbol{P}$ 是一个 $Q\times K$ 维的矩阵,其第 $i$ 行第 $j$ 列的元素 $p_{i,j}$ 可以表示为:

$$p_{i,j} = \begin{cases} 1 & i=q_k \in R_1 \text{ 并且 } j=k \\ 0 & \text{其他} \end{cases} \tag{5.25}$$

如果把 $P$ 看作天线的引导矩阵(steeringmatrix),$x(n)$ 看作是信号源的话,则可以把估计被占用频段数目的问题看作是估计信号源数的问题,而估计信号源数的问题在本章参考文献[33][34][35][36]中已经被广泛地研究过了。

在本章参考文献[33]中,作者利用两个常用的信息论准则:Akaike 信息论准则(Akaike'sInformation Criterion,AIC)和最短描述长度准则(Minimum Description Length,MDL),来估计信号源的数目。信息论准则不需要知道噪声方差的值,也不需要设置门限。在此方法中,首先建立有关信号源数的不同假设,然后在每个假设下依据 AIC 和 MDL 建立对应的以信号源数为自变量的模型函数。通过选择使这些模型函数的值达到最小的自变量来确定信号源数。

在讨论 AIC 和 MDL 之前,首先对式(5.20)进行一些变形。定义一个 $Q \times Q$ 维的矩阵 $D$,其对角线元素 $\{d_1 \geqslant d_2 \geqslant \cdots \geqslant d_Q\}$ 是 $\Phi$ 矩阵元素 $\{\Phi_1, \Phi_2, \cdots, \Phi_Q\}$ 的降序排列。这样,式(5.20)的 $\Phi$ 可以表示成:

$$\Phi = UDU^{\mathrm{T}} = U\Theta U^{\mathrm{T}} + \sigma^2 I \tag{5.26}$$

这里,$U = [u_1, u_2, \cdots, u_Q]$ 是对应于上述降序排列的排序矩阵,$\Theta$ 是一个 $Q \times Q$ 维的对角矩阵,其对角线元素 $\{\Theta_1 \geqslant \Theta_2 \geqslant \cdots \geqslant \Theta_Q\}$ 是 $\Xi$ 矩阵元素 $\{\Xi_1, \Xi_2, \cdots \Xi_Q\}$ 的降序排列。如果 $\{\tilde{\sigma}_1^2 \geqslant \tilde{\sigma}_2^2 \geqslant \cdots \geqslant \tilde{\sigma}_K^2\} = \mathrm{dsort}\{\sigma_{q_1}^2, \sigma_{q_2}^2, \cdots, \sigma_{q_k}^2\}$,这里,$\mathrm{dsort}\{\cdot\}$ 表示将元素进行降序排列,则 $\Theta_q$ 和 $d_q$ 可以表示成:

$$\Theta_q = \begin{cases} \tilde{\sigma}_q^2 & q \leqslant K \\ 0 & q > K \end{cases} \tag{5.27}$$

$$d_q = \begin{cases} \tilde{\sigma}_q^2 + \sigma^2 & q \leqslant K \\ \sigma^2 & q > K \end{cases} \tag{5.28}$$

值得注意的是式(5.26)可以看成是 $\Phi$ 的特征值分解。

因为只知道信道的总数目而不知道正在被使用信道的数目,所以给出 $Q$ 个假设来反映被使用信道的数目。第 $j$ 个假设是:

$$H_j : E\{y(n)y^{\mathrm{T}}(n)\} \cong \Phi_j = \sum_{i=1}^{j}(d_i - \sigma^2)u_i u_i^{\mathrm{T}} + \sigma^2 I \tag{5.29}$$

这里,符号"$\cong$"表示 $E\{y(n)y^{\mathrm{T}}(n)\}$ 是被"假设"为等价于 $\Phi_j, j = 0, 1, \cdots, Q-1$。这个假设具有四层含义:首先,这个假设认为 $Q$ 个信道中有 $j$ 个信道被授权用户所使用;其次,具有最大功率的 $j$ 个信道被认为是被授权用户所使用;再次,其他的 $Q-j$ 个信道被认为是空闲信道,因为 $\sigma^2$ 的重数为 $Q-j$;最后,估计被占用的信道数目相当于确定到底哪个假设为真假设。

基于第 $j$ 个假设,AIC 和 MDL 可以被分别定义为:

$$AIC_j = -2\lg f(\boldsymbol{Y} \mid \hat{\boldsymbol{\Phi}}_j) + 2\phi \tag{5.30}$$

$$MDL_j = -\lg f(\boldsymbol{Y} \mid \hat{\boldsymbol{\Phi}}_j) + \frac{1}{2}\phi\lg N \tag{5.31}$$

这里,$\hat{\boldsymbol{\Phi}}_j$ 是 $\boldsymbol{\Phi}_j$ 的最大似然估计,$\phi$ 是 $\boldsymbol{\Phi}_j$ 中可调的自由参数,$f(\boldsymbol{Y} \mid \hat{\boldsymbol{\Phi}}_j) = f(\boldsymbol{y}(1), \boldsymbol{y}(2), \cdots, \boldsymbol{y}(N) \mid \hat{\boldsymbol{\Phi}}_j$ 是条件高斯概率密度,其表达式为:

$$
\begin{aligned}
f(\boldsymbol{Y} \mid \hat{\boldsymbol{\Phi}}_j) &= \prod_{n=1}^{N} f[\boldsymbol{y}(n) \mid \hat{\boldsymbol{\Phi}}_j] \\
&= \prod_{n=1}^{N} \frac{1}{[(2\pi)^{Q/2}(\det \hat{\boldsymbol{\Phi}}_j)]^{1/2}} \exp\left\{-\frac{1}{2}\boldsymbol{y}^{\mathrm{T}}(n)\hat{\boldsymbol{\Phi}}_j^{-1}\boldsymbol{y}(n)\right\}
\end{aligned}
\tag{5.32}
$$

由本章参考文献[33]可知,可调的自由参数 $\phi$ 是:

$$\phi = j(2Q-j)+1 \tag{5.33}$$

$\boldsymbol{\Phi}_j$ 的最大似然估计是:

$$\hat{\boldsymbol{\Phi}}_j = \sum_{i=1}^{j}(\hat{d}-\hat{\sigma}^2)\hat{\boldsymbol{u}}_i\hat{\boldsymbol{u}}_i^{\mathrm{T}} + \hat{\sigma}^2\boldsymbol{I} \tag{5.34}$$

这里,

$$\hat{d}_i = \rho_i, \quad i=1,2,\cdots,j \tag{5.35}$$

$$\hat{\sigma}^2 = \frac{1}{Q-j}\sum_{i=j+1}^{Q}\rho_i \tag{5.36}$$

$$\hat{\boldsymbol{u}}_i = \boldsymbol{v}_i, \quad i=1,2,\cdots,j \tag{5.37}$$

$\rho_1 \geqslant \rho_2 \geqslant \cdots \geqslant \rho_Q$ 是抽样协方差矩阵 $\boldsymbol{\gamma}$ 的特征值,$\boldsymbol{v}_1, \boldsymbol{v}_2, \cdots, \boldsymbol{v}_Q$ 是这些特征值对应的特征向量。$\boldsymbol{\Phi}_j$ 事实上是一个对角矩阵;然而,因为并不知道 $\boldsymbol{u}_i(i=1,2,\cdots,j)$,也就是说,并不知道 $\{d_1, d_2, \cdots, d_j, \sigma^2\}$ 在 $\boldsymbol{\Phi}_j$ 中的位置,那么,$f[\boldsymbol{y}(n) \mid \hat{\boldsymbol{\Phi}}_j]$ 不能分解成若干个独立的概率密度的乘积。这导致的结果是,不但需要去对 $\{d_1, d_2, \cdots, d_j, \sigma^2\}$ 进行最大似然估计,而且需要估计 $\{\boldsymbol{u}_1, \boldsymbol{u}_2, \cdots, \boldsymbol{u}_j\}$。

把式(5.32)至式(5.37)代入式(5.30)和式(5.31)中并删除掉与 $j$ 无关的项后可得:

$$AIC_j = -N\log\left\{\frac{\prod\limits_{i=j+1}^{Q}\rho_i}{\left(\frac{1}{Q-j}\sum\limits_{i=j+1}^{Q}\rho_i\right)^{Q-j}}\right\} + 2j(2Q-j) \tag{5.38}$$

$$\text{MDL}_j = -\frac{N}{2}\log\left\{\frac{\prod\limits_{i=j+1}^{Q}\rho_i}{\left(\dfrac{1}{Q-j}\sum\limits_{i=j+1}^{Q}\rho_i\right)^{Q-j}}\right\} + \frac{1}{2}j(2Q-j)\log N \qquad (5.39)$$

确定被占用信道的数目相当于选择 $j$ 使 AIC 或 MDL 最小,也即:

$$\hat{K} = \arg\min_{j=0,1,\cdots,Q-1}\text{AIC}_j \qquad (5.40)$$

$$\hat{K} = \arg\min_{j=0,1,\cdots,Q-1}\text{MDL}_j \qquad (5.41)$$

估计完被占用信道的数目后,抽取 $\boldsymbol{\gamma}$ 的所有对角线元素,其元素的值对应于信道的抽样功率 $\varphi_q,q=1,2,\cdots,Q$。如果 $\varphi_{q_1},\varphi_{q_2},\cdots,\varphi_{q_{\hat{K}}}$ 是 $\{\varphi_1,\varphi_2,\cdots,\varphi_Q\}$ 中最大的 $\hat{K}$ 个元素,则 $\hat{R}_1 = \{q_1,q_2,\cdots,q_{\hat{K}}\}$ 即为估计出的被占用信道。

综上所述,此方案的步骤如下:

**步骤 1**:计算协方差矩阵 $\boldsymbol{\gamma} = \dfrac{1}{N}\sum\limits_{n=1}^{N}\boldsymbol{y}(n)\boldsymbol{y}^{\mathrm{T}}(n)$。

**步骤 2**:对 $\boldsymbol{\gamma}$ 进行特征值分解并得到 $Q$ 个特征值 $\rho_1 \geqslant \rho_2 \geqslant \cdots \geqslant \rho_Q$。

**步骤 3**:利用 AIC 准则〔即式(5.38)〕或 MDL 准则〔即式(5.39)〕来估计被占用信道的数目。

**步骤 4**:选择 $\boldsymbol{\gamma}$ 的对角线元素中最大的个 $\hat{K}$,这 $\hat{K}$ 个元素所对应的索引即为估计出的被占用信道。

## 5.2.2　基于信息论准则的多带频谱感知技术 2

从上节可看出,当 $Q$ 值比较大时,由于需要做特征值分解,方案 1 的复杂度较高。因此提出了方案 2,其主要目的是降低方案 1 的复杂度。

从方案 1 的推导过程可看出,之所以要在方案 1 种执行特征值分解是因为 $f[\boldsymbol{y}(n)|\hat{\boldsymbol{\Phi}}_j]$ 不能转化为若干独立的概率密度的乘积,而之所以不能转化,是因为不知道 $\{d_1,d_2,\cdots,d_j,\sigma^2\}$ 在 $\boldsymbol{\Phi}_j$ 中的位置。如果具有 $\{d_1,d_2,\cdots,d_j,\sigma^2\}$ 在 $\boldsymbol{\Phi}_j$ 中位置的先验信息,则方案 1 的复杂度就会得到降低。利用这个思想,首先计算每个信道的抽样功率,然后对所有信道的抽样功率进行降序排列,并假设具有最大抽样信号功率的个信道的索引即为 $\{d_1,d_2,\cdots,d_j\}$ 在 $\boldsymbol{\Phi}_j$ 中对角线上的位置,其他信道的索引为 $\sigma^2$ 在 $\boldsymbol{\Phi}_j$ 中对角线上的位置。经过这样处理后,就可以直接对 $\{d_1,d_2,\cdots,d_j,\sigma^2\}$ 进行最大似然估计并重新设计 AIC 和 MDL 公式。方法的具体细节如下所示。

定义 $\boldsymbol{\varphi}=[\varphi_1,\varphi_2,\cdots,\varphi_Q]^T$，$\tilde{\boldsymbol{\varphi}}=[\tilde{\varphi}_1,\tilde{\varphi}_2,\cdots,\tilde{\varphi}_Q]^T$，这里，$\varphi_i=\dfrac{1}{N}\sum\limits_{n=1}^{N}y_i^2(n)$ 表示第 $i$ 个信道的抽样功率，$\tilde{\varphi}_i$ 由 $\{\varphi_1,\varphi_2,\cdots,\varphi_Q\}$ 进行降序排列得到，即 $\{\tilde{\varphi}_1\geqslant\tilde{\varphi}_2\geqslant\cdots\geqslant\tilde{\varphi}_Q\}=dsort\{\varphi_1,\varphi_2,\cdots,\varphi_Q\}$；这样，$\tilde{\boldsymbol{\varphi}}$ 和 $\boldsymbol{\varphi}$ 的关系可以表示如下：

$$\tilde{\boldsymbol{\varphi}}=\tilde{\boldsymbol{U}}\boldsymbol{\varphi} \tag{5.42}$$

这里 $\tilde{\boldsymbol{U}}$ 是排序矩阵。

定义 $\tilde{\boldsymbol{y}}(n)=\tilde{\boldsymbol{U}}\boldsymbol{y}(n)$，则 $\tilde{\boldsymbol{\Phi}}=E\{\tilde{\boldsymbol{y}}(n)\tilde{\boldsymbol{y}}^T(n)\}=\tilde{\boldsymbol{U}}\boldsymbol{\Phi}\tilde{\boldsymbol{U}}^T$；这样，$\boldsymbol{\Phi}=\tilde{\boldsymbol{U}}^T\tilde{\boldsymbol{\Phi}}\tilde{\boldsymbol{U}}$。$\tilde{\boldsymbol{\Phi}}$ 实际上是一个对角矩阵，其对角线元素 $\tilde{\Phi}_q(q=1,2,\cdots,Q)$ 是 $\Phi_q(q=1,2,\cdots,Q)$ 的一个特定排列。这个特定排列不是一个完全意义上的降序排列，因为其是根据抽样功率的大小来进行降序排列的。因此，除非 $N\rightarrow\infty$，否则 $\tilde{\Phi}_q$ 都不能称为是 $\Phi_q$ 的降序排列。如果 $N\rightarrow\infty$，则 $\tilde{\boldsymbol{U}}^T=\boldsymbol{U}$，$\tilde{\boldsymbol{\Phi}}=\boldsymbol{D}$。

给出 $Q$ 个假设，第 $j$ 个假设是：

$$H_j:\boldsymbol{E}\{\boldsymbol{y}(n)\boldsymbol{y}^T(n)\}\cong\tilde{\boldsymbol{U}}^T\tilde{\boldsymbol{\Phi}}_j\tilde{\boldsymbol{U}},\text{其中 }\tilde{\boldsymbol{\Phi}}_j=\mathrm{diag}\{\tilde{\Phi}_1,\tilde{\Phi}_2,\cdots,\tilde{\Phi}_j,\underbrace{\sigma^2,\sigma^2,\cdots,\sigma^2}_{Q-j\text{个元素}}\} \tag{5.43}$$

这里，$j=0,1,\cdots,Q-1$。和方案 1 中的假设一样，这个假设也具有四层含义。而且，其第一、三、四层含义和方案 1 中第 $j$ 个假设的第一、三、四层含义相同。只有第二层含义不同。在方案 1 中，最有最大"功率"的 $j$ 个信道被认为是被授权用户所使用，而在这里，最有最大"抽样功率"的 $j$ 个信道被认为是被授权用户所使用。

在第 $j$ 个假设下，概率密度 $f(\boldsymbol{Y}\mid\tilde{\boldsymbol{\Phi}}_j)$ 可以表示为：

$$\begin{aligned}f(\boldsymbol{Y}\mid\tilde{\boldsymbol{\Phi}}_j)&=f(\boldsymbol{Y}\mid\hat{\tilde{\boldsymbol{\Phi}}}_j,\tilde{\boldsymbol{U}})\\&=\prod_{n=1}^{N}\frac{1}{(2\pi)^{Q/2}[\det(\tilde{\boldsymbol{U}}^H\hat{\tilde{\boldsymbol{\Phi}}}_j\tilde{\boldsymbol{U}})]^{1/2}}\exp\left\{-\frac{1}{2}\tilde{\boldsymbol{y}}^T(n)(\tilde{\boldsymbol{U}}^T\hat{\tilde{\boldsymbol{\Phi}}}_j\tilde{\boldsymbol{U}})^{-1}\boldsymbol{y}(n)\right\}\end{aligned} \tag{5.44}$$

值得注意的是，方案 2 中的 $\tilde{\boldsymbol{U}}$ 不像方案 1 中的 $\boldsymbol{u}_i(i=1,2,\cdots,j)$ 那样是个未知变量，而是个已知变量。因此，不需要对其进行最大似然估计。这样，上式可以转化为：

$$\begin{aligned}f(\boldsymbol{Y}\mid\tilde{\boldsymbol{\Phi}}_j)&=\prod_{n=1}^{N}\frac{1}{(2\pi)^{Q/2}[\det(\hat{\tilde{\boldsymbol{\Phi}}}_j)]^{1/2}}\exp\left\{-\frac{1}{2}\tilde{\boldsymbol{y}}^T(n)\hat{\tilde{\boldsymbol{\Phi}}}_j^{-1}\tilde{\boldsymbol{y}}(n)\right\}\\&=\left(\prod_{i=1}^{j}\prod_{n=1}^{N}\frac{1}{\sqrt{2\pi\hat{\tilde{\boldsymbol{\Phi}}}_i}}\exp\left\{\frac{\tilde{y}_i^2(n)}{2\hat{\tilde{\boldsymbol{\Phi}}}_i}\right\}\right)\left(\prod_{i=j+1}^{Q}\prod_{n=1}^{N}\frac{1}{\sqrt{2\pi\hat{\sigma}^2}}\exp\left\{\frac{\tilde{y}_i^2(n)}{2\hat{\sigma}}\right\}\right)\end{aligned} \tag{5.45}$$

那么

$$\log f(\mathbf{Y} \mid \hat{\tilde{\boldsymbol{\Phi}}}_j) = \sum_{i=1}^{j} \sum_{n=1}^{N} \left( \frac{\tilde{y}_i^2(n)}{2\hat{\tilde{\boldsymbol{\Phi}}}_i} - \frac{1}{2}\log(2\pi\hat{\tilde{\boldsymbol{\Phi}}}_i) \right) \tag{5.46}$$

$$+ \sum_{i=j+1}^{Q} \sum_{n=1}^{N} \left( \frac{\tilde{y}_i^2(n)}{2\hat{\sigma}^2} - \frac{1}{2}\log(2\pi\hat{\sigma}^2) \right)$$

经过推导,上式中 $\tilde{\boldsymbol{\Phi}}_i(i=1,2,\cdots,j)$ 和 $\sigma^2$ 的似然估计 $\hat{\tilde{\boldsymbol{\Phi}}}_i$ 和 $\hat{\sigma}^2$ 可以表示为:

$$\hat{\tilde{\boldsymbol{\Phi}}}_i = \tilde{\varphi}_i \tag{5.47}$$

$$\hat{\sigma}^2 = \frac{1}{(Q-j)} \sum_{i=j+1}^{Q} \tilde{\varphi}_i \tag{5.48}$$

从上述过程亦可看出,可调的自由参数是 $\{\tilde{\boldsymbol{\Phi}}_1, \tilde{\boldsymbol{\Phi}}_2, \cdots, \boldsymbol{\Phi}_j, \sigma^2\}$。那么可调自由参数的数目是 $j+1$。把此数值和式(5.46)、式(5.47)以及式(5.48)代入式(5.38)和式(5.39)并删除与 $j$ 无关的项后可得:

$$\mathrm{AIC}_j = -2\log f(\mathbf{Y} \mid \hat{\boldsymbol{\Phi}}_j) + 2\phi = -N\log \left( \frac{\prod\limits_{i=j+1}^{Q} \tilde{\varphi}_i}{\left( \frac{1}{(Q-j)} \sum\limits_{i=j+1}^{Q} \tilde{\varphi}_i \right)^{Q-j}} \right) + 2j \tag{5.49}$$

$$\mathrm{MDL}_j = -2\log f(\mathbf{Y} \mid \hat{\boldsymbol{\Phi}}_j) + \frac{1}{2}\phi\log N$$

$$= -\frac{N}{2}\log \left( \frac{\prod\limits_{i=j+1}^{Q} \tilde{\varphi}_i}{\left( \frac{1}{(Q-j)} \sum\limits_{i=j+1}^{Q} \tilde{\varphi}_i \right)^{Q-j}} \right) + \frac{1}{2}j\log N \tag{5.50}$$

被占用信道的数目由使 AIC 或 MDL 函数最小的 $j$ 来确定,即由下两式确定:

$$\hat{K} = \arg \min_{j=0,1,\cdots,Q-1} \mathrm{AIC}_j \tag{5.51}$$

$$\hat{K} = \arg \min_{j=0,1,\cdots,Q-1} \mathrm{MDL}_j \tag{5.52}$$

确定被占用信道的数目后,哪些信道被占用则由信道的抽样功率来确定,这和方案 1 中的方法是相同的。

综上所述,此方案的步骤如下:

**步骤 1:** 计算每个信道的抽样功率 $\varphi_q = \dfrac{1}{N} \sum\limits_{n=1}^{N} y_q^2(n)$。

**步骤 2**：将 $\{\varphi_1,\varphi_2,\cdots,\varphi_Q\}$ 进行降序排列后得到 $\{\tilde{\varphi}_1\geqslant\tilde{\varphi}_2\geqslant\cdots\geqslant\tilde{\varphi}_Q\}=\{\varphi_{q_1}\geqslant\varphi_{q_2}\geqslant\cdots\geqslant\varphi_{q_Q}\}$。

**步骤 3**：利用 AIC 准则〔即式(5.49)〕或 MDL 准则〔即式(5.50)〕来估计被占用信道的数目。

**步骤 4**：$\hat{R}_1=\{q_1,q_2,\cdots,q_{\hat{K}}\}$ 即为被占用信道的索引。

设置仿真条件为：40 个待检测信道，其中 15 个信道正在被授权用户所使用。如表 5-1 所示为被占用信道在全部待测信道中的位置和其相对功率的大小。噪声不确定性设置为 $\delta=1$ dB。能量检测器的门限是按照 $T=\sigma^2 Q_{\chi_N^2}^{-1}(P_F)$ 设置，$P_F=0.1$。

表 5-1　被占用信道的位置和相对功率

| 位置 | 2 | 8 | 15 | 16 | 19 | 21 | 22 | 24 |
|---|---|---|---|---|---|---|---|---|
| 相对功率 | 1 | 3.87 | 2.14 | 2.8 | 3.75 | 3.77 | 3.54 | 1.36 |
| 位置 | 25 | 26 | 27 | 29 | 30 | 31 | 39 | |
| 相对功率 | 1.65 | 3.55 | 3.43 | 3.71 | 3.38 | 2.17 | 1.61 | |

在图 5-9 和图 5-10 中，给出了所提方案与能量检测器在时的性能比较。从图中，可以得出以下结论：

➤ 给定 $P_D$，相比于方案 1，方案 2 可以在更低的信噪比下达到此性能；然而，方案 2 比方案 1 拥有更高的 $P_F$。

➤ 基于 AIC 的方案比基于 MDL 的方案拥有更好的 $P_D$；然而其的 $P_F$ 也高于基于 MDL 的方案。

➤ 一般来说，如果一个方法拥有更好的 $P_D$，则其 $P_F$ 便较差。但也有例外，比如理想的能量检测器(即 $\delta=0$ dB)的 $P_D$ 高于基于 AIC 的方案 2，同时在中高信噪比下其的 $P_F$ 也低于基于 AIC 的方案 2。

➤ 噪声不确定性显著降低了能量检测器的性能。相比于理想的能量检测器，在 $P_D=0.9$ 的情况下，$\delta=1$ dB 时的能量检测器性能损失了 1~2 dB；同时，其虚警概率也从 0.1 上升到了大约 0.25。虽然在低信噪比情况下(低于 $-15$ dB)，$\delta=1$ dB 时的能量检测器比理想的能量检测器的 $P_D$ 更高，但此时的 $P_D$ 低于 0.5，并不能满足系统的要求。

➤ 基于 AIC 的方案 2 的性能比理想能量检测器的性能要差，主要表现在两方面：首先，在给定 $P_D$ 的情况下，相比于基于 AIC 的方案 2，理想能量检测器能在更低的信噪比下达到此 $P_D$；其次，在中高信噪比下，理想能量检测器拥有更低的 $P_F$。

同时,基于 AIC 的方案 2 的性能比 $\delta=1$ dB 时的能量检测器的性能要好,主要表现在两方面:首先,在 $P_D \geqslant 0.9$ 时(这也是一般认知无线电系统所要求的检测概率性能),基于 AIC 的方案 2 可以在更低的信噪比下达到所要求的 $P_D$;其次,基于 AIC 的方案 2 比 $\delta=1$ dB 时的能量检测器拥有更低的 $P_F$。

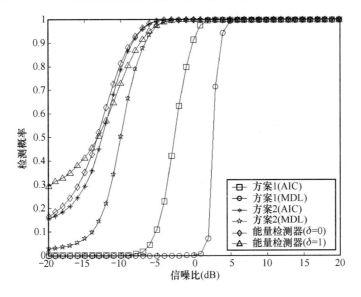

图 5-9　检测概率随信噪比变化的情况($N=100$)

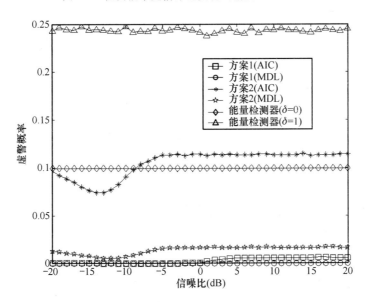

图 5-10　虚警概率随信噪比变化的情况($N=100$)

图 5-11 和图 5-12 给出了各方案在 SNR＝－15 dB 时样本容量对所提方案和能量检测器的性能影响比较。图 5-13 中给出了在 SNR＝－10 dB 时基于 MDL 的方案 1 与 $\delta$＝1 dB 时的能量检测器的性能关系的性能比较图。可以看出当 $N$ 超过一定值时，$\delta$＝1 dB 时的能量检测器的 $P_D$ 性能的改善越来越小，甚至停止，而所提方案的 $P_D$ 性能仍在不断地改善。

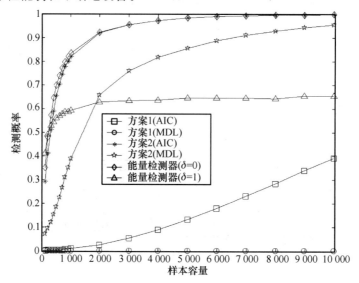

图 5-11　检测概率随样本容量变化的情况（SNR＝－15 dB）

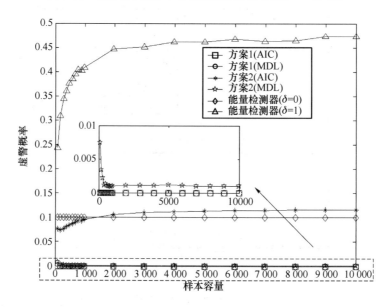

图 5-12　虚警概率随样本容量变化的情况（SNR＝－15 dB）

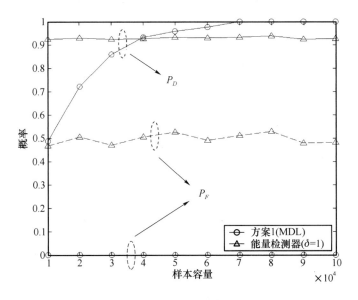

图 5-13　检测概率和虚警概率随样本容量变化的情况(SNR=-10 dB)

# 5.3　基于广义似然比检验的多带频谱感知技术

第二节介绍了基于信息论准则的多带频谱感知技术,但其性能不是可调的,在信噪比和抽样数一定的条件下其性能是固定的。针对这一问题,设计了一种新型的基于广义似然比检验的频谱感知方案。这一方案也是一种多带频谱感知方案,不同的是:在检测过程中,被占用频段数量的检测被建模成一个连续的二元统计假设检验问题,并使用一系列的广义似然比检验来解决此问题。

广义似然比检验是似然比检验的扩展,在似然比检验中,所有的参数都是已知的。然而,在某些检验问题中,参数有可能是未知的。广义似然比检验提供了解决这种问题的方法,它用未知参数的最大似然估计去代替未知参数[37-39]。因而,其检验统计量是广义似然比,表示如下:

$$T = \frac{p(Z|\hat{\Theta}_{H_1})}{p(Z|\hat{\Theta}_{H_0})} \tag{5.53}$$

其中,$\hat{\Theta}_{H_0}$ 和 $\hat{\Theta}_{H_1}$ 表示似然比表达式中对应参数 $\Theta_{H_0}$ 和 $\Theta_{H_1}$ 的最大似然估计。

在显著性水平 $\alpha$ 下,广义似然比检验的拒绝域为 $(T_a, \infty)$,$T_a$ 由下式计算得到:

$$\int_{T_a}^{\infty} p(x \mid H_0) \mathrm{d}x = \alpha \tag{5.54}$$

这里，$p(x|H_0)$ 是当 $H_0$ 成立时 $T$ 的概率密度。如果 $T > T_a$，则拒绝 $H_0$，否则接受 $H_0$。$\varphi_q = \dfrac{1}{N}\sum\limits_{n=1}^{N} y_q^2(n)$ 表示第 $q$ 个信道的抽样功率。当 $N \to \infty$ 时，抽样功率 $\varphi_q$ 趋向于功率 $\rho_q$，$\rho_q$ 表示如下：

$$\rho_q = \begin{cases} \sigma_q^2 + \sigma^2 & q \in R_1 \\ \sigma^2 & q \in R_2 \end{cases} \tag{5.55}$$

将 $\varphi_1, \varphi_2, \cdots, \varphi_Q$ 按降序排列后得到 $\varphi_{m_1} \geqslant \varphi_{m_2} \geqslant \cdots \geqslant \varphi_{m_Q}$。如果能够确定被占用信道的数量 $\hat{K}$，则认为 $m_1, m_2, \cdots, m_{\hat{K}}$ 信道被授权用户所占据，而其他信道是空闲信道。

如果 $N$ 是无限的，则最后 $Q-K$ 个 $\varphi_{m_i}$ 的值必然是 $\sigma^2$，而前 $K$ 个 $\varphi_{m_i}$ 的值必然大于后 $Q-K$ 个 $\varphi_{m_i}$ 的值。这样，可以根据最小抽样功率的重数来确定 $\hat{K}$。不幸的是，在实际系统中，$N$ 是有限的。即使如此，只要 $N$ 不是太小，后 $Q-K$ 个 $\varphi_{m_i}$ 的值仍然在 $\sigma^2$ 的附近，而前 $K$ 个 $\varphi_{m_i}$ 的值也远大于后 $Q-K$ 个 $\varphi_{m_i}$ 的值，尤其是在信噪比较高的时候。基于这一点，可以设计 $Q-1$ 个连续的二元假设检验去估计 $K$。在第 $q$ 次检验时，后 $Q-q$ 个 $m_i$ 信道 $m_{q+1}, m_{q+2}, \cdots, m_Q$ 被检测，目的是通过 $\varphi_{m_i}$ 的观察来确定他们是否具有相同的功率 $\rho_{m_i}$。如果这 $Q-q$ 个 $m_i$ 信道包含有被授权用户占用的信道，则这些被占用信道的抽样功率远大于其他信道的抽样功率，因而有很大的概率检测出并不是所有的 $Q-q$ 个 $m_i$ 信道是空闲信道，否则会检测出所有的 $Q-q$ 个 $m_i$ 信道是空闲信道。将 $q$ 依次赋值为 $0, 1, \cdots, Q-2$，一旦得出最后的 $Q-q$ 个 $m_i$ 信道都为空闲信道的结论时，停止检验，并将 $\hat{K}$ 赋值为 $q$。因为前 $K$ 个 $\varphi_{m_i}$ 的值远大于后 $Q-K$ 个 $\varphi_{m_i}$ 的值，尤其是信噪比较高的时候，因而有极大的概率输出 $\hat{K} = K$。

用 $Q-1$ 个连续的二元假设检验来估计被占用信道的数目。在第 $q$ 次检验中，检测 $m_{q+1}, m_{q+2}, \cdots, m_Q$ 信道以看它们是否具有相同的功率。如果这些信道的功率被检验出是相等的，则认为这些信道都是空闲信道。每次检验相当于在以下零假设和备择假设中进行选择。

$$H_0(q) : \rho_{m_{q+1}} = \rho_{m_{q+2}} = \cdots = \rho_{m_Q} \tag{5.56}$$

$$H_1(q) : \text{至少有一对} (i,j) \text{的} \rho_{m_{i+1}} \neq \rho_{m_{j+1}}, i \neq j, i = q+1, \cdots, Q, j = q+1, \cdots, Q \tag{5.57}$$

这里，$H_0(q)$ 相当于假设被占用的信道数目不大于 $q$，$H_1(q)$ 相当于假设被占用的信道数目大于 $q$。

检验过程如图 5-14 所示。首先检验 $H_0(0)$ 和 $H_1(0)$，接受 $H_0(0)$ 表示没有信

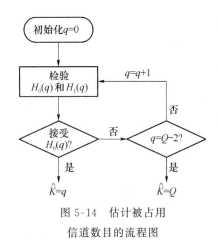

图 5-14 估计被占用
信道数目的流程图

道被授权用户所占据，因而输出 $\hat{K}=0$；拒绝 $H_0(0)$ 表示至少有一个信道被授权用户所占据，因而接下来应该检验 $H_0(1)$ 和 $H_1(1)$。如此这般，直到被占用信道的数目被估计出来。如果被占用信道的数目在 $q=Q-2$ 时仍然没有被估计出来〔即 $H_0(Q-2)$ 被拒绝〕，不能继续去检验 $H_0(Q-1)$ 和 $H_1(Q-1)$，因为此时已经没有信道留下来去和 $\rho_{m_Q}$ 做比较。这意味着所提出的方案不能去区分 $Q-1$ 个被占用信道和 $Q$ 个被占用信道。有两个方法可以去解决此问题，第一个方法是提供一个永久的空闲信道给认知无线电系统；第二个方法是不去区分 $Q-1$ 个被占用信道和 $Q$ 个被占用信道，一旦被占用信道的数目在 $q=Q-2$ 时仍然没有被估计出来，就直接让 $\hat{K}=Q$。在这里，为了保护授权用户，没有让 $\hat{K}=Q-1$，虽然 $\hat{K}=Q$ 在 $K=Q-1$ 时会增加系统的虚警概率。在本文中，采用了第二种方法。一旦 $\hat{K}$ 被确定下来，被占用信道的位置可以很简单地通过 $\varphi_{m_1} \geqslant \varphi_{m_2} \geqslant \cdots \geqslant \varphi_{m_Q}$ 确定下来，$\hat{R}_1=\{m_1, m_2, \cdots, m_{\hat{K}}\}$ 即为估计得到的被占用信道位置的索引。

$H_0(q)$ 和 $H_1(q)$ 是关于 $\rho_q$ 的假设，而 $\rho_q$ 是未知的，因此，广义似然比检验被用来检验 $H_0(q)$ 和 $H_1(q)$。检验 $H_0(q)$ 和 $H_1(q)$ 的检验统计量是

$$T(q) = (Q-q)N \ln\left(\frac{1}{Q-q}\sum_{i=q+1}^{Q} \varphi_{m_i}\right) - N\sum_{i=q+1}^{Q} \ln \varphi_{m_i} \tag{5.58}$$

当 $H_0(q)$ 成立时，$T(q)$ 服从自由度为 $Q-q$ 的中心卡方分布 $\chi_{Q-q}^2$。因此，在显著性水平 $\alpha$ 下，拒绝域是 $[T_\alpha(q), \infty]$，其中，$T_\alpha(q)=Q_{\chi_{Q-q}^2}(\alpha)$。如果 $T(q)>T_\alpha(q)$，则拒绝 $H_0(q)$，否则接受 $H_0(q)$。

基于广义似然比的多带频谱感知方案的步骤如下：

**步骤 1**：计算抽样功率 $\varphi_q = \dfrac{1}{N}\sum_{n=1}^{N} y_q^2(n)$。

**步骤 2**：将 $\varphi_q$ 按降序排列后得到 $\varphi_{m_1} \geqslant \varphi_{m_2} \geqslant \cdots \geqslant \varphi_{m_Q}$。

**步骤 3**：初始化 $q=0$。

**步骤 4**：按式(5.58)计算检验统计量 $T(q)$，同时令 $T_\alpha(q)=Q_{\chi_{Q-q}^2}(\alpha)$。

**步骤 5**：如果 $T(q)>T_\alpha(q)$，转步骤 6；否则转步骤 7。

**步骤 6**：如果 $q<Q-2$，令 $q=q+1$，转步骤 4；否则转步骤 8。

**步骤 7**：令 $\hat{K}=q$。

**步骤 8**：令 $\hat{K}=Q$。

**步骤 9**：$\hat{R}_1=\{m_1,m_2,\cdots,m_{\hat{K}}\}$ 为估计得到的被占用信道位置的索引。

仿真条件设置为：有 40 个待检测信道、10 个被占用信道。被占用信道随机分布在 40 个信道中。不同的被占用信道具有不同的信号功率。假设最小信号功率为 $P_S$ dB，其他信号功率均匀分布在 $[P_S,P_S+6]$ dB 内。值得注意的是仿真图中所示的信噪比是最小信号功率 $P_S$ 与噪声功率的比值，不同的噪声功率导致不同的信噪比水平。另外，假设噪声具有 $\delta=1$ dB 的噪声不确定性。同时，为了进一步比较，也仿真了已知精确噪声功率的能量检测器的性能(即 $\delta=0$ dB)。显著性水平设为 0.1。

如图 5-15 和图 5-16 所示为当抽样数为 500 时，所提方案和能量检测器的性能随信噪比的变化情况。如图 5-17 和图 5-18 所示为当抽样数为 5 000 时，所提方案和能量检测器的性能随信噪比的变化情况。

➢ 噪声不确定性的确恶化了能量检测器的性能。当抽样数为 500 时，在 $P_D=0.9$ 处，能量检测器的 $P_D$ 性能差不多损失了 2 dB，同时，$P_F$ 也从 0.1 升到了大约 0.33。此外，当抽样数越大时，性能的损失越多。例如：当抽样数为 5 000 时，在 $P_D=0.9$ 处，能量检测器的 $P_D$ 性能差不多损失了 6 dB，同时，$P_F$ 也从 0.1 升到了大约 0.44。

➢ 能量检测器的虚警概率即等于设置的显著性水平，因而其虚警性能可以被精确地控制。但是，所提方案的虚警性能不能被精确地控制。例如，虽然将显著性水平设置为 0.1，但所提方案的虚警概率小于 0.1。

➢ 如果不存在噪声不确定性的话，所提方案的 $P_D$ 性能要比能量检测器的差。但是，如果存在不确定性的话，所提方案与能量检测器的 $P_D$ 性能差距将会减小(如图 5-15 所示)，甚至反超(如图 5-17 所示)。

➢ 所提方案的虚警性能要比能量检测器好。此外，两者虚警性能的差距随着抽样数的增多而增大。

图 5-19 和图 5-20 所示为当信噪比为 $-10$ dB 时，两种感知方案的检测概率和虚警概率随抽样数的变化情况。

➢ 随着抽样数的增加，所有方案的检测概率都得到改善。然而，当存在噪声不确定性时，能量检测器检测概率的改善速度在超过某个抽样点时将显著下降。这就导致一个现象——即使所提方案的检测性能在抽样数较小时比能量检测器差，当抽样数较大时，其检测性能必将超越能量检测器。例如：当抽样数为 1 000 时，所提方案的 $P_D$ 性能比能量检测器差；然而，当抽样数多于 2 000 时，所提方案的 $P_D$ 性能要强于能量检测器。

➤ 当不存在噪声不确定性时,能量检测器的虚警概率总是保持为0.1。当存在噪声不确定性时,随着抽样数的增加,所提方案的虚警概率和能量检测器的虚警概率呈现出两种不同的趋势:所提方案的虚警概率随着抽样数的增加而降低,而能量检测器的虚警概率随着抽样数的增加而增加。

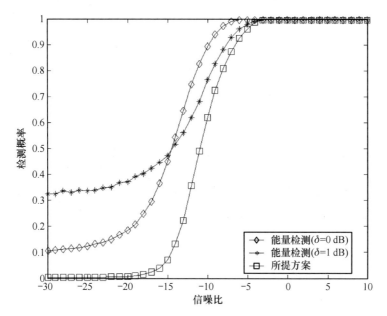

图 5-15　检测概率随信噪比的变化情况(抽样数为 500)

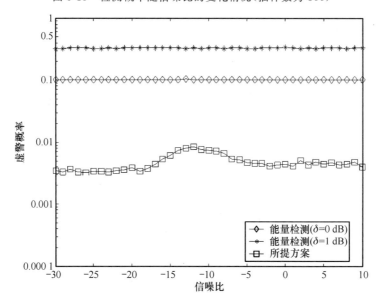

图 5-16　虚警概率随信噪比的变化情况(抽样数为 500)

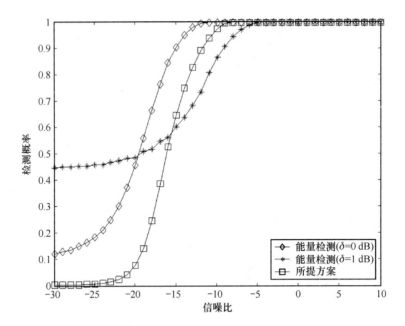

图 5-17　检测概率随信噪比的变化情况(抽样数为 5 000)

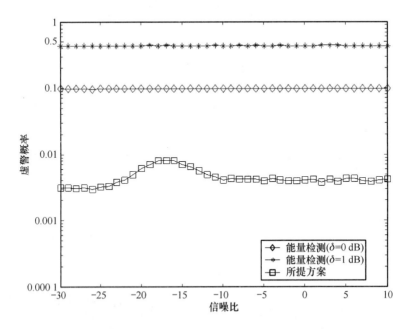

图 5-18　虚警概率随信噪比的变化情况(抽样数为 5 000)

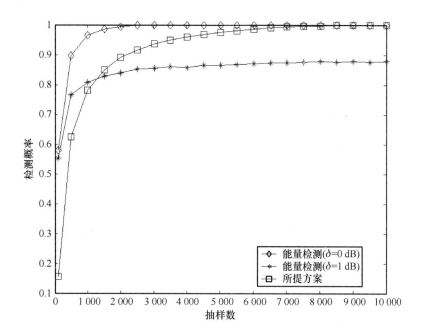

图 5-19 检测概率随抽样数的变化情况(信噪比为－10 dB)

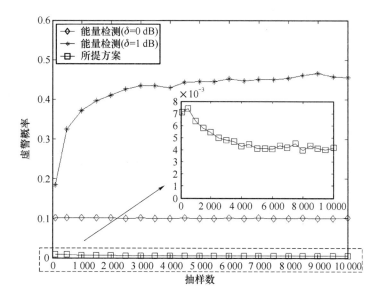

图 5-20 虚警概率随抽样数的变化情况(信噪比为－10 dB)

# 5.4 基于自适应阵列的多带频谱感知技术

本小节将介绍一种基于自适应阵列的频谱感知技术,该方案采用智能天线阵列结构,利用接收到的不同来波方向的信号源执行多带检测,下面进行详细阐述。

本方案的系统模型如图 5-1 所示,一共有 $Q$ 个信道,其中 $K$ 个被占用,余下的 $Q-K$ 个信道均可感知并使用。本算法的目的旨在感知这些处于空闲状态的信道,则认知网络就可以接入这些信道。对于该类系统模型,通常有两种基本方法:方法一、逐个检测每个信道来确定每个信道是否被占用;方法二、同时比对所有信道来确定占用的信道。方法一检测单个信道时,需要知道每个信道上的噪声方差,当噪声方差存在误差时其检测性能将急剧恶化。实际中,噪声方差对温度敏感,往往是时变的,因此很难非常精确地估计出真实的噪声强度。而方法二可以比对多个信道,对噪声方差信息的依赖较小,实际中会有较好的性能。为了可以有效对抗噪声不确定度,本小节算法采用方法二的原理来设计多频带感知方案。

假设智能天线接收端采用 $M$ 个阵元排成均匀线性阵列,感知远场的多频带信道,其中,每个阵列之间的间距为 $d=\dfrac{l}{2}$,$l$ 代表被占用信道上信号的波长。自适应阵列接收到的信号波形为

$$r(n) = \sum_{i=1}^{K} \tilde{s}_i(n) a(\theta_i) + \varepsilon(n) = A(\theta)\tilde{s}(n) + \varepsilon(n)$$

其中,

$$a(\theta_i) = \left[ 1, \exp\left( j\,\frac{2\pi}{\lambda} d\sin(\theta_i) \right), \cdots, \exp\left( j\,\frac{2\pi}{\lambda}(M-1)d\sin(\theta_i) \right) \right]^{\mathrm{T}}, i=1,2,\cdots,K$$

$q_i$ 是接收阵列所接收到的来自被占用信道信号的入射角度,$\tilde{s}_i(n)$ 是接收到的经历了衰落、阴影等信道效应影响的信号。

阵列接收信号的协方差矩阵可以表示为

$$r(n) = \sum_{i=1}^{K} \tilde{s}_i(n) a(\theta) + \varepsilon(n) = A(\theta)\tilde{s}(n) + \varepsilon(n)$$

协方差矩阵是一个重要的物理量,表征了接收信号的统计特性。然而在实际的通信场景下,我们不可能得到理想的协方差矩阵,只能通过最大似然估计得到采样协方差矩阵 $\hat{C}_r = \dfrac{1}{N}\sum_{n=1}^{N} r(n)r^H(n)$。只有当采样数 $N$ 趋于无穷时,该采样协方

差矩阵是上述理想协方差矩阵的完美近似。

对采样协方差矩阵 $\hat{C}_r$ 做特征值分解,得到降序排列的特征值

$$\hat{\lambda}_1 \geqslant \hat{\lambda}_2 \geqslant \cdots \geqslant \hat{\lambda}_K \geqslant \hat{\lambda}_{K+1} \geqslant \cdots \geqslant \hat{\lambda}_M$$

特别地,当采样数趋于无穷时,即统计协方差矩阵的特征值将服从

$$\lambda_1 \geqslant \lambda_2 \geqslant \cdots \geqslant \lambda_K \geqslant \lambda_{K+1} = \cdots = \lambda_M = \sigma^2$$

其中,$\sigma^2$ 表示热噪声的方差。在这种理想情况下,只需要估计最小特征值的重数。

在本章前面的小节里面,我们曾提到采用信息论准则来估计噪声功率的重数,如:最短描述长度(Minimum Description Length,MDL)准则,Akaike 信息论准则(Akaike's Information Criterion,AIC)和 Hannan-Quinn(HQ)准则等。其中,AIC 和 MDL 已经在 5.1 小节中采用,在本小节中,我们应用 HQ 准则来估计信号源的数目。

本小节所提方案的主要思想是:首先对采样协方差矩阵 $\hat{C}_r$ 的对角元素采用 HQ 准则,从而估计出被占用信道的个数 $\hat{K}$,然后抽取 $\hat{C}_r$ 对角元素中最大的 $\hat{K}$ 个值所对应的索引,这些索引即为被占用信道的索引。详细步骤如下:

**步骤 1**:抽取 $\hat{C}_r$ 的对角元素,并把它们表示为 $\phi_0, \phi_1, \cdots, \phi_{P-1}$。

**步骤 2**:将 $\phi_0, \phi_1, \cdots, \phi_{P-1}$ 进行降序排列,从而得到 $\phi_{m_0} \geqslant \phi_{m_1} \geqslant \cdots \geqslant \phi_{m_{P-1}}$,也可表示为 $\bar{\phi}_0 \geqslant \bar{\phi}_1 \geqslant \cdots \geqslant \bar{\phi}_{P-1}$。

**步骤 3**:信息论领域中的 Hannan-Quinn 准则表述为:

$$HQ_j = [f_1(j) - f_2(j)]N + f_3(j)$$

其中,

$$f_1(j) = (M-j)\ln\left(\frac{\sum\limits_{i=j}^{M-1} \hat{\lambda}_i}{M-j}\right)$$

$$f_2(j) = \sum_{i=j}^{M-1} \ln\hat{\lambda}_i$$

$$f_3(j) = \frac{1}{2}j(2M-j)\ln\ln N$$

不同的 $j$ 会得到不同的 Hannan-Quinn 准则的值,使这些准则值最小的 $j$ 则为被占用信道的个数 $\hat{K}$,即

$$\hat{K} = \underset{j=0,1,\cdots,M-1}{\arg\min} HQ_j$$

**步骤 4**：区分空闲频道与被占用频道。定义 $p=\{p_1,p_2,\cdots,p_Q\}$，$\tilde{p}=\{\tilde{p}_1,\tilde{p}_2,\cdots,\tilde{p}_Q\}$，其中 $Q$ 表示子频带的数目，$p_i=\dfrac{1}{N}\sum_{n=1}^{N}r_i^2(n)$ 表示宽带系统各子信道的采样功率。$\tilde{p}$ 由 $p$ 按从大到小降序排列得到，即 $\{\tilde{p}_1,\tilde{p}_2,\cdots,\tilde{p}_Q\}=$ dsort$\{p_1,p_2,\cdots,p_Q\}$。步骤 3 通过估计得到的被占用信道数为 $\hat{K}$，则 $\tilde{p}$ 中前 $\hat{K}$ 个信道为被占用信道，即 $\{\tilde{p}_1,\tilde{p}_2,\cdots,\tilde{p}_{\hat{K}}\}$ 对应的是被占用子信道，$\{\tilde{p}_{\hat{K}+1},\cdots,\tilde{p}_{Q-1},\tilde{p}_Q\}$ 对应的是空闲频带，可以为从用户网络提供业务。

本算法具有如下特点：不需要去设置门限，而且不需要噪声功率的有关信息。因此，不需要在接收端对噪声功率进行估计，这样就避免了不精确的噪声估计对系统性能的影响，因而其性能是鲁棒的。能量检测器每次只检测一个信道，因此其寄存器中只需要存储 $N$ 个抽样；本算法同时检测 $Q$ 个信道，因此其寄存器需要存储 $QN$ 个抽样，寄存器容量大于能量检测器。

下面，我们提供了仿真实验来验证本算法的性能，并与经典的能量检测器进行对比。

假设该认知网络拥有 $M=8$ 颗均匀线性阵列，在该无线环境下一共有 $Q=25$ 个子信道，其中 $K=4$ 个信道已被主用户通信系统所占用。天线阵元间距为 $d=0.25$ 米，授权用户到从用户之间的信道服从锐利衰落特性。仿真中采用了 500 次独立的 Monte-Carlo 实验。图 5-21 给出了当采样数为 500 时，所提算法和能量检测器的检测概率与虚警概率随信噪比的变化情况。图 5-22 给出了当信噪比为 $-10$ dB 时，检测概率与虚警概率随采样数的变化情况。从图 5-22 可见，由于噪声不确定性的存在，噪声功率不能得到精确的估计，经典的能量检测器的性能将受到严重影响。而所提方案由于采用 Hannan-Quinn（HQ）准则估计信号源的数目，接着利用各个子信道上的接收能量大小判断被占用信道的索引，避免了噪声功率的估计，因而可以大大地提高系统性能。因此，所提算法对噪声不确定度具有鲁棒性，在没有噪声方差先验信息的情况下具有比能量检测器更好的性能。特别需要注意的是，当噪声不确定度存在时，能量检测器的虚警概率远远低于认知无线电系统的要求（小于或等于 0.1）。同时，当采样数超过一定门限值时，具有噪声不确定度的能量检测器的检测概率不再增加，这是由于信噪比墙的存在。因而，在实际应用环境下，如果不能精确估计噪声方差，应尽可能避免使用能量检测器。

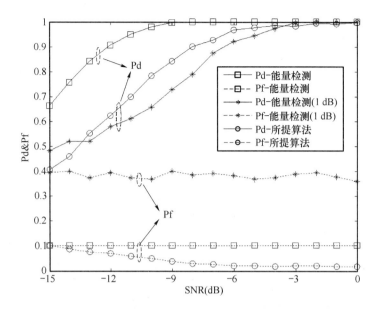

图 5-21　检测概率和虚警概率随信噪比的变化情况（采样数为 500）

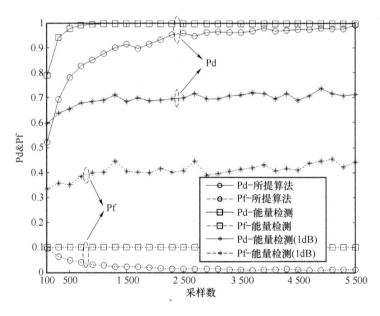

图 5-22　检测概率和虚警概率随采样数的变化情况（信噪比为－10 dB）

# 参考文献

[1] Zhang S，Bao Z. An Adaptive Spectrum Sensing Algorithm under Noise Uncertainty[C] IEEE International Conference on Communications. IEEE，2011:1-5.

[2] Shen B，Huang L，Zhao C，et al. Energy Detection Based Spectrum Sensing for Cognitive Radios in Noise of Uncertain Power [C] International Symposium on Communications and Information Technologies. 2008: 628-633.

[3] H. V. Poor，An Introduction to signal Detection and Estimation，2nd ed，New York: Springer-Verlag，1994.

[4] A. Wald，Sequential Analysis，New York: John Wiley & Sons，1947.

[5] DIGHAM F. On the Energy Detection of Unknown Signals over Fading Channels[C]Proceedings of IEEE，2003.

[6] LI R，ZHU L. Compact UWB Bandpass Filter Using Stub-Loaded Multiple-Mode Resonator [J]. IEEE Microwave and Wireless Components Letters，2007,17( 1) : 40-42.

[7] WANG H，ZHENG X Y，KANG W，et al. UWB Bandpass Filter with Novel Structure and Super Compact Size[J]. IET Electronics Letters，2012( 48) : 1068-1069.

[8] D. Cabric, A. Tkachenko, R. W. Brodersen, "Experimental study of spectrum sensing based on energy detection and network cooperation," ACM Int. Workshop on Technology and Policy for Accessing Spectrum, Aug. 2006.

[9] R. Tandra, A. Sahai, "Fundamental limits on detection in low SNR under noise uncertainty," IEEE Int. Conf. on Wireless Networks，Commun. and Mobile Computing，vol. 1，pp: 464～469，June 2005.

[10] Q. T. Zhang, K. M. Wong, P. C. Yip, and J. P. Reilly, "Statistical analysis of the performance of information theoretic criteria in the detection of the number of signals in array processing," IEEE Trans. Acoust. , Speech，Signal Processing，vol. 37，pp: 1557～1567，Oct. 1989.

[11] M. Wax, T. Kailath, "Detection of signals by information theoretic criteria," IEEE Trans. Acoust. , Speech, Signal Processing，vol. 33，pp:

387~392，Apr. 1985.

[12] M. Wax，I. Ziskind，"Detection of the number of coherent signals by the MDL principle，" IEEE Trans. Acoust. ，Speech，Signal Processing，vol. 37，pp：1190~1196，Aug. 1989.

[13] Shahrokh Valaee，Peter Kabal，"An Information Theoretic Approach to SourceEnumeration in Array Signal Processing，" IEEE Trans. Signal Processing，vol. 52，no. 5，pp：1171~1178，May 2004.

[14] S. M. Kay. Fundamentals of statistical signal processing，volume 2：detection theory. Englewood Cliffs，NJ：Prentice-Hall，1998.

[15] T. Schonhoff，A. A. Giordano. Detection and Estimation：Theory and Its Applications. Upper Saddle River，NJ：Prentice-Hall，2006.

[16] I. Miller，M. Miller. John E. Freund's Mathematical Statistics with Applications，7th ed. Upper Saddle River，NJ：Prentice-Hall，2004.

# 第6章　多节点协作频谱感知技术

前面介绍的单节点频谱感知包括匹配滤波检测、能量检测以及循环平稳特征检测等方法虽然各有特点，但在认知无线电环境中，由于授权用户的出现是随机的，同时受到信道增益、多径和地形遮挡等因素的影响，本地频谱感知的结果存在着一定的不确定性和不可靠性。考虑这些因素的影响和授权用户与从用户之间的位置关系，就会产生所谓的隐藏终端问题，严重影响了频谱感知的可靠性。

多节点协作频谱感知[23]是通过分布在不同空间方位的多个检测器进行联合的频谱感知。由于协作频谱感知利用了不同空间方位多个检测器的信息，其可以克服信道衰落等不利因素对单个检测器性能的影响，从而获得优于本地频谱感知的性能。从结构上来说，协作频谱感知主要分为集中式和分布式两种。

## 6.1　集中式协作频谱感知

如图 6-1 所示为集中式协作频谱感知的原理示意图。分布于不同地理位置上的各检测器首先获得其所在位置上的本地信息，本地信息随着协作频谱感知方案的不同，既可以是检测器的本地频谱感知结果，也可以是多个比特的量化结果或其他信息等。之后每个检测器都将其本地信息汇报给中心节点，中心节点处理这些信息，并得到最终的判决。根据中心节点处理这些信息的方式，协作频谱感知方案可以分为硬协作频谱感知方案和软协作频谱感知方案。

在硬协作频谱感知方案中，各检测器传送的本地信息是本地的判决结果"1"或"0"，"1"表示认为所检测频段正在被授权用户所使用，"0"表示所检测频段是空闲频段。中心节点收到各检测器传送的判决结果后，通过某种判决准则来确定最终的判决结果。其中，最经典的判决准则是"AND"准则和"OR"准则；在"AND"准则中，只有当所有用户的判决结果是"1"时，中心节点才判定最终的结果是"1"；在"OR"准则中，只要有一个用户的判决结果是"1"，中心节点就判定最终的结果是"1"。可以看出："AND"准则的出发点是最大可能地利用空闲频段，提高认知系统

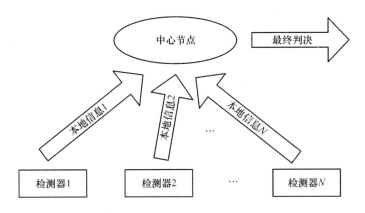

图 6-1　集中式协作频谱感知原理示意图

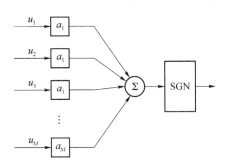

图 6-2　硬合并情况下的最优合并方法

的吞吐量,而"OR"准则的出发点是最大可能地保护授权系统。在本章参考文献[71]中指出,在多数情况下,"AND"准则和"OR"都不是最优的判决准则,最优的或接近最优的判决准则是"half-voting"准则,即当超过一半用户的判决结果是"1"时,中心节点则判定最终的结果是"1"。本章参考文献[25]研究了硬合并情况下的最优合并方法。如图 6-2 所示,通过为每个用户的频谱感知结果 $u_i$ 计算一个加权系数 $a_i$,之后将频谱感知结果 $u_i$ 与加权系数 $a_i$ 相乘,并求和,最后通过符号函数判断最终结果。

　　软协作频谱感知方案与硬协作频谱感知方案不同,其传送的不是判决结果,而是本地检测器所获得的一些软信息,如所检测频段的信号能量等。由于软协作频谱感知方案可以利用的信息更多,因此其性能要优于硬协作频谱感知方案,但其需要在控制信道中传送的信息量也多于硬协作频谱感知方案。本章参考文献[26]针对软合并的情况,采用如本章参考文献[25]的加权合并的方式,以不同的优化目标设定,研究了最优加权向量的设计和计算问题,并对其性能进行了分析。

# 6.2　分布式协作频谱感知

　　与集中式的协作频谱感知不同,分布式协作频谱感知没有中心节点,各个检测器彼此交换分享其本地信息。通过这种方式,每个检测器都可以获得其他检测器的本地信息,进而实施数据融合等操作,达到协作频谱感知的目的。如图 6-3 所示为分布式协作频谱感知的原理示意图。

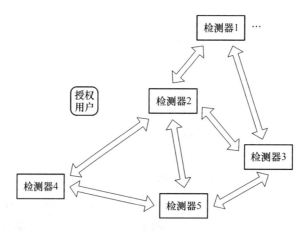

图 6-3　分布式协作频谱感知原理示意图

分布式协作频谱感知与集中式协作频谱感知的本质都是收集不同检测器的信息进行数据融合来提高频谱感知的可靠性。相较于本地频谱感知,协作频谱感知都需要开辟额外的报告信道。由于认知无线电系统本身就是利用授权用户暂时未利用的信道进行数据传输,其信道资源是随时变动的,为其分配固定的信道资源,特别是在检测器数量较大的情况下,报告信道的需求可能非常巨大,若协作频谱感知系统采用软合并方式进行数据融合,则现有的方案几乎无法实现。因此,针对协作频谱感知报告信道资源开销及其相关的问题引起了许多学者的关注,并提出了许多解决方案[24]。

另外,对于协作频谱感知的研究,数据融合的算法研究也是热点之一。数据融合的概念早在 20 世纪 70 年代就已经提出。之后随着传感器网络以及认知技术的发展,数据融合得到了广泛的研究和应用。在不同的先验信息和场景假设下,设计最优的数据融合方法,是协作频谱感知中重要的一环。不同的数据融合方法导致的频谱感知性能也是大不相同的,除了前面介绍的硬合并、软合并等方法外,基于贝叶斯定理的数据融合方法[25]、最优的线性合并方法[26]以及基于 Dempster-Shafer 证据推理的数据融合方法[27]等都是协作频谱感知中数据融合的有效方法。

## 6.3　软协作 VS 硬协作频谱感知

除前面一章介绍的新型单节点频谱感知算法外,多节点协作频谱感知领域也是一个重要的方向。近年来,协作频谱感知的研究已经发展出多种方案。接下来几节将介绍一些目前针对协作频谱感知的研究作为代表,更多的研究成果读者可以查阅其他文献。

假设一个认知系统有 $M$ 个认知单位,并且认知系统的半径远小于认知系统到授权系统的距离。此时,我们可以认为这 $M$ 个感知单位接收到的授权信号是独立同分布的。每个感知单位抽样总数为 $2N$。让 $y_i(k)$ 表示第 $i$ 个检测单位上的第 $k$ 次抽样,$i=1,2,\cdots,M,k=1,2,\cdots,2N$。让 $H_0$ 和 $H_1$ 分别表示存在和不存在授权用户,那么频谱感知实际上可以模拟成下面的假设判断:

$$H_0: y_i(n) = \varepsilon_i(k) \tag{6.1}$$

$$H_1: y_i(n) = s_i(k) + \varepsilon_i(k) \tag{6.2}$$

其中 $\varepsilon_i(k)$ 是均值为 0,方差为 $\sigma^2$ 的实加性白高斯噪声(AWGN),$s_i(k)$ 表示授权信号,是均值为 0,方差为 $\sigma_x^2$ 的高斯信号。

第 $i$ 个感知单位检测到的信道能量 $T_i$ 可以表示成

$$T_i = \frac{1}{2N} \sum_{k=1}^{2N} \left| y_i(n) \right|^2 \tag{6.3}$$

当感知单位把检测到的信道能量 $T$ 发送到信息融合中心后,总共的信道能量 $T_s$ 可以表示成:

$$T_{\text{soft}} = \frac{1}{2MN} \sum_{i=1}^{M} \sum_{k=1}^{2N} \left| y_i(n) \right|^2 \tag{6.4}$$

当 $MN$ 很大的时候,$T_{\text{soft}}$ 可以近似成高斯变量:

$$H_0: T_{\text{soft}} \sim \text{Normal}(\sigma^2, \sigma^4/MN) \tag{6.5}$$

$$H_1: T_{\text{soft}} \sim \text{Normal}[\sigma^2+\sigma_x^2, (\sigma^2+\sigma_x^2)^2/MN] \tag{6.6}$$

那么最终的检测概率 $P_d^s$ 和虚警概率 $P_d^s$ 可以用如下表达式表示:

$$P_f^s = Q\left(\frac{\lambda_s - \sigma^2}{\sigma^2/\sqrt{MN}}\right) \tag{6.7}$$

$$P_d^s = Q\left(\frac{\lambda_s - (\sigma^2+\sigma_x^2)}{(\sigma^2+\sigma_x^2)/\sqrt{MN}}\right) \tag{6.8}$$

其中,

$$Q(a) = \int_a^{+\infty} \frac{1}{2\pi} \exp\left(-\frac{x^2}{2}\right) dx \tag{6.9}$$

我们可以把 $P_d^s$ 写成 $P_f^s$ 的函数:

$$P_d^s = Q\left(\frac{\sigma^2}{\sigma^2+\sigma_x^2} Q^{-1}(P_f^s) - \sqrt{MN}\frac{\sigma_x^2}{\sigma^2+\sigma_x^2}\right) \tag{6.10}$$

其中 $Q^{-1}(\cdot)$ 是 $Q(\cdot)$ 的反函数。

在感知无线电系统中,授权信号的信噪比 SNR 一般很小(在 IEEE 802.22 系统中,信噪比 SNR 为 $-22$ dB),那么我们可以得到

$$\frac{\sigma_x^2}{\sigma^2+\sigma_x^2}\approx\frac{\sigma_x^2}{\sigma^2},\frac{\sigma^2}{\sigma^2+\sigma_x^2}\approx1 \tag{6.11}$$

那么式(6.10)可以近似写成下面表达式:

$$P_d^s=Q[Q^{-1}(P_f^s)-\sqrt{M}\Phi] \tag{6.12}$$

其中,$\Phi=\sqrt{N}\sigma_x^2/\sigma^2$。

对于硬合作,各个检测单位根据检测到的信道能量 $T_i$ 做出判决,$T_i$ 可以表示成

$$T_i = \frac{1}{2N}\sum_{k=1}^{2N}\left|y_i(n)\right|^2 \tag{6.13}$$

那么独立检测单位进行的判决准则如下:

$$\begin{cases} S[i]=1 & \text{if} \quad T_i\geqslant\gamma_i \\ S[i]=0 & \text{if} \quad T_i<\gamma_i \end{cases} \tag{6.14}$$

其中,$S[i]$ 表示第 $i$ 个检测单位的检测结果,$\gamma_i$ 表示第 $i$ 个检测单位的判决门限。注:不同的检测单位的判决门限 $\gamma_i$ 是一样的。

那么本地检测单位的检测概率 $P_d^l$ 和虚警概率 $P_f^l$ 可以表示成下式:

$$P_f^l=Q\left(\frac{\gamma_l-\sigma^2}{\sigma^2/\sqrt{N}}\right) \tag{6.15}$$

$$P_d^l=Q\left(\frac{\gamma_l-(\sigma^2+\sigma_x^2)}{(\sigma^2+\sigma_x^2)/\sqrt{N}}\right) \tag{6.16}$$

其中 $\gamma_l$ 是各个单独检测单位的检测门限。

在硬合作中,各个检测单位把检测结果发给信息融合中心然后做出最终判决。用 $\Lambda = \sum_{i=1}^{M}S[i]$,那么在信息融合中心的决策准则可以表示成:

$$\begin{cases} \text{if} \quad \Lambda>K \quad \text{decide} \quad H_1 \\ \text{if} \quad \Lambda=K \quad \text{decide} \quad H_1 \quad \text{with probability} \quad \alpha(0<\alpha<1) \\ \text{if} \quad \Lambda>K \quad \text{decide} \quad H_0 \end{cases} \tag{6.17}$$

所以,在中心融合的最终检测概率 $P_d^h$ 和虚警概率 $P_f^h$ 可以用下面两式计算:

$$P_d^h = \sum_{i=K+1}^{M} B(i;M,P_d^l) + \alpha B(K;M,P_d^l) \tag{6.18}$$

$$P_f^h = \sum_{i=K+1}^{M} B(i;M,P_f^l) + \alpha B(K;M,P_f^l) \tag{6.19}$$

其中

$$B(k;n,p) = \binom{n}{k} p^k (1-p)^{n-k} \tag{6.20}$$

表示 $n$ 次 Bernoulli 实验有 $k$ 次成功的概率,每次单独成功概率为 $p$ 实验。

我们可以把 $\gamma_l$ 用下式表示:

$$\gamma_l = \sigma^2 + \delta\sigma_x^2 \tag{6.21}$$

$\gamma_l$ 一般在 $\sigma^2$ 和 $\sigma^2 + \sigma_x^2$ 之间,所以,$0 < \delta < 1$。

下面我们通过数值仿真证明对于不同的 $\delta$ 值,频谱检测的效果是差不多的。表 6-1 和表 6-2 列出了对于 $M=8$ 的不同 $\delta$ 值的频谱检测效果。我们分别对于不同的信噪比 SNR 值和不同的抽样数 $N$ 进行系统仿真。仿真结果显示,给定 $P_f^h$,对于不同的 $N$,$P_d^h$ 没有太大的差别(差别小于 0.02)。所以在后面的分析中,我们选定一个特定的 $\delta$ 进行推导。

表 6-1  不同 $\delta$ 的频谱检测结果(SNR$=-12$ dB,$M=8$,$N=20$)

| $P_f^h$ | 0.1 | 0.2 | 0.4 | 0.7 | 0.85 |
|---|---|---|---|---|---|
| $P_d^h(\delta=0.1)$ | 0.24 | 0.40 | 0.63 | 0.87 | 0.95 |
| $P_d^h(\delta=0.3)$ | 0.25 | 0.40 | 0.63 | 0.87 | 0.95 |
| $P_d^h(\delta=0.5)$ | 0.25 | 0.41 | 0.64 | 0.87 | 0.95 |
| $P_d^h(\delta=0.7)$ | 0.25 | 0.42 | 0.64 | 0.87 | 0.95 |
| $P_d^h(\delta=0.8)$ | 0.25 | 0.42 | 0.65 | 0.88 | 0.95 |

表 6-2  不同 $\delta$ 的频谱检测结果(SNR$=-16$ dB,$M=8$,$N=500$)

| $P_f^h$ | 0.1 | 0.2 | 0.4 | 0.7 | 0.85 |
|---|---|---|---|---|---|
| $P_d^h(\delta=0.1)$ | 0.47 | 0.63 | 0.83 | 0.96 | 0.99 |
| $P_d^h(\delta=0.3)$ | 0.46 | 0.64 | 0.83 | 0.95 | 0.99 |
| $P_d^h(\delta=0.5)$ | 0.47 | 0.65 | 0.84 | 0.96 | 0.99 |
| $P_d^h(\delta=0.7)$ | 0.49 | 0.62 | 0.83 | 0.95 | 0.99 |
| $P_d^h(\delta=0.8)$ | 0.48 | 0.64 | 0.82 | 0.95 | 0.99 |

为了后面的推导方便,我们选定

$$\gamma_h = \frac{2\sigma^2(\sigma^2 + \sigma_x^2)}{2\sigma^2 + \sigma_x^2} \tag{6.22}$$

在这种情况下,我们有

$$P_f^h = 1 - P_d^h = Q\left(\sqrt{N}\frac{\sigma_x^2}{2\sigma^2 + \sigma_x^2}\right) \tag{6.23}$$

在低 SNR 时,可得

$$P_f^h = 1 - P_d^h = Q\left(\frac{1}{2}\Phi\right) \tag{6.24}$$

在下面的定理中,我们推导出了软合作与硬合作之间的关系。

**定理 1**:当硬判决中的检测单位个数是软判决中的检测单位个数的 1.6 倍的时候,它们具有几乎一样的检测效果。

**证明**:根据 Demoiver-Laplace 定理,可得:

$$\sum_{i=K+1}^{M} B(i;M,P_d^l) = Q\left[\frac{K + \frac{1}{2} - MP_d^l}{\sqrt{MP_d^l(1 - P_d^l)}}\right] \tag{6.25}$$

$$B(K;M,P_d^l) = Q\left[\frac{K - \frac{1}{2} - MP_d^l}{\sqrt{MP_d^l(1 - P_d^l)}}\right] - Q\left[\frac{K + \frac{1}{2} - MP_d^l}{\sqrt{MP_d^l(1 - P_d^l)}}\right] \tag{6.26}$$

如果我们近似认为 $Q$ 函数在 $(K-1/2-MP_d^l)/\sqrt{MP_d^l(1-P_d^l)}$ 至 $(K+1/2-MP_d^l)/\sqrt{MP_d^l(1-P_d^l)}$ 之间是平稳(值变化不是太大)的话,我们可以得到下面近似:

$$\alpha B(K;M,P_d^l) = Q\left[\frac{K + \frac{1}{2} - \alpha - MP_d^l}{\sqrt{MP_d^l(1 - P_d^l)}}\right] - Q\left[\frac{K + \frac{1}{2} - MP_d^l}{\sqrt{MP_d^l(1 - P_d^l)}}\right] \tag{6.27}$$

可得

$$P_d^h = Q\left[\frac{K + \frac{1}{2} - \alpha - MP_d^l}{\sqrt{MP_d^l(1 - P_d^l)}}\right] \tag{6.28}$$

同理,可得

$$P_f^h = Q\left[\frac{K + \frac{1}{2} - \alpha - MP_f^l}{\sqrt{MP_f^l(1 - P_f^l)}}\right] \tag{6.29}$$

我们可以得到:

$$P_d^h = Q\left[Q^{-1}(P_f^h) - \sqrt{M}\frac{1 - 2P_f^l}{\sqrt{P_f^l(1 - P_f^l)}}\right] \tag{6.30}$$

下面,我们推导出 $P_f^l$ 的近似表达式,我们要在 $\Phi/2 \in [0,1]$ 的基础上得到近似。当 $\Phi/2 = 1$ 时,$P_f^l = 0.159$,此时,在 $M = 8$ 时,有 $P_f^h = 0.01$ 和 $P_d^h = 0.99$。$P_f^h = 0.01$ 和 $P_d^h = 0.99$ 在绝大多数情况下满足了感知系统的要求。此时我们选择 $M = 8$ 是因为 8 是最小的被 1.6 除后仍然是整数的整数。如果达到同样的 $P_d^h$ 和 $P_f^h$,当 $M$ 变大时,$\Phi/2$ 变小。所以我们考虑 $\Phi/2 \in [0,1]$ 之内 $P_f^l$ 的近似表达式。

求 $P_f^l$ 的近似表达式实际上是求 $Q$ 函数的近似表达式。$Q$ 函数的近似表达式一直是通信系统研究的一个难题。目前关于 $Q$ 函数的近似没有十分简单的形式。我们发现用 sin 函数可以对 $Q$ 函数在[0,1]范围内进行近似,如图 6-4 所示,我们可以得到下面近似:

$$Q(x) \approx \frac{1}{2} - \frac{1}{2}\sin\left(\frac{\pi}{4}x\right) \tag{6.31}$$

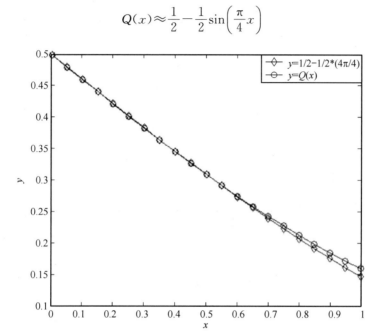

图 6-4　仿真验证

可得

$$P_f^l = \frac{1}{2} - \frac{1}{2}\sin\left(\frac{\pi}{8}\Phi\right) \tag{6.32}$$

有

$$P_d^h = Q\left[Q^{-1}(P_f^h) - 2\sqrt{M}\tan\left(\frac{\pi}{8}\Phi\right)\right] \tag{6.33}$$

当 $\pi\Phi/8$ 很小的时候,我们可以得到

$$\tan\left(\frac{\pi}{8}\Phi\right) \approx \frac{\pi}{8}\Phi \tag{6.34}$$

可得

$$P_d^h = Q\left[Q^{-1}(P_f^h) - \sqrt{M}\frac{\pi}{4}\Phi\right] \tag{6.35}$$

让 $M_h$ 和 $M_s$ 分别表示硬合作和软合作中检测单位的个数。我们可以轻易地

看出当 $M_h/M_s = (4/\pi)^2 \approx 1.6$ 的时候,硬合作和软合作频谱检测具有一样的检测效果。图 6-5 和图 6-6 是软合作与硬合作在不同的检测单位时的检测效果仿真。通过仿真,我们也可以看到当硬合作中合作单位个数是软合作中合作单位个数的 1.6 倍时,它们具有几乎一样的检测效果。

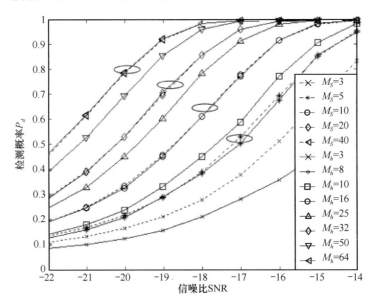

图 6-5 软合作和硬合作检测效果比较($P_f = 0.05, N = 1\,500$)

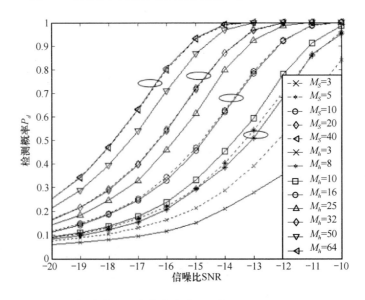

图 6-6 软合作和硬合作检测效果比较($P_f = 0.05, N = 250$)

# 6.4 最大化信道容量的协作感知技术

基于上一节关于感知系统的系统模型假设,对于第 $i$ 个能量检测器的判决统计量 $Y_i$ 可以表示成下式:

$$Y_i = \frac{1}{2N}\sum_{j=1}^{2N} \mid y_i(j) \mid^2 \tag{6.36}$$

由于这 $M$ 个合作感知单位接收到的授权信号是独立同分布的,我们可以省略掉 $Y_i$ 的下标。$Y$ 的概率密度函数则可写成下式:

$$f_Y(y) = \begin{cases} \dfrac{1}{2^N \Gamma(N)} y^{N-1} \exp\left(-\dfrac{y}{2}\right) & H_0 \\[4mm] \dfrac{1}{2}\left(\dfrac{y}{2\gamma}\right)^{\frac{N-1}{2}} \exp\left(-\dfrac{2\gamma+y}{2}\right) I_{N-1}(\sqrt{2\gamma y}) & H_1 \end{cases} \tag{6.37}$$

其中 $\gamma$ 是接收端的信噪比,$\Gamma(\cdot)$ 是伽马函数,$I_v(\cdot)$ 是第一类 $v$ 阶贝塞尔修正函数。

对于单个检测单位的检测概率 $p_d$ 和虚警概率 $p_f$ 可以用下式表示。

$$p_f = P\{Y > \lambda \mid H_0\} = \int_{\lambda}^{+\infty} f_{Y\mid H_0}(y)\mathrm{d}y = \frac{\Gamma\left(N, \dfrac{\lambda}{2}\right)}{\Gamma(N)} \tag{6.38}$$

$$p_d = \int_{\lambda}^{+\infty} f_{Y\mid H_1}(y)\mathrm{d}y = Q_N(\sqrt{2\gamma}, \sqrt{\lambda}) \tag{6.39}$$

其中 $\lambda$ 是判决门限,$\Gamma(\cdot,\cdot)$ 是不完全伽马函数,$Q_N(\cdot,\cdot)$ 是 Marcum Q 函数。

我们用 $P_f$ 和 $P_d$ 分别表示在衰落信道下的虚警概率和检测概率,可得到如下表达式:

$$P_f = p_f \tag{6.40}$$

$$P_d = \int_{\gamma} p_d(\gamma) f(\gamma)\mathrm{d}\gamma \tag{6.41}$$

其中 $f(\gamma)$ 是在衰落信道下的接收端的信噪比的概率密度函数。

关于 $P_f$ 和 $P_d$ 的关系,我们可以得到如下定理:

**定理 2**:$P_d$ 是 $P_f$ 的凸函数,且满足下式:

$$\frac{1-P_d}{1-P_f} < \frac{\mathrm{d}P_d}{\mathrm{d}P_f} < \frac{P_d}{P_f} \tag{6.42}$$

**证明**:证明 $P_d$ 是 $P_f$ 的凸函数等同于证明 $P_d$ 对于 $P_f$ 的二阶导数小于 0。

让 $\rho = \mathrm{d}P_d/\mathrm{d}P_f$,得到

$$\rho = \frac{\mathrm{d}P_d/\mathrm{d}\lambda}{\mathrm{d}P_f/\mathrm{d}\lambda} = \frac{f_{Y\mid H_1}(\lambda)}{f_{Y\mid H_0}(\lambda)} \tag{6.43}$$

另外,我们知道

$$I_{N-1}(\sqrt{2\gamma\lambda}) = \left(\frac{\gamma\lambda}{2}\right)^{\frac{N-1}{2}} \sum_{k=0}^{\infty} \frac{\left(\frac{\gamma\lambda}{2}\right)^K}{k!\,\Gamma(N+k)} \tag{6.44}$$

可以得到

$$\rho = \mathrm{e}^{-\gamma}\Gamma(N) \sum_{k=0}^{\infty} \frac{\left(\frac{\gamma\lambda}{2}\right)^K}{k!\,\Gamma(N+k)} \tag{6.45}$$

很明显,我们有 $\mathrm{d}\rho/\mathrm{d}\lambda > 0$。另外我们还知道

$$\frac{\mathrm{d}P_f}{\mathrm{d}\lambda} = -f_{Y|H_0}(\lambda) < 0 \tag{6.46}$$

因此,

$$\frac{\mathrm{d}^2 P_d}{\mathrm{d}P_f^2} = \frac{\mathrm{d}\rho}{\mathrm{d}p_f} = \frac{\mathrm{d}\rho/\mathrm{d}\lambda}{\mathrm{d}p_f/\mathrm{d}\lambda} < 0 \tag{6.47}$$

对于 $P_d$ 和 $P_f$,我们可以得到:

$$\frac{\mathrm{d}^2 P_d}{\mathrm{d}P_f^2} = \int_{\gamma} \frac{\mathrm{d}^2 p_d(\gamma)}{\mathrm{d}p_f^2}\mathrm{d}\gamma < 0 \tag{6.48}$$

所以,$P_d$ 是 $P_f$ 的凸函数。

如图 6-7 所示,我们可以进一步得到

$$\frac{1-P_d}{1-P_f} < \frac{\mathrm{d}P_d}{\mathrm{d}P_f} < \frac{P_d}{P_f} \tag{6.49}$$

证明结束。

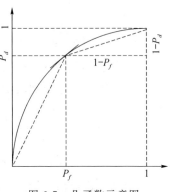

图 6-7 凸函数示意图

在合作检测中,$M$ 个检测单位首先独立做出判决,然后把检测结果发送到信息融合中心做最后判决。假设有 $\Lambda$ 个感知单位认为授权用户存在,那么合作检测的最终决策过程可以用下式表示:

$$\begin{cases} \text{if } \Lambda > K, & \text{decide } H_1 \\ \text{if } \Lambda \leqslant K, & \text{decide } H_0 \end{cases} \tag{6.50}$$

其中 $K$ 可取为 $0,1,\cdots,M-1$ 中任何一值,是信息融合中心的判决门限。

让 $Q_d$ 和 $Q_f$ 表示经过信息融合中心最后判决的检测概率和虚警概率,它们可以用下式表示:

$$Q_f = \sum_{i=K+1}^{M} B(i; M, P_f) \tag{6.51}$$

$$Q_d = \sum_{i=K+1}^{M} B(i; M, P_d) \tag{6.52}$$

其中

$$B(k;n,P) = \binom{n}{k} P^k (1-P)^{n-k} \tag{6.53}$$

表示 $n$ 次 Bernoulli 实验有 $k$ 次成功的概率，每次单独成功概率为 $P$。

在感知无线电系统中，只有当感知到空闲的授权信道后，感知系统才会使用它们。我们假设某一信道被授权系统占用的概率为 $\delta(0<\delta<1)$。那么这个信道只被授权系统占用的概率为 $Q_d\delta$，被授权系统和未授权系统同时占用的概率为 $(1-Q_d)\delta$，只被未授权系统占用的概率为 $(1-Q_f)(1-\delta)$。另外，我们假设 $T_p$ 表示这一信道没有同时被未授权系统使用时，授权系统的信道容量，用 $T'_p$ 表示这一信道同时被未授权系统使用时，授权系统的信道容量。假设 $T_s$ 表示这一信道没有同时被授权系统使用时，未授权系统的信道容量，用 $T'_s$ 表示这一信道同时被授权系统使用时，未授权系统的信道容量。那么整个信道的容量 $J$ 可以用下式表示：

$$J = \delta T_p Q_d + \delta(T'_p + T'_s)(1-Q_d) + (1-\delta)(1-Q_f)T_s \tag{6.54}$$

我们可以把上式转换成下面表达形式：

$$J = a_0 + a_1 Q_d - a_2 Q_f \tag{6.55}$$

其中

$$\begin{cases} a_0 = \delta(T'_p + T'_s) + (1-\delta)T_s \\ a_1 = \delta(T_p - T'_p - T'_s) \\ a_2 = (1-\delta)T_s \end{cases} \tag{6.56}$$

我们可以合理地假设 $T_p - T'_p - T'_s \geq 0$。这是因为如果频谱共存后的信道容量大于只有授权用户存在时的信道容量（$T_p - T'_p - T'_s < 0$），就可以允许未授权系统直接使用频谱，而没有必要进行频谱感知。当 $T_p - T'_p - T'_s \geq 0$，$a_1 \geq 0$。另外，我们也可以发现 $a_0 > 0$ 和 $a_2 > 0$。

由于在实际系统中，$a_0$，$a_1$ 和 $a_2$ 是恒定的值。当 $K$ 给定的时候，$Q_f$ 是 $P_f$ 的函数。另外，$Q_d$ 是 $P_d$ 的函数，$P_d$ 是 $P_f$ 的函数，所以，$Q_d$ 也是 $P_f$ 的函数。因此，$J$ 是 $P_f$ 的函数，而最大化 $J$ 归根到底就是找到最优的 $P_f$ 值。

所以优化问题可以用下式表示：

$$\max_{P_f}\{J(P_f)\} = a_0 + a_1 Q_d(P_f) - a_2 Q_f(P_f) \tag{6.57}$$

满足条件

$$\begin{cases} 1 - Q_d(P_f) \leq \alpha \\ Q_f(P_f) \leq \beta \end{cases} \tag{6.58}$$

条件存在的意义在于：当 $Q_f$ 太大的话，感知系统发现空闲频段的概率变得非常小，$Q_f \leq \beta$ 保证了感知系统的系统容量大于某一值。而 $1 - Q_d < \alpha$ 表示对授权系统的干扰设定上限。

很明显,我们可以得到下式:

$$\binom{M}{K}(M-K) = \binom{M}{K+1}(K+1) \tag{6.59}$$

对于给定 $K$,我们可以得到:

$$\frac{dQ_f}{dP_f} = M\binom{M-1}{K}P_f^K(1-P_f)^{M-K-1} > 0 \tag{6.60}$$

$$\frac{dQ_f}{dP_f} = M\binom{M-1}{K}P_f^K(1-P_f)^{M-K-1}\frac{dP_d}{dP_f} > 0 \tag{6.61}$$

我们让 $d$ 和 $b$ 分别表示等式 $Q_f(P_f) - \beta = 0$ 和 $Q_d(P_f) + \alpha - 1 = 0$ 的根。那么上述条件等同于 $b \leqslant P_f \leqslant d$。所以,优化问题可以重新写成如下形式:

$$\max_{P_f}\{J(P_f)\} = a_0 + a_1 Q_d(P_f) - a_2 Q_f(P_f) \tag{6.62}$$

满足条件

$$b \leqslant P_f \leqslant d \tag{6.63}$$

把 $J$ 对 $P_f$ 求导,我们可以得到下式:

$$\frac{dJ}{dP_f} = \pi_1(\pi_2 - 1) \tag{6.64}$$

其中

$$\begin{cases} \pi_1 = a_2 M\binom{M-1}{K}P_f^K(1-P_f)^{M-K-1} > 0 \\ \pi_2 = \dfrac{a_1 P_d^K(1-P_d)^{M-K-1}}{a_2 P_f^K(1-P_f)^{M-K-1}}\dfrac{dP_d}{dP_f} > 0 \end{cases} \tag{6.65}$$

然后我们可以得到如下引理。

**引理 1**:$\pi_2(P_f)$ 是 $P_f$ 的减函数,并且 $\pi_2(b) > \pi_2(d)$。

**证明**:把 $\pi_2$ 对 $P_f$ 求导,可以得到:

$$\frac{d\pi_2}{dP_f} = \pi_2 \times \omega \tag{6.66}$$

其中

$$\omega = \frac{d^2 P_d}{dP_f^2}\frac{dP_f}{dP_d} + K\left(\frac{1}{P_d}\frac{dP_d}{dP_f} - \frac{1}{P_f}\right) - (M-K-1)\left(\frac{1}{1-P_d}\frac{dP_d}{dP_f} - \frac{1}{1-P_f}\right) \tag{6.67}$$

因为 $dP_f/dP_d > 0$,我们可以得到

$$\frac{d^2 P_d}{dP_f^2}\frac{dP_f}{dP_d} < 0 \tag{6.68}$$

另外根据定理 2,我们有

$$\frac{1}{P_d}\frac{\mathrm{d}P_d}{\mathrm{d}P_f}-\frac{1}{P_f}<0 \tag{6.69}$$

$$\frac{1}{1-P_d}\frac{\mathrm{d}P_d}{\mathrm{d}P_f}-\frac{1}{1-P_f}>0 \tag{6.70}$$

所以 $\omega<0$，可以得到

$$\frac{d\pi_2}{dP_f}<0 \tag{6.71}$$

因此，$\pi_2$ 是 $P_f$ 的减函数。因为 $b<d$，我们有 $\pi_2(b)>\pi_2(d)$。引理 1 证明完成。

在引理 1 基础上，我们可以得到关于优化问题的解。

**定理 3：**如果 $\pi_2(b)>\pi_2(d)\geqslant 1$，$d$ 是优化问题的最优解；

如果 $1\geqslant\pi_2(b)>\pi_2(d)$，$b$ 是优化问题的最优解；

如果 $\pi_2(b)>1>\pi_2(d)$，等式 $\pi_2(P_f)-1=0$ 的根是优化问题的最优解。

**证明：**我们可以很容易得到下式：

$$\lim_{P_f\to 0}\frac{P_d}{P_f}=\lim_{P_f\to 0}\frac{\mathrm{d}P_d}{\mathrm{d}P_f} \tag{6.72}$$

我们可以得到

$$\lim_{P_f\to 0}\pi_2(P_f)=\frac{a_1}{a_2}\left(\lim_{P_f\to 0}\frac{P_d}{P_f}\right)^K\lim_{P_f\to 0}\frac{\mathrm{d}P_d}{\mathrm{d}P_f}=\frac{a_1}{a_2}\left(\lim_{P_f\to 0}\frac{\mathrm{d}P_d}{\mathrm{d}P_f}\right)^{K+1} \tag{6.73}$$

另外，

$$\lim_{P_f\to 0}\frac{\mathrm{d}P_d}{\mathrm{d}P_f}=\int_\gamma\lim_{P_f\to 0}\frac{\mathrm{d}P_d}{\mathrm{d}P_f}f(\gamma)d\gamma \tag{6.74}$$

可得

$$\lim_{P_f\to 0}\frac{\mathrm{d}P_d}{\mathrm{d}P_f}=\lim_{\lambda\to+\infty}\rho=+\infty \tag{6.75}$$

可以得到

$$\lim_{P_f\to 0}\pi_2(P_f)=+\infty \tag{6.76}$$

我们知道当 $P_f$ 很小的时候，$dJ/dP_f>0$，$J$ 随着 $P_f$ 的变大而变大。所以，如果 $\lim\limits_{P_f\to 1}\pi_2(P_f)\geqslant 1$，$J$ 在 $P_f\in[0,1]$ 范围内是增函数。而如果 $\lim\limits_{P_f\to 1}\pi_2(P_f)<1$，让 $\bar{P}_f$ 表示 $\pi_2(P_f)=1$ 的根，则 $J$ 在 $P_f\in[0,\bar{P}_f)$ 上是增函数，在 $P_f\in(\bar{P}_f,1]$ 上是减函数。

如果 $\pi_2(b)>\pi_2(d)\geqslant 1$，$J$ 在 $P_f\in[b,d]$ 上是增函数，则最大值在 $P_f=d$ 点获得。

如果 $1\geqslant\pi_2(b)>\pi_2(d)$，$J$ 在 $P_f\in[b,d]$ 上是减函数，则最大值在 $P_f=b$ 点获得。

如果 $\pi_2(b) > 1 > \pi_2(d)$，则 $J$ 在 $P_f \in [b, \bar{P}_f)$ 上是增函数，在 $P_f \in (\bar{P}_f, d]$ 上是减函数，则最大值在 $P_f = \bar{P}_f$ 点获得。

故定理 3 得证。

为了方便起见，我们定义下面三个表达式：

$$E_1 : g_1(P_f) = Q_f(P_f) - \beta \tag{6.77}$$

$$E_2 : g_2(P_f) = Q_d(P_f) + \alpha - 1 \tag{6.78}$$

$$E_3 : g_3(P_f) = a_1 P_d^K (1 - P_d)^{M-K-1} \frac{\mathrm{d}P_d}{\mathrm{d}P_f} - a_2 P_f^K (1 - P_f)^{M-K-1} \tag{6.79}$$

根据定理 3，为了获得使信道容量最大的 $P_f$，我们需要计算以上三个表达为 0 的根。在这里，我们介绍 Newton-Raphson 迭代算法来计算方差的根。

对于方程 $g(x) = 0$，Newton-Raphson 计算根的方法如下：

1. 选择一个很小的值 $\psi$，随机选择一个值 $x(i)$，让 $i = 1$；

2. 如果 $\big| g[x(i)] \big| < \psi$，停止，$x(i)$ 为最优值；不然，进入步骤 3；

3. 让 $x(i+1) = x(i) - g[x(i)]/g'[x(i)]$，然后，$i = i+1$，进入步骤 2。

那么用 Newton-Raphson 迭代算法来获得优化问题的最优值方法如下：

1. 用 Newton-Raphson 迭代算法来计算 $E_1$ 的根 $d$，如果 $\pi_2(d) \geqslant 1$，$d$ 为最优值；不然进入步骤 2；

2. 用 Newton-Raphson 迭代算法来计算 $E_2$ 的根 $b$，如果 $\pi_2(b) \leqslant 1$，$b$ 为最优值；不然进入步骤 3；

3. 用 Newton-Raphson 迭代算法来计算 $E_3$ 的根 $\bar{P}_f$，$\bar{P}_f$ 为最优值。

我们采用三组仿真参数（$a_0$，$a_1$ 和 $a_2$）。在每组仿真中，我们考虑 AWGN，Nakagami-$m$（$m=3$）和 Rayleigh 衰落信道。在仿真中，平均信噪比 $\overline{\mathrm{SNR}} = 9$ dB，抽样数 $N = 5$，合作检测单位数 $M = 4$。

在第一组仿真中（图 6-8 至图 6-10），$a_0 = 12$，$a_1 = 7$ 和 $a_2 = 9$。在第二组仿真中（图 6-11 至图 6-13），$a_0 = 12$，$a_1 = 9$ 和 $a_2 = 6$。在第三组仿真中，$a_0 = 12$，$a_1 = 8$ 和 $a_2 = 8$。在仿真图中，$K$ 表示信息融合中心的门限。

从图 6-8 至图 6-16 中，我们可以看到能量检测器在各种衰落信道下，信道容量随着虚警概率的增长，先是增加然后减少。所以，定理 3 得到了验证。从仿真中，我们也可以看到对于不同的 $K$，信道容量 $J$ 的最大值不同。特别的，在不同的衰落信道下，使信道容量 $J$ 取得最大值对应的 $K$ 也不一样。例如，在图 6-15[Nakagami-$m$（$m=3$）衰落信道]中，$K = 1$ 使 $J$ 取最大值，而在图 6-16（Rayleigh 衰落信道）中，$K = 0$ 使得 $J$ 取最大值。

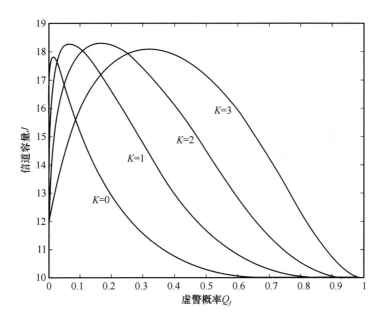

图 6-8　AWGN 信道下信道容量 $J$ vs. 虚警概率 $Q_f$

($a_0 = 12, a_1 = 7$ 和 $a_2 = 9$)

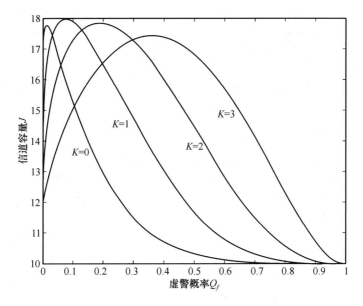

图 6-9　Nakagami-$m$($m = 3$)信道下信道容量 $J$ vs. 虚警概率 $Q_f$

($a_0 = 12, a_1 = 7$ 和 $a_2 = 9$)

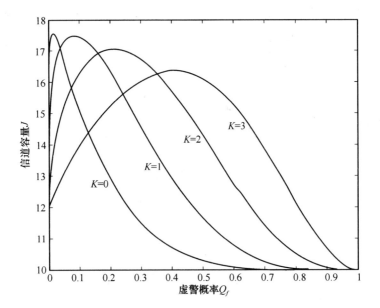

图 6-10　Rayleigh 信道下信道容量 $J$ vs. 虚警概率 $Q_f$

（$a_0 = 12, a_1 = 7$ 和 $a_2 = 9$）

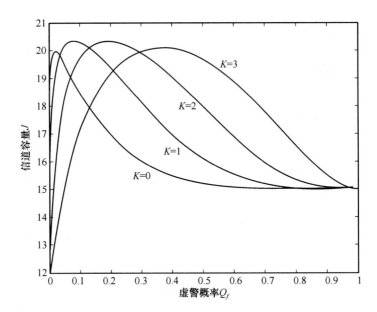

图 6-11　AWGN 信道下信道容量 $J$ vs. 虚警概率 $Q_f$

（$a_0 = 12, a_1 = 9$ 和 $a_2 = 6$）

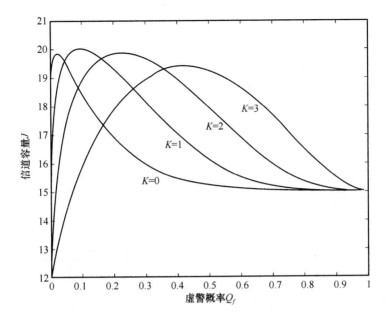

图 6-12　Nakagami-$m$($m=3$)信道下信道容量 $J$ vs. 虚警概率 $Q_f$

（$a_0=12$，$a_1=9$ 和 $a_2=6$）

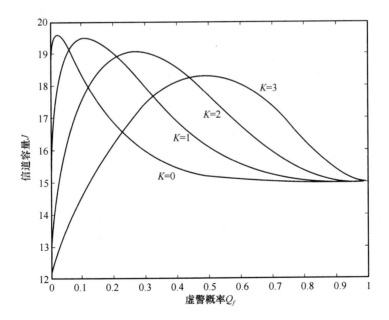

图 6-13　Rayleigh 信道下信道容量 $J$ vs. 虚警概率 $Q_f$

（$a_0=12$，$a_1=9$ 和 $a_2=6$）

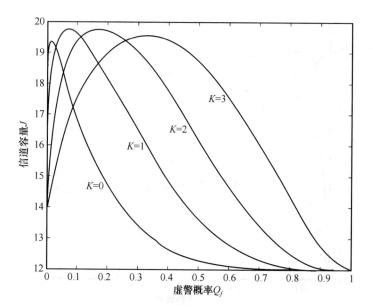

图 6-14 AWGN 信道下信道容量 $J$ vs. 虚警概率 $Q_f$

（$a_0 = 12, a_1 = 8$ 和 $a_2 = 8$）

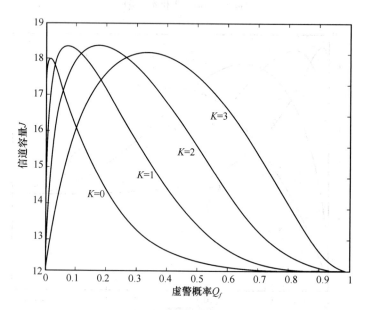

图 6-15 Nakagami-$m$($m$=3)信道下信道容量 $J$ vs. 虚警概率 $Q_f$

（$a_0 = 12, a_1 = 8$ 和 $a_2 = 8$）

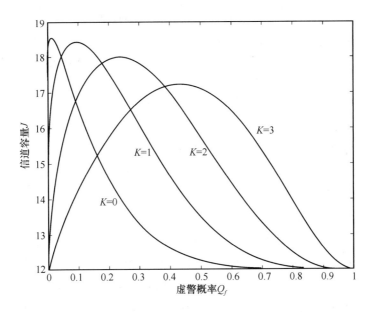

图 6-16　Rayleigh 信道下信道容量 $J$ vs. 虚警概率 $Q_f$

$(a_0 = 12, a_1 = 8$ 和 $a_2 = 8)$

# 6.5　频谱感知面临的挑战

频谱感知技术作为认知无线电的核心和基础,近年来得到了广泛的研究。但随着认知无线电系统的发展,频谱感知技术仍面临以下几个方面的挑战。

复杂电磁环境下的高灵敏度频谱感知:随着无线通信技术的不断进步,新的通信手段必将拥有更高的效率,即通信所需的发射功率进一步降低。因此,未来的认知无线电系统面临的授权用户对干扰更加敏感,而对其进行检测也更加困难。频谱感知技术需要在极低 SNR 的条件下将授权用户的信号检测出来,这是未来频谱感知技术面临的重大挑战之一。

简单有效对抗噪声不确定度等影响的频谱感知方案:噪声不确定度等干扰因素对频谱感知技术的影响已经被深入研究,特别是对能量检测等方案会导致严重的性能下降。在各种已有的频谱感知方案中,许多方案也试图利用信号的其他特点避免噪声不确定度的影响,但这些方案通常具有相当高的计算复杂度或比较特殊的前提假设条件,难以达到类似能量检测的通用程度。认知无线电被公认为未来提高频谱利用率的有效手段,必将应用于更加广泛的环境中,而噪声不确定度等干扰因素的影响也必将有所增多,亟须进一步的研究。

协作频谱感知作为一种能够有效提高频谱感知性能的手段,必将是未来频谱感知研究的重点之一。但目前协作频谱感知中仍有许多问题有待进一步的研究,例如数据融合问题、协作需要的带宽开销优化问题、参与协作的节点选择问题等。

# 参 考 文 献

[1] 周炯磐,庞沁华,等. 通信原理(第 3 版),北京:北京邮电大学出版社,2008.

[2] Simon Haykin. Communication Systems. 4th ed. John Wiley & Sons. Inc. ,2001.

[3] Theodore S. Rappaport. Wireless Communications Principles and Practice. Prentice Hall,Inc. ,1996.

[4] H. Tang,"Some physical layer issues of wide-band cognitive radio systems," in Proc. IEEE Symp. New Frontiers in Dynamic Spectrum Access Networks (DySPAN),Baltimore,MD,pp. 151-159,Nov. 2005.

[5] D. Cabric, A. Tkachenko, and R. W. Brodersen, "Experimental study of spectrum sensing based on energy detection and network cooperation," in Proc. ACM Int. Workshop on Technology and Policy for Accessing Spectrum,New York,NY,Aug. 2006.

[6] D. Cabric,S. M. Mishra, and R. W. Brodersen, "Implementation issues in spectrum sensing for cognitive radios," in Proc. 38th Asilomar Conf. Signals, Systems and Computers,Pacific Grove,CA,pp. 772-776,Nov. 2004.

[7] R. Tandra, A. Sahai, "SNR Walls for Signal Detection," IEEE Journal of Selected Topics in Signal Processing,v 2n1,pp:4-17,2008.

[8] F. F. Digham, M. S. Alouini, M. K. Simon, "On the Energy Detection of Unknown Signals over Fading Channels," 2003 IEEE International Conference on Communications,n5,pp:3575-3579,2003.

[9] S. P. Herath, N. Rajatheva, C. Tellambura, "Unified Approach for Energy Detection of Unknown Deterministic Signal in Cognitive Radio Over Fading Channels," IEEE International Conference on Communications Workshops, pp:1-5,2009.

[10] K. Kim, I. A. Akbar, K. K. Bae, J. S. Um, C. M. Spooner, and J. H. Reed, "Cyclostationary approaches to signal detection and classification in cognitive radio," in Proc. IEEE Symp. New Frontiers in Dynamic Spectrum

Access Networks(DySPAN),Dublin,Ireland,pp. 212-215,Apr. 2007.

[11] W. M. Gardner and C. M. Spooner, "Signal interception: performance advantages of cycle-feature detectors," IEEE Trans. Commun. ,vol. 40,no. 1,pp. 149-159,Jan. 1992.

[12] Zhi Tian,G. B. Giannakis,"A Wavelet Approach to Wideband Spectrum Sensing for Cognitive Radios," 1st International Conference on Cognitive Radio Oriented Wireless Networks and Communications,pp:1-5,2006.

[13] Xi Chen,Linjing Zhao,Jiandong Li,"A Modified Spectrum Sensing Method for Wideband Cognitive Radio Based on Compressive Sensing," Fourth International Conference on Communications and Networking, pp: 1-5,2009.

[14] Youngwoo Youn,Hyoungsuk Jeon,JiHwan Choi,"Fast spectrum sensing algorithm for 802. 22 WRAN Systems," 2006 International Symposium on Communications and Information Technologies,pp:960-964,2006.

[15] S. Haykin,D. J. Thomson,J. H. Reed,"Spectrum Sensing for Cognitive Radio," Proceedings of the IEEE,v97n5,pp:849-877,2009.

[16] P. Welch,"The Use of Fast Fourier Transform for the Estimation of Power Spectra: A Method Based on Time Averaging over Short, Modified Periodograms," IEEE Transactions on Audio and Electroacoustics,v15n2, pp:70-73,1967.

[17] Yonghong Zeng, YingChang Liang, "Spectrum Sensing Algorithms for Cognitive Radio Based on Statistical Covariances," IEEE Transactions on Vehicular Technology,v58n4,pp:1804-1815,2009.

[18] P. De,YingChang Liang,"Blind Spectrum Sensing Algorithms for Cognitive Radio Networks," IEEE Transactions on Vehicular Technology,v57n5,pp: 2834-2842,2008.

[19] Yonghong Zeng, YingChang Liang, "Eigenvalue-Based Spectrum Sensing Algorithms for Cognitive Radio," IEEE Transactions on Communications, v57n6,pp:1784-1793,2009.

[20] A. Pandharipande,J. Linnartz,"Performance Analysis of Primary User Detection in A Multiple Antenna Cognitive Radio," 2007 IEEE International Conference on Communications,pp:6482-6486,2007.

[21] N. M. Pour,T. Ikuma,"Diversity Techniques for Spectrum Sensing in Fading

Environments," 2008 IEEE Military Communications Conference, pp: 1-7,2008.

[22] R. Mahapatra, M. Krusheel, "Cyclostationary Detection for Cognitive Radio with Multiple Receivers," 2008 IEEE International Symposium on Wireless Communication Systems, pp:493-497,2008.

[23] S. M. Mishra, A. Sahai, R. W. Brodersen, "Cooperative Sensing among Cognitive Radios", in IEEE Int. Conf. Commun. (ICC), pp: 1658-1663 June 2006.

[24] E. Peh, Ying-Chang Liang, "Optimization for Cooperative Sensing in Cognitive Radio Networks," in Wireless Communications and Networking Conference(WCNC), pp:27-32, Mar. 2007.

[25] Chair Z, Varshney P K, "Optimal data fusion in multiple sensor detection systems," IEEE transactions on aerospace and electronic systems, v22n1, pp:98-101,1986.

[26] Zhi Quan, Shuguang Cui, Ali H Sayed, "Optimal linear cooperation for spectrum sensing in cognitive radio networks," IEEE journal of selected topics in signal processing, v2n1, pp:28-40,2008.

[27] A Sahai, R tandra, N Hoven, "Opportunistic spectrum use for sensor networks: the need for local cooperation," IEEE international conference on communications ,2006, http://citeseerx. ist. psu. edu/viewdoc/download.

[28] H. V. Poor, An Introduction to signal Detection and Estimation, 2nd ed, New York: Springer-Verlag, 1994.

[29] A. Wald, Sequential Analysis, New York: John Wiley & Sons, 1947.

[30] D. Cabric, A. Tkachenko, R. W. Brodersen, "Experimental study of spectrum sensing based on energy detection and network cooperation," ACM Int. Workshop on Technology and Policy for Accessing Spectrum, Aug. 2006.

[31] R. Tandra, A. Sahai, "Fundamental limits on detection in low SNR under noise uncertainty," IEEE Int. Conf. on Wireless Networks, Commun. and Mobile Computing, vol. 1, pp:464-469, June 2005.

[32] IEEE 802. 22 Working group, Spectrum sensing requirements summary, Doc Num. 22-06-0089-04-0000.

[33] M. Wax, T. Kailath, "Detection of signals by information theoretic criteria," IEEE Trans. Acoust. , Speech, Signal Processing, vol. 33, pp: 387-392,

Apr. 1985.

[34] M. Wax, I. Ziskind, "Detection of the number of coherent signals by the MDL principle," IEEE Trans. Acoust. , Speech, Signal Processing, vol. 37, pp:1190-1196, Aug. 1989.

[35] Q. T. Zhang, K. M. Wong, P. C. Yip, and J. P. Reilly, "Statistical analysis of the performance of information theoretic criteria in the detection of the number of signals in array processing," IEEE Trans. Acoust. , Speech, Signal Processing, vol. 37, pp:1557-1567, Oct. 1989.

[36] Shahrokh Valaee, Peter Kabal, "An Information Theoretic Approach to Source Enumeration in Array Signal Processing," IEEE Trans. Signal Processing, vol. 52, no. 5, pp:1171-1178, May 2004.

[37] S. M. Kay. Fundamentals of statistical signal processing, volume 2: detection theory. Englewood Cliffs, NJ: Prentice-Hall, 1998.

[38] T. Schonhoff, A. A. Giordano. Detection and Estimation: Theory and Its Applications. Upper Saddle River, NJ: Prentice-Hall, 2006.

[39] I. Miller, M. Miller. John E. Freund's Mathematical Statistics with Applications, 7th ed. Upper Saddle River, NJ: Prentice-Hall, 2004.

[40] Peh Edward C. Y. , Liang Ying-Chang, Guan Yong Liang, "Optimization of cooperative sensing in cognitive radio networks: A sensing-throughput tradeoff view," IEEE International Conference on Communications, 2009, Proceedings, 2009.

[41] G. Ganesan, L. Ye, "Cooperative spectrum sensing in cognitive radio, part i: Two user networks," Wireless Communications, IEEE Transactions on, vol. 6, pp:2204-2213, June 2007.

[42] G. Ganesan, L. Ye, "Cooperative spectrum sensing in cognitive radio, part ii: Multi-user networks," Wireless Communications, IEEE Transactions on, vol. 6, pp:2214-2222, June 2007.

[43] Zhou Xiangwei, Ma Jun, Li Geoffrey Ye, Kwon Young Hoon, Soong Anthony C. K. ," Probability-based combination for cooperative spectrum sensing," IEEE Transactions on Communications, v 58, n 2, pp:463-466, February 2010.

[44] C. Sun, W. Zhang, K. Ben, "Cluster-based cooperative spectrum sensing in cognitive radio systems," Communications, ICC'07, IEEE International

Conference on,pp:2511-2515,June 2007.

[45] Y. Yu,H. Murata,K. Yamamoto,S. Yoshida,"Multi-hop cooperative sensing and transmit power control based on interference information for cognitive radio,"Personal,Indoor and Mobile Radio Communications,2007. PIMRC 2007. IEEE 18th International Symposium on,pp:1-5,Sept. 2007.

[46] R. Blum,"Distributed detection for diversity reception of fading signals in noise," Information Theory,IEEE Transactions on, vol. 45, pp: 158-164, Jan 1999.

[47] J. F. Chamberland, V. Veeravalli, "Decentralized detection in sensor networks," Signal Processing,IEEE Transactions on, vol. 51, pp:407-416, Feb 2003.

[48] Juncheng Jia,Jin Zhang,Qian Zhang,"Cooperative Relay for Cognitive Radio Networks," IEEE INFOCOM 2009,pp:2304-2312,Rio de Janeiro,Brazil, April 2009.

[49] Wang Beibei,Liu K. J. Ray,Clancy T. Charles,"Evolutionary cooperative spectrum sensing game: How to collaborate?," IEEE Transactions on Communications,v58n3,pp:890-900,March 2010.

[50] Sanna Michele,Murroni Maurizio,"Optimization of non-convex multiband cooperative sensing with genetic algorithms," EEE Journal on Selected Topics in Signal Processing,v5n1,pp:87-96,February 2011.

[51] Atapattu Saman, Tellambura Chintha, Jiang Hai, "Energy detection based cooperative spectrum sensing in cognitive radio networks," IEEE Transactions on Wireless Communications,v10n4,pp:1232-1241,April 2011.

# 第四部分
# 动态频谱
# 接入技术

# 第7章 基于干扰温度限制的分布式频谱共享

## 7.1 引　　言

下一代无线通信系统将会为移动用户提供种类更为多样的无线服务,包括实时性很强的多媒体业务和非实时性的一些数据业务。由于传输带宽的增加,性能良好的无线频谱已经变得相对匮乏,并对一些无线通信系统的商用化过程构成障碍,比如 WiMAX 系统等。另一方面,人们更加关注于如何提高已分配频谱的利用率。FCC 的调查结果[36]显示,大量已经分配的中低频无线频谱在空间和时间上的利用率不高,存在再次使用以提高频谱利用率的可能。现有已分配频谱的较低利用率和人们对无线频谱的大量需求,促使了人们研究对授权无线频谱进行二次利用的技术——CR 技术,从而可以间歇性使用已分配频谱的频谱空洞。为了保证二次接入技术得到政策性支持,FCC 已经允许 CR 系统在采取干扰避让的前提下,工作在无线广播电视频段。由于 CR 系统不具有对无线频谱的所有权,因此必须具备足够的智能性,以保证授权系统不被干扰。

为了区分授权用户与 CR 用户,人们通常将 CR 用户称为认知用户、二级接入用户、未授权用户、从用户、动态接入用户等,授权用户则称为主用户。CR 系统通常采用两种方式与主系统共享无线频谱:Underlay 模式和 Overlay 模式[37]。Underlay 模式通常会对 CR 系统在某段无线频谱上的发射功率进行限制,保证主用户接收到的干扰低于可以忍受的本底噪声水平。本底噪声一般称为干扰温度(Interference Temperature,IT)[36],通过下式进行衡量:

$$T_I(f_c,B) = \frac{P_I(f_c,B)}{k \cdot B} \tag{7.1}$$

其中 $P_I(f_c,B)$ 表示频点为 $f_c$,带宽为 $B$ 赫兹频段内的平均干扰水平。$k$ 是 Boltzmann 常数,其值为 $1.38 \times 10^{-23}$ 焦耳/开尔文。干扰温度反映了某个地区某段频谱的平均干扰水平,因此可以反应主用户的 QoS 情况。为了不影响主用户的工作,CR 系统的发射行为应保证其对主用户的干扰不超过其干扰温度限(IT Limit,ITL)。Underlay 方法一般采用扩频方式实现,比如 CDMA[38]~[39] 或者 UWB[44]~[46]。Overlay 共享模式是由 Mitola 博士首次提出[2],主要依据频谱池的概念对有关频谱进行共享。美国国防预先研究计划局(DARPA)在对下一代通信系统(NeXt Generation,XG)的研究项目中展开对 Overlay 模式下的随机频谱接入研究。与 Underlay 模式最大的不同是,Overlay 方式需要检测频谱空洞,CR 用户根据主用户在时间域和空间域对无线频谱的使用情况,采用随机接入方式共享频谱。CR 系统只需判定在某时某频段进行发送即可,而不需对发射功率进行限制。

本章主要研究基于 OFDM 的 CR 系统在 Underlay 模式下的频谱共享问题。选题原因如下。首先,Underlay 模式不需要检测频谱空洞,只需确定 CR 用户的发射功率是否超过 ITL,从而可以降低频谱感知算法的精度;第二,OFDM 可以将整段频谱划分成多个正交的子载波,便于 CR 系统控制某段频谱的发射功率,增加了频谱接入的灵活性,T. Weiss 等人[47] 将 OFDM 看成适用于 CR 系统的潜在传输技术;第三,由于子载波之间存在正交性,使得主从系统的互干扰容易控制[13];最后一个重要原因是 IEEE 802.22 系统是基于 OFDMA 的 CR 系统[14],使得本章的分析具有更强的实用性。

基于 ITL 限制下的频谱共享领域的研究成果主要为本章参考文献 [38]～[43]。在本章参考文献[38]～[39]中,作者主要研究基于 CDMA 和 ITL 的 CR 系统的频谱共享问题,与本章的研究内容不同。在本章参考文献[40][42]中,作者研究了采用集中式方法调度 CR 系统以满足主用户的干扰温度限制。Y. Zhang等人[41] 考虑了基于 OFDM 的 CR 系统的单用户资源分配问题,当多个从用户存在时,从用户之间会存在共道干扰,使得本章参考文献[41]的算法不能直接推广到多用户中。P. Cheng 等人[43] 研究了下行 OFDMA-CR 系统的最优资源分配问题。假定从用户工作在时分系统中,每个时隙只有一个从用户可以工作在未授权频谱,并可以采用分布式和集中式两种控制方法。调度时隙需要对从用户的发射时隙进行精确规范。在本章中,考虑到从用户可能隶属于不同的通信系统,假定从用户之间没有交互频谱、时隙等协调交互信息。更重要的是,本文对从用户之间的共道干扰进行了详细讨论,这是本章参考文献[43]中没有涉及的地方。

基于 ITL 模型,本章根据主从系统之间的交互信息种类,提出多个分布式频谱共享算法,以控制 CR 用户在未授权频谱的占用方式。由于假定 CR 用户隶属于不同的通信系统,每个 CR 用户在力图最大化自己的目标函数。考虑到 CR 用户在缺少交互信息下对未授权频谱进行竞争,采用非合作博弈论对 CR 系统的频谱共享问题进行分析。为了处理 ITL 限制,本章提出放缩博弈的概念,并对其与原博弈的关系进行了证明。在博弈过程中,各 CR 用户采用分布迭代方式寻找 NE 状态。同时也对 NE 的收敛性和唯一性进行了详细讨论。考虑到算法的实用性,本章对 MP 与 CR 用户之间的交互信息种类也进行了讨论,并设计出另外两种简化的分布式算法。

本章内容组织如下。第二节给出了分布式 CR 系统的模型及其目标函数。在第三节中,采用非合作博弈论对 CR 用户的频谱共享问题进行建模,并对博弈过程的特点进行讨论。在第四节中,针对如何减少 CR 用户与 MP 之间的交互信息,提出另外两种分布式频谱共享方法,以降低 MP 的处理复杂度。第五节给出了所设计算法的计算机仿真结果,第六节对本章进行了总结。

# 7.2 分布式 CR 系统模型

## 7.2.1 系统描述

本章中,每个从用户建模为一对收发信机,并且规定收发端均配备一根天线。为了保证主用户不被干扰,考虑一些 MP 安放在主用户上,以对授权频段的干扰温度进行监测。前人已经对 MP 的设计进行了详细讨论[38]~[39],并指出其如何对主用户进行实时保护。MP 只有有限的计算功能,对主用户的射频成本不会增加太多。需要指出的是,对于 Femtocell 系统[50]~[51],主用户可以是微小区或宏小区内的移动台,而从用户可能是 Femtocell 系统中的移动台。MP 功能可以内嵌于各移动台中,有限的感知功能将使得 Femtocell 系统更加智能地避免干扰。此外,MP 也可以看作物理层中的某个功能性节点。

对于 CR 系统,整个系统带宽被划分成 $N$ 个正交的子载波,并且考虑的区域有 $M$ 个从用户在进行通信。对第 $n$ 个子载波,第 $m$ 个发射机和第 $j$ 个接收机之间的信道增益记为:$h_{mjn}$,并假定其在资源分配过程及后续传输时隙保持不变。对第 $n$ 个子载波,第 $m$ 个发射机到 MP 的信道增益记为 $h_{m0n}$。进一步假定通信过程中各子载波均经历平坦衰落。假定系统热噪声为加性高斯白噪声,其功率谱密度记为 $N_0$。第 $m$ 个用户在第 $n$ 个子载波上面分配的功率为:$p_{mn}$。为了简单起见,假定所有 CR 用户具有相同的最大发射功率限制 $P_{max}$,并假定所有子载波拥有相同的 ITL:

$$\frac{\sum_{m=1}^{M} p_{mn} \left| h_{m0n} \right|^2 + BW \cdot N_0}{k \cdot BW} \leq ITL, \quad \forall n \tag{7.2}$$

由于 CR 用户可能属于不同的运营商,假定其间没有交互信息,因此 CR 用户不会采用联合检测的方式,而将其他用户的信号看作是背景噪声。保护主用户是通过 MP 与 CR 用户之间交互的必要信息实现的:当某个子载波的干扰温度超过 ITL 时,MP 会发布一些控制信息到 CR 用户,以减小相应子载波上面的干扰温度;如果所有子载波的 ITL 没有被侵犯,MP 不发布控制信息。为了准确测量干扰温度,可以采用多种先进的频谱感知技术,比如合作感知等。

在上面关于 CR 系统的应用场景中,每个 CR 用户的接收机将同时收到有用信号以及来自其他用户的同频干扰,使得 CR 用户的发射功率分配策略与其他用户的策略有着紧密的联系。在缺少交互信息的情形下,本章主要研究 CR 系统的分布式频谱共享方法,以便各 CR 用户仅根据自己的信息做出决定。

## 7.2.2 目标函数

采用香农容量作为各个子载波的效用函数:

$$r_{mn} = BW \cdot \log_2(1 + \gamma_{mn}) \tag{7.3}$$

其中 $\gamma_{mn}$ 表示第 $m$ 个用户在第 $n$ 个子载波上面的 SINR 值,其表达式为:$\gamma_{mn} = p_{mn}|h_{mmn}|^2 / (BW \cdot N_0 + \sum_{i \neq m} p_{in} h_{imn})$。第 $m$ 个用户在第 $n$ 个子载波上分配的功率记为:$p_{mn}$,则总的功率分配矩阵可以表示为 $\mathbf{P} = (p_{mn})_{M \times N}$。第 $m$ 个用户总的传输速率 $R_m$ 可以表示为:

$$R_m(\mathbf{P}) = \sum_{n=1}^{N} r_{mn}(\mathbf{P}) \tag{7.4}$$

考虑到上述规定的数学符号,则每个从用户的目标函数可以表示为:

$$\max_{p_{mn}} R_m(\mathbf{P}) = \sum_{n=1}^{N} r_{mn}(\mathbf{P})$$

$$\text{s.t.} \sum_{n=1}^{N} p_{mn} \leqslant P_{\max}, \qquad \forall m$$

$$p_{mn} \geqslant 0 \qquad \forall m, n \tag{7.5}$$

$$\frac{\sum_{m=1}^{M} p_{mn}|h_{m0n}|^2 + BW \cdot N_0}{k \cdot BW} \leqslant ITL, \qquad \forall n$$

# 7.3 非合作功率博弈

目标函数(7.5)可以看成通信系统中的功率控制问题,但由于多个子载波的存在,它比前人研究的问题[38]~[39]更加复杂。需要强调的是,考虑缺少交互信息,每个CR用户独立负责自己的发射行为,限制了中心式调度方案的实施。因此本章主要采用非合作博弈论对上述问题进行求解,并试图克服CR用户的自私行为,以便ITL得到满足。自私行为指每个用户不顾他人利益而只想最大化自己的效用函数。在非合作博弈过程中,每个CR用户是其中的一个局中人,其主要目标是在满足ITL限制的前提下,实现自己速率的最大化。

非合作博弈的一般形式可以表示为:$G=[M,\{\boldsymbol{P}_m\},\{U_m\}]^{[52]\sim[53]}$,其中$M$为参与人集合,$\boldsymbol{P}_m$表示第$m$个参与人的发射策略,$U_m$表示第$m$个参与人的效用函数。每个参与人都从发射功率空间中选择自己的发射策略,联合发射功率为各个参与人发射策略的Cartesian积:$\boldsymbol{P}=\boldsymbol{P}_1\times\boldsymbol{P}_2\times\cdots\times\boldsymbol{P}_M$。第$m$个参与人的对手们的策略空间记为$\boldsymbol{P}_{-m}=(\boldsymbol{P}_1,\cdots,\boldsymbol{P}_{m-1},\cdots,\boldsymbol{P}_{m+1},\cdots,\boldsymbol{P}_M)$,因此所有参与人的功率策略集合可以表示为:$\boldsymbol{P}=(\boldsymbol{P}_m,P_{-m})$。需要强调的是,由于自私行为,每个参与人都会使用最大发射功率以获得最大的传输速率。

NE是描述非合作博弈的重要概念,前人已经给出其定义[52]~[53]。

**定义7.1**:在NE状态,任一局中人无法通过独自行动增加自己的收益。对于第$m$个局中人来说,其发射功率矢量$\boldsymbol{P}_m^*=(p_1^*,\cdots,p_N^*)$为NE的充要条件为:

$$U_m(\boldsymbol{P}_m^*,\boldsymbol{P}_{-m}^*)\geqslant U_m(\boldsymbol{P}_m,\boldsymbol{P}_{-m}^*)\quad\forall m \tag{7.6}$$

考虑到NE的特殊性,每个局中人单方面改变策略都会损失自己的利益,从而成为博弈过程的收敛点。注水算法是每个用户单方面决定的最优点,因此可以知道每个用户在NE状态都会采用注水算法分配功率。

然而,由于ITL限制,各局中人的自私行为使得ITL限制不能得到满足,目标函数(7.5)变得比传统博弈过程更加难于分析求解。为了处理ITL限制,下一节提出放缩博弈的概念,使得原问题变得易于处理。

## 7.3.1 放缩博弈

为了简化目标函数(7.5),首先舍弃ITL限制,并将新的博弈过程称为原博弈的放缩博弈。为了采用按序博弈方法,本节首先研究放缩博弈中NE的存在性和唯一性,这可以借助于前人的研究成果[52]。

**引理7.1**:如果对任一局中人$m$,均满足:(1)$\boldsymbol{P}$是非空凸集,并且是欧几里德空间$R^{NM}$的紧子集;(2)$U_m(\boldsymbol{P}_m)$是$\boldsymbol{P}$的连续函数,并且是$\boldsymbol{P}_m$的准凹函数。则此非合作博弈过程一定存在NE。

基于引理7.1,可以得到如下定理。

**定理7.1**:目标函数(7.5)的放缩博弈存在NE。

证明:发射功率策略空间 $\boldsymbol{P}$ 由各个用户的发射矢量组成的策略空间,对每个用户而言,其发射功率均限制在 $[0, P_{\max}]$,因此 $\boldsymbol{P}$ 的可行域是非空凸集,并且是 $\boldsymbol{R}^{NM}$ 空间的一个紧子集。因此符合引理 7.1 中的第一个条件。

从效用函数的定义和香农容量公式的定义容易证明, $R_m(\boldsymbol{P})$ 是第 $m$ 个用户的发射功率 $\boldsymbol{P}_m$ 的单调递增函数。第 $m$ 个用户在第 $n$ 个子载波上面的速率函数 $r_{mn}(\boldsymbol{P})$,由于其符合对数函数的特征,故是发射功率 $\boldsymbol{P}_m$ 的凹函数。考虑到 $\boldsymbol{P}_m$ 的可行域,可以得知 $R_m(\boldsymbol{P})$ 是由一些准凹函数的和组成,这验证了引理 7.1 中的第二个条件。根据引理 7.1,上述放缩博弈过程中一定存在 NE。

接下来需要通过凹博弈理论[53]验证 NE 的唯一性。

**引理 7.2:** 各局中人的非负加权效用函数和定义为:

$$U = \sum_{m=1}^{M} x_m U_m, \quad x_m \geqslant 0 \quad \forall m \tag{7.7}$$

如果式(7.7)具有对角严凹特性,则 NE 就是唯一的。

证明:参看参考文献[53]。

对角严凹的概念从更广泛的角度表明各用户对自己的效用函数具有不同的控制作用。为了描述 NE 的唯一性,接下来将引入矩阵论中的盖尔圆[55]的概念。

**定义 7.2:** 对于一个复数矩阵 $A = (a_{ij}) \in \boldsymbol{C}^{n \times n}$,第 $i$ 个盖尔圆所在的区域为

$$|z - a_{ii}| \leqslant R_i \tag{7.8}$$

其中 $R_i = R_i(\boldsymbol{A}) = \sum_{j \neq i}^{n} |a_{ij}|$,表示盖尔圆的半径。

下面的引理指出矩阵的特征值与盖尔圆的半径密切相关。

**引理 7.3:** 一个矩阵的所有特征值都分布在其所有盖尔圆组成的交集中。

证明:参看参考文献[55]。

基于上述准备工作,放缩博弈的唯一性特征将以如下定理形式给出。

**定理 7.2:** 由于信道增益 $h_{mnj}$ 的随机性,NE 在放缩博弈过程中并不总是唯一的。能保证 NE 唯一的一个充分条件是:有用信道增益高于共道干扰的某个特定水平,从而使得 $\boldsymbol{F} = (\boldsymbol{J} + \boldsymbol{J}^{\mathrm{T}})/(-BW/\ln 2)$ 是某个特定向量 $\bar{x}$ 的对角占优矩阵,其中 $\boldsymbol{J}$ 和 $\bar{x}$ 将在后续的证明过程给出。

证明:参看附录 A。

定理 7.2 表明如果要保证 NE 的唯一性,需要仔细设计 CR 用户的拓扑结构以满足定理 7.2 中的假设。需要注意的是,较大的路径损耗将有利于 NE 唯一性的实现,因为这会使得共道干扰快速衰减,从而保证了 $\boldsymbol{F}$ 矩阵的行对角占优性。虽然 NE 的唯一性与 CR 用户的信道条件有关,但这并不影响 NE 的唯一性,仍然能保证后续章节提出的算法的收敛性。

## 7.3.2 ITL 受限的博弈

本小节主要讨论放缩博弈和原博弈过程之间的关系。一般来说,受限的最优化问题都是采用拉格朗日放缩法来解决,但由于非凸原因,这种方法对于目标函数 (7.5)的效果不是很明显。为了满足 ITL 限制,Yiping Xing 等人[38]针对 CDMA 系统提出了剔除 CR 用户的调度策略。然而,在 OFDMA 系统中,每个子载波的 ITL 都需要满足,这使得本章分析的问题比 Yiping Xing 等人分析的情形更为复杂。为了满足 ITL 的限制,需要同时检测和调整所有子载波的干扰温度。对第 $n$ ($n=1,\cdots,N$)个子载波,当干扰温度超过其 ITL 时,MP 会通知产生最大干扰的 CR 用户取消其对该子载波的占有权。如果干扰温度仍然超过 ITL,MP 就会取消干扰水平排在第二位的用户的发射权。上述用户的剔除过程将会在干扰温度低于 ITL 时停止。在某些极限情况下,所有用户都将放弃对某个子载波的使用。当取消用户对某些子载波的发射权后,各用户均需对发射功率从新进行分配,以达到 NE 状态。下面的定理描述了剔除用户过程对系统的影响。

**定理 7.3**:当剥夺某些用户在某些子载波的发射权后,剔除用户过程可以将 ITL 受限的博弈过程 $G$ 转变为一个放缩博弈过程 $G'$。

**证明**:证明过程主要基于合作博弈论的定义和 NE 的概念。非合作博弈论的通用形式为 $G=[M,\{\boldsymbol{P}_m\},\{U_m\}]$,其中 $\boldsymbol{P}_m=[p_{m1},\cdots,p_{mN}]^{\mathrm{T}}$ 和 $U_m=[r_{m1},\cdots,r_{mN}]^{\mathrm{T}}$。在接下来的证明过程中,将第 $m$ 个用户的子载波增益向量和干扰信道增益表示为 $g_m=[g_{m1},\cdots,g_{mN}]^{\mathrm{T}}$ 和 $CCI_m=\{h_{jm,n}\}$。

首先考虑比较简单的情形。当 ITL 设置得比较高或者干扰温度比较低时,$G'$ 博弈结果满足所有子载波的 ITL,从而可以看出 $G$ 和 $G'$ 是同一个博弈过程。由于各个子载波的剔除过程相似,接下来只针对第 $n$ 个子载波剔除第 $m$ 个用户的情形进行讨论。此时,$p_{mn}$ 被置 0,发射功率向量变为 $[p_{m1},\cdots,p_{mN}]^{\mathrm{T}}\big|_{p_{mn}=0}$。由于并未使用全部功率,该发射功率矢量并不是第 $m$ 个用户的最优解,则第 $m$ 个用户需要将功率 $p_{mn}$ 分配给其他子载波。由此也会带来共道干扰的变化,其他用户的发射策略也不是当前信道状况的最优策略,迫使所有用户必须同时调整发射策略,寻找新的 NE 并再次对干扰温度进行测量。在新的博弈过程中,第 $m$ 个用户仍然不占用第 $n$ 个子载波。定义新的非合作博弈过程为:$G^{\mathrm{new}}=[M,\{\boldsymbol{P}_m^{\mathrm{new}}\},\{U_m^{\mathrm{new}}\}]$,则可以得知 $G^{\mathrm{new}}$ 的结果与原博弈 $G$ 是不相同的。然而,$G^{\mathrm{new}}$ 和 $G$ 有着密切的联系,说明如下。

对第 $m$ 个用户,考虑新的信道增益向量:$\boldsymbol{g}_m'=[g_{m1}',\cdots,g_{mn}',\cdots,g_{mN}']^{\mathrm{T}}=[g_{m1},$

$\cdots,g_{mn},\cdots,g_{mN}]^{\mathrm{T}}\big|_{g_{mn}=0}$,并且假定其他用户的信道增益保持不变。则这个辅助博弈过程可以表示为:$G'=[M,\{\boldsymbol{P}'_m\},\{U'_m\}]$。由于 $g'_{mn}=0$,则第 $m$ 个用户将不会为第 $n$ 个子载波分配功率,即有 $p'_{mn}=0$。由于其他子载波的信道增益 $\boldsymbol{g}'_j(j\neq m)$ 与 $\boldsymbol{g}_j$ 相同,并且共道增益集合 $CCI_m$ 不变,对于相同的初始化过程和相同的按序更新功率的过程,$G^{\mathrm{new}}$ 和 $G'$ 将会达到相同的 NE。对于新的 NE,由于第 $m$ 个用户已经被第 $n$ 个子载波剔除,$p_{mn}$ 已经被分配到其他子载波,则第 $n$ 个子载波的干扰温度可能会低于 ITL,这从后续的仿真过程可以看出。然而,$G^{\mathrm{new}}$ 是一个 ITL 受限的博弈过程,而 $G'$ 则是一个对于修正的信道增益矩阵 $\boldsymbol{g}'=[\boldsymbol{g}'_1,\cdots,\boldsymbol{g}'_M]$ 的无 ITL 约束的博弈过程。只要有子载波的 ITL 得不到满足,上述剔除过程就会继续执行。经过多次迭代,无 ITL 约束的博弈过程 $G'$ 将会使得所有 CR 用户将发射功率分配到可用子载波上面,并且发射行为满足目标函数(7.5)的要求。

## 7.3.3 分布式频谱共享方案

本节依据前述定理提出一种基于迭代的分布式频谱共享方法。通过为超过 ITL 的子载波剔除用户,并且所有用户同时更新发射功率,提出的分布式算法能够通过迭代方式找到满足 ITL 的 NE。每个 CR 用户仅负责自己的功率调整过程,不解调其他用户信息,并将其他用户的信号仅当作干扰处理。MP 只需监视干扰温度,并且依据 CR 用户的状况发布剔除信息。MP 和 CR 用户之间交互的信息仅包括 CSI 信息和用户剔除控制信息。本文提出的算法(方案一)具体步骤如下。

**步骤一**:初始化过程中,每个用户在各个子载波上面分配相等的功率。

**步骤二**:MP 测量所有子载波的干扰温度,并为超过 ITL 的子载波剔除用户。将超过 ITL 的子载波的序号集合记为 $\boldsymbol{V}$,并规定 $V_s=\big|\boldsymbol{V}\big|$,其中 $\big|\boldsymbol{V}\big|$ 表示集合 $\boldsymbol{V}$ 的势。为了清楚起见,规定集合 $\boldsymbol{V}$ 中的子载波序号按升序排列。第 $n(n=1,\cdots,N)$ 个子载波需要剔除的用户集合记为 $KO_n$,并初始化为空集。

```
For i = 1:V_s
  n = V(i)
  While IT_n > ITL
    m* = arg max p_mn |h_m0,n|²
          m
    IT_n = IT_n − p_m*n |h_m0,n|²
    p_m*n = 0
    KO_n = KO_n + m*
  End
```

End

接下来,MP 将各用户的剔除信息 $\{KO_n\}$ 发布到相应的 CR 用户。

**步骤三:**所有 CR 用户接收剔除控制信息。如果用户放弃某些子载波,转步骤四;如果不需要放弃,则采用经典注水算法[48]最大化自己的功率,并通过迭代方式寻找 NE 状态。如果当前分配结果与上次结果相同,转步骤五,否则转步骤二。

**步骤四:**每个从用户为可用子载波分配相等的功率,并且每个 CR 用户将各子载波的 SINR 反馈到相应的发射机。CR 用户采用注水算法分配功率以最大化传输速率,转步骤二。

**步骤五:**迭代过程结束,CR 用户开始发送数据。

### 7.3.4 迭代的必要性

在方案一中,NE 是通过迭代方式实现的,这将会浪费一些时隙资源。本小节将讨论迭代的必要性,并指出这在非合作博弈过程中是不可避免的。

**定理 7.4:**当 MP 为某些子载波剔除用户时,在某些子载波上面,各用户新的功率分配策略可能会产生比原策略更高的共道干扰水平。因此,有必要在下一轮博弈过程中检查 IT 是否超过 ITL,即分布式算法应当采用迭代方式找到满足 ITL 要求的 NE 状态。

**证明:**参看附录 A。

定理 7.4 指出 CR 用户采取单方面行动时,分布式算法采取迭代方式的必要性。事实上,计算机仿真结果表明,迭代过程中,没有剔除用户的子载波的 ITL 经常会高于上次的结果,必须采用多轮迭代方式才能保护主用户不受到干扰。

## 7.4 基于部分 CSI 的非合作博弈

第三节针对目标函数(7.5)提出了放缩博弈的概念,以及相应的分布式算法。MP 监视 IT,并且发布剔除信息,CR 用户只需要根据控制信息采用迭代方式分配功率即可。方案一的主要缺点是 MP 需要知道所有 CR 用户的信道信息。由于 MP 接受的是所有用户的叠加信号,需要浪费很多时隙资源才能区分 OFDMA 系统中各个用户的信道信息。为了增强算法的实用性,本节依据放缩博弈的思想提出另外两种简化算法。简化方案不需要 MP 知道 CR 用户到其的 CSI 信息,这将大大简化 MP 的设计复杂度。新提出的两个分布式方案都能通过剔除超过 ITL 的子载波上面的用户,得到满意的 NE,但是二者采取的剔除策略与 CR 系统跟 MP 之间的交互信息有关。虽然剔除结果不同,但是两种方案都可以将上述 ITL 受限的博弈过程转变为放缩博弈过程,之前的讨论仍然适用于该两种方案,因此,本节仅给出其具体步骤,省略了对收敛性和唯一性的讨论。

方案二:不需要 CR 用户反馈 CSI 到 MP,但是 MP 需要知道周围环境中 CR 用户的个数。初始化过程中,每个 CR 用户可以使用全部频谱,但是在发射数据之前,需要给 MP 发送进入通知。除了步骤二,详细的步骤与方案一类似。由于缺少信道状态信息,假定所有 CR 用户对 MP 贡献的干扰是相等,MP 将会对超过 ITL 的子载波上面的用户随机进行剔除。

方案二的主要设计目标是使得 MP 能够严格保证主用户不受到干扰,由于缺少 CR 系统的 CSI 信息,而不考虑 CR 系统的利益。对于相同的信道状况,如果 MP 剔除的用户具有较大的容量,则 CR 系统的容量将会变小,反之亦然,使得最终结果具有不确定性。为了在保护主用户的同时兼顾 CR 系统的容量,我们设计第三种方案,它需要各个从用户反馈其各子载波的信道容量到 MP,以便提升 CR 系统的容量。方案三的主要流程与方案一类似,其区别主要是如下几个方面:(1)在步骤一中,每个 CR 用户需要将各子载波在其收发信机之间的香农容量反馈到 MP;(2)在步骤三中,对于 IT 超过 ITL 的子载波,每次剔除具有最低信道容量的 CR 用户。接下来,所有 CR 用户在允许的子载波上面重新分配功率,MP 重新对 IT 进行测量。

# 7.5　仿　真　分　析

考虑一个基于 OFDM 的 CR 系统,5 个 CR 用户均匀分布在 300 m×300 m 的矩形区域,这点是与相关文献[38]~[39]相同的。每个从用户的地理位置按如下方式生成:首先在上述区域随机产生发射机的位置,而接收机分布在以发射机为中心的 [10 m,50 m]之间的环形区域。MP 固定在原点位置(0,0)并监测 IT。图 7-1 给出了一次实现过程中各个 CR 用户的拓扑结构。假定每个子载波带宽为 20 kHz,并且 CR 系统有 64 个可用子载波。多径信道建模成 4 径瑞利信道,每条径的幅度都服从瑞利分布,并且各径之间相互独立。各径功率时延和归一化的时延规定为:$[0,-2,-6,-8]$ dB 和 $[0.8,1.6,2.4,4.8]$ μs。假定 CP 长度大于信道的最大时延,使得每个子载波经历频率平坦衰落。热噪声的功率谱密度规定为 $\sigma^2=10^{-18}$ W/Hz。大尺度衰落规定为:

$$\text{pathloss}=K\left(\frac{d_0}{d}\right)^{\alpha} \tag{7.9}$$

其中 $K=10^{-5}$,$d_0=10$ m,$\alpha=4$,$d$ 表示收发机之间的距离。

图 7-2 给出 CR 系统的总容量随 $ITL \cdot kB$ 的变化曲线。每个 CR 用户的发射功

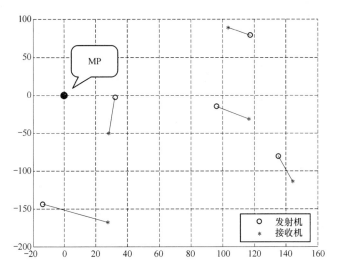

图 7-1　CR 用户的拓扑图

率规定为 10 mW,每个子载波带宽内的噪声功率为 $P_{\text{noise}} = BW \cdot N_0 = 2 \times 10^{-14}$ W。由于方案一依据 MP 和从用户之间的精确信息剔除用户,其容量高于另外两种方案的结果。当 ITL 较小时,需要剔除较多用户才能满足限制条件。当 ITL 升高时,由于需要剔除的用户数减少,三个方案的容量均会提高。同时,由于剔除的用户数减少,各个方案的性能差距也会变小。

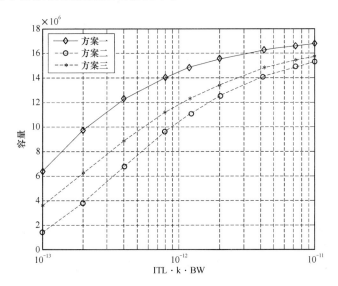

图 7-2　所提方案与 ITL 的关系

图 7-3 给出 CR 系统容量与 CR 用户发射功率之间的关系，$ITL \cdot kB$ 设定为 $2\times10^{-12}$。各方案之间的性能差异与图 7-2 展示的结果相同。当发射功率变大时，由于需要剔除较多的用户，方案二和方案三的性能将会下降。然而，方案一的性能下降不多，这表明方案一能够有效处理共道干扰比较高的情况。图 7-3 还表明 CR 系统容量随着 CR 用户发射功率的增加而有可能变小，这表明需要将 CR 系统的发射功率设定为合适的范围，才能保证系统具有较高的频谱效率。需要指出的是，CR 系统容量由增加到降低的拐点与从用户的拓扑结构和它们到 MP 的距离有关。

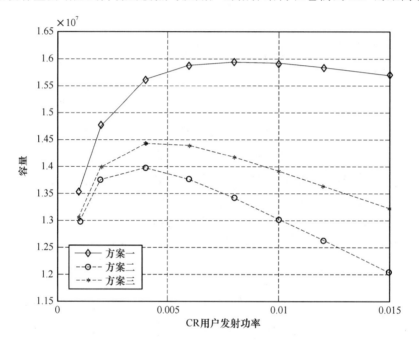

图 7-3   所提方案与 CR 用户发射功率的关系

图 7-4 给出了方案一迭代过程中，某个用户 IT 的变化。每个子图的横坐标表示子载波序号，纵坐标表示 $IT \cdot kB$。黑粗线表示 $ITL \cdot kB$，并且设定为 $10^{-12}$。第一行从左至右表示第一次～第五次的迭代结果，第二行从左至右表示第六次～第十次的迭代结果。在第一次迭代过程中，可以看出很多子载波的 IT 超过 ITL。随着剔除用户过程的迭代进行，所有子载波的 IT 将会发生变化。需要特别指出的是，第五次迭代过程中，某些位于 40～50 的子载波的 IT 相对于第一次的结果变高，这验证了定理 6.4 的结论。所有子载波的 IT 最后都低于预先设定的 ITL，一般需要的迭代次数为 5～10 次。对于方案二和方案三，也可以得到类似的 IT 变化过程，为了节省篇幅，省略了对其的仿真结果。

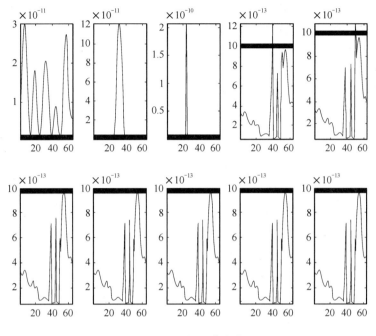

图 7-4　IT 的迭代变化

# 7.6　小　　结

本章基于非合作博弈论提出三种分布式频谱共享方案,以解决 CR 系统的频谱共享问题。三种方案都是基于 CR 用户之间不交互信息和 CR 用户与 MP 之间交互必要信息的假设进行设计的。研究过程中,为了更有效地使用经典非合作博弈论,首先提出放缩博弈的概念,舍弃了 ITL 限制。随后详细讨论了放缩博弈中 NE 的存在性和唯一性问题,并给出其与原博弈的等效性。考虑到 MP 的处理能力,基于 CR 用户与 MP 之间的交互信息种类,我们提出三种分布式方案。计算机仿真结果表明,所提出的三种方案均能通过迭代方式找到满意的 NE,并且各算法之间的性能差异与很多因素有关,比如 CR 用户的拓扑结构、CR 用户到 MP 之间的距离等。对于相同的信道情况,三种方案将会提供有差别的系统性能,这使 CR 系统可以在频谱效率和 MP 处理能力之间取得不同程度的折中。

# 附录　定理7.4的证明

由于采用按序博弈的方式进行迭代,各用户采用的方式相同,以下证明过程主

要讨论第 $m$ 个 CR 用户的更新情况。从数学上讲,上述问题是整数优化问题[49],能采取穷举的方式找到最优解,然而其复杂度随着自由变量的维度增加成指数增长。采用拉格朗日放缩法,目标函数(7.5)的拉格朗日松弛函数可以表示为:

$$L = -\sum_{n=1}^{N} BW \cdot \log_2\left(1 + \frac{p_{mn}\left|h_{mn}\right|^2}{I_{mn} + BW \cdot N_0}\right) + \lambda_m\left(\sum_{n=1}^{N} p_{mn} - P_{\max}\right) + \sum_{n=1}^{N}\theta_{mn}(-p_{mn})$$

(7.10)

其中 $\lambda_m, \theta_{mn}$ 是非负拉格朗日乘子。对 $p_{mn}$ 求导,可得:

$$\frac{BW\left|h_{mn}\right|^2}{\ln 2 \cdot \left(I_{mn} + BW \cdot N_0 + p_{mn}\left|h_{mn}\right|^2\right)} + \lambda_m = 0$$

(7.11)

对式(7.11)变形,可求出 $p_{mn}$:

$$p_{mn} = \frac{BW}{-\lambda_m \ln 2} - \frac{I_{mn} + BW \cdot N_0}{\left|h_{mn}\right|^2}$$

$$= K_m - \frac{I_{mn} + BW \cdot N_0}{\left|h_{mn}\right|^2}$$

(7.12)

其中 $K_m$ 表示注水常数 $BW/(-\lambda_m \ln 2)$。将第 $m$ 个用户的可用子载波集合记为 $S_m$,并对该用户所有子载波的发射功率求和,有:

$$\sum_{n \in S_m} p_{mn} = \sum_{n \in S_m} K_m - \frac{I_{mn} + BW \cdot N_0}{\left|h_{mn}\right|^2} = P_{\max}$$

(7.13)

则注水常数可表示为:

$$K_m = \left(P_{\max} + \sum_{n \in S_m} \frac{I_{mn} + BW \cdot N_0}{\left|h_{mn}\right|^2}\right) / \left|S_m\right|$$

(7.14)

其中 $\left|S_m\right|$ 表示集合 $S_m$ 的势。当某个子载波剔除第 $m$ 个用户时,$\left|S_m\right|$ 将会变小,从而使得 $K_m$ 可能会变大。考虑到式(7.12),可以看到第 $m$ 个用户在其他子载波上面分配的功率有可能变大,因此造成该子载波的干扰水平变大,有可能超过预先设定的 ITL。因此,所设计的分布式算法需要采用迭代方式检查下一轮迭代过程中所有子载波的 ITL 是否得到满足。

# 参 考 文 献

[36] Federal Communication Commission,"Spectrum Policy Task Force," Rep. ET Docket,no. 02-135,Nov. 2002.

[37] Q. Zhao and Sadler,B. M. ,"A Survey of Dynamic Spectrum Access," IEEE

Signal Processing Mag. ,vol. 24,no. 3,pp. 79-89,May 2007.

[38] Yiping Xing,Chetan N. Mathur and et al,"Dynamic Spectrum Access with QoS and Interference Temperature Constraints," IEEE Trans. Mobile Computing. ,vol. 6,no. 4,pp. 423-433,Apr 2007.

[39] Jia, J. and Zhang, Q. , "A Non-Cooperative Power Control Game for Secondary Spectrum Sharing," in Proc. of IEEE ICC, pp. 5933-5938, Jun 2007.

[40] Mitran. P,L. Long and et al,"Resource Allocation for Downlink Spectrum Sharing in Cognitive Radio Networks," in Proc. of IEEE VTC, pp. 1-5, Sep 2008.

[41] Y. Zhang and C. Leung,"Resource Allocation in an OFDM-Based Cognitive Radio System," IEEE Trans. Commun. , vol. 57, no. 7, pp. 1928-1931, Jul 2007.

[42] G. Bansal, M. J. Hossain and V. K. Bhargava, "Optimal and Suboptimal Power Allocation Schemes for OFDM-based Cognitive Radio Systems," IEEE Trans. Wireless. Commun. ,vol. 7,no. 11,pp. 4710-4718,Nov 2008.

[43] P. Cheng, Z. Zhang, H. H. Chen and P. Qiu, "Optimal Distributed Joint Frequency,Rate and Power Allocation in Cognitive OFDMA Systems," IET Communications. ,vol. 2,no. 6,pp. 815-826,Jul 2008.

[44] Batra,A. ,Lingam,S. and Balakrishnan,J. ,"Multi-band OFDM:A Cognitive Radio for UWB," in Proc. of IEEE ISCAS,pp. 4094-4097,May 2006.

[45] Moy,C. , Bisiaux, A. , and Paquelet,S. , "An Ultra-Wide Band Umbilical Cord for Cognitive Radio Systems," in Proc. of IEEE PIMRC,vol. 2, pp. 775-779,Sep 2005.

[46] H. Zhang,X. Zhou, K. Y. Yazdandoost and I. Chlamtac, "Multiple Signal Waveforms Adaptation in Cognitive Ultra-Wideband Radio Evolution," IEEE J. Sel. Areas Commun. ,vol. 24,no. 4,pp. 878-884,Apr 2006.

[47] T. Weiss,and F. K. Jondral,"Spectrum Pooling:An Innovative Strategy for the Enhancement of Spectrum Efficiency," IEEE Commun. Mag. ,vol. 43, no. 3,pp. S8-S14,Mar 2004.

[48] T. Weiss,J. Hillenbrand,A. Krohn,and F. K. Jondral,"Mutual Interference in OFDM-based Spectrum Pooling Systems," in Proc. of IEEE VTC,vol. 4, pp. 1873-1877,May 2004.

[49] E. Sofer, R. Khalona, W. Hu, I. Kitroser, and et al, P. Piggin. Wireless RANs, OFDMA Single Channel Parameters, IEEE 802. 22-06/0092r0, available online at:http://ieee802. org/22/,Jun 2006.

[50] Chandrasekhar,V. ,Andrews,J. ,and Gatherer,A. ,"Femtocell Networks:A Survey," IEEE Commun. Mag. ,vol. 46,no. 9,pp. 59-67,Sep 2008.

[51] D. Lopez-Perez, A. Valcarce, G. de la Roche and J. Zhang, "OFDMA Femtocells:A Roadmap on Interference Avoidance," IEEE Commun. Mag. , vol. 47,no. 9,pp. 59-48,Sep 2009.

[52] D. Fugenberg and J. Tirole, Game Theory, MIT Press, Cambridge, MA,1991.

[53] J. B. Rosen. ,"Existence and Uniqueness of Equilibrium Points for Concave N-Person Games," Econometrica,vol. 33,no. 3,pp. 520-534,Jul 1965.

[54] L. A. Wolsey,Integer Programming. New York:Wiley,1998.

[55] Carl D. Meyer,Matrix Analysis and Applied Linear Algebra,Society for Industrial and Applied Mathematics,Feb 2001.

# 第8章 认知无线电系统中的自适应资源分配

## 8.1 引 言

下一代无线通信系统需要提供更高的多媒体承载能力。而且在移动性方面提供更大范围的灵活性[1][2]。然而,随着多种无线通信系统的大量部署,越来越多的频段被分配出去,未来无线通信系统的可用频段变得越来越稀缺。而来自美国国家无线电网络研究实验床项目的一份测量报告表明 3 GHz 以下频段的频谱利用率仅为 5.2%[3]。有限的频谱资源和高负荷的通信要求使得现有的频谱分配机制越来越不能适应无线通信新技术的要求。

CR 技术能够感知无线通信环境,根据一定的学习和决策算法,实时自适应地改变系统工作参数,动态地检测和有效地利用空闲频率,允许在时间、频率以及空间上进行多维的频谱复用,合理解决目前频谱资源紧张和利用率低的矛盾,大大降低频谱和带宽限制对无线技术发展的束缚,被预言为未来最热门的无线技术[4][5]。FCC 明确表示支持 CR 技术并于 2004 年通告允许非授权用户使用 54~862 MHz 的 TV 频段。此后,各大研究机构及标准化组织纷纷开展了 CR 技术的研究,IEEE 802.22、802.16 h 等标准相继被推出。

允许非授权 CR 用户机会主义地接入空闲的授权频段,为解决目前的频谱紧张和利用率低的矛盾提供了强有力的技术支持。在设计此类 CR 系统中一个非常具有挑战性的任务是如何进行自适应资源管理,在避免对授权用户造成有害干扰的前提下为各认知用户提供满足相应 QoS 要求的服务,保障多个 CR 系统的和谐共存,同时尽可能提高系统的吞吐量。合理分配频谱等无线资源,是 CR 技术研究中的重要课题。

对于 CR 用户间的频谱资源分配,在无中心基站控制的 CR 系统中非合作博弈论被广泛应用,通过合理选择效用函数,各 CR 用户分布调整,以达到纳什均衡[6]。

无论是 IEEE802. 22 WR AN 标准[7]和 IEEE802. 16 h 无线城域网（WMAM Wireless Metropolitan Access Network）标准[8]中都建议通过合适地配置基站对整个网络的发送参数和特性进行中心控制。因此，在以上认知无线电网络中，系统资源管理模型中应该包括由相应基站参与的多个 CR 系统间的分布式频谱资源共享和由各基站控制的同一 CR 系统中的多个 CR 用户间的自适应资源分配两类问题。本章主要探讨后者，即单个 CR 系统中的自适应资源分配问题：一方面，必须保证授权频谱的接入对授权用户不会造成有害干扰；另一方面，和所有其他系统中的自适应资源分配问题一样，必须满足用户 Qos 要求和尽力提高资源的利用效率。

为了保障授权用户免受有害干扰，研究者提出了频谱空洞[9]、保护半径[10]、干扰限制[11]等三种方式实现 CR 系统与授权用户之间的共存。简单说来，频谱空洞的处理方法是，如果 CR 用户检测到授权用户在使用某一频段，CR 系统则避让此授权用户正使用的频段，只使用授权用户空闲的频段，即频谱空洞；保护半径的处理方法是，即便 CR 用户检测到授权用户在使用某一频段，只要 CR 系统与授权用户之间的距离足够远，即大于保护半径，CR 系统仍然可以使用该频段；而干扰限制的方法是，无论授权用户位置在哪，正在使用频段与否，CR 系统都可以使用所有授权频段，只要能够通过合理的功率控制保证对授权用户的干扰在授权用户可容许的范围内即可。显然，三种方法中干扰限制能够为 CR 系统提供最多的频谱接入机会，而频谱空洞的方法最简单、提供的频谱接入机会最少，而保护半径的方法居中。

基于这三种方法，研究者提出了多种 CR 系统中的自适应资源分配算法[12]~[14]。本章参考文献[12]中，作者提出了一种基于频谱空洞的认知无线电下行链路中 OFDM 多用户资源分配算法，先通过一种贪婪算法为每一个 CR 用户分配可用的频谱段，然后再实现自适应的功率分配。本章参考文献[13]中，作者提出了基于保护半径的频谱分配算法。本章参考文献[14]中作者提出了一种 CR 系统的 OFDM 多用户资源分配算法，然而在考虑 CR 用户对授权用户的干扰时作者只是简单地对各子信道设定了一个功率上限，没有针对 CR 系统的特点进行分析。

本章主要研究基于干扰限制方法的 CR 系统自适应资源分配算法，在分析 CR 系统对授权用户的干扰的基础上，针对不同的优化目标，提出了三种适用于 CR 系统下行链路的自适应资源分配算法。不仅满足对授权用户干扰的限制要求，而且可以为 CR 系统提供较高的资源利用效率，同时满足用户的 QoS 要求。

本章剩余部分组织如下：4.2 节从系统容量的角度给出了最优的 CR 系统资源分配算法。4.3 节在总发射功率和用户 BER 受限的基础上，给出了近似最优的 OFDMA 资源分配算法，以实现 CR 系统下行链路的总信息传输速率最大化。4.4

节给出了下行 CR 系统中的自适应资源分配算法,以提高 CR 系统下行链路的功率效率。

# 8.2 CR 系统下行链路中的最优自适应分配算法

在 IEEE 802.22 系统中,CMAC 协议通过两种强制方式实现多个 WRAN 系统间的共存,即:CBP 和 inter-BS 通信,而 CR 用户间的资源分配将由基站中心控制完成。本节提出了一种适用于 IEEE 802.22 等基站中心控制的 CR 系统下行链路的最优自适应资源分配算法,分析了 CR 用户对授权用户的干扰并给出了设置干扰限制的方法,在此基础上将功率和干扰受限的最大化系统容量的自适应资源分配问题转化为线性不等式约束的凸优化问题. 并借助最优化理论给出了解决方案。

## 8.2.1 系统模型

如图 8-1 所示为一个 CR 系统。该系统以乡村为中心,由一个 CR 基站和 $N$ 个用户驻地设备(customer Premise Equipment,CPE)构成。利用 TV 频段为用户提供宽带通信业务服务。假设此 CR 系统周围有 $K$ 个 TV 基站,分别在各自频段内采用全向天线发射 TV 信号。CR 系统必须保证其接入对授权用户即 TV 系统的干扰低于系统限制。因此,CR 系统中资源分配的目标就是通过合理地分配频谱和设置发射功率,在保证对 TV 系统的干扰满足限制的条件下最大化系统容量。这里主要研究 CR 系统下行链路中的自适应资源分配问题。

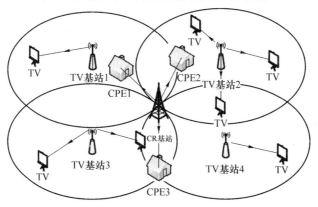

图 8-1 MIMO-OFDM 自适应资源分配系统框图

在此固定无线接入系统中,CR 基站容易知道 CPE、TV 基站和 TV 用户的位置。并且,CR 基站不仅可以通过协作频谱感知技术知道各 TV 基站的状态[15],还可以通过检测 TV 用户的本地振荡器功率泄漏来确定 TV 用户是否在接收信号。不失一般性,假设前 $K'$ 个 TV 系统处于工作状态,其他的 TV 系统处于空闲状态[16]。第 $K$ 个工作状态的 TV 基站发射功率为 $P_K^{\text{TV}}$,空闲状态的 TV 基站发射功率为 0。由于资源分配时间间隔远远小于 TV 系统状态持续时间,可以认为 TV 系统的状态在每次 CR 系统资源分配过程中保持不变。

采用 OFDM 技术,将每个 TV 频段划分为 $L$ 个平行子信道,使每个频段可以同时为多个 CPE 提供服务。用 $h_{k,n,l}$ 表示第 $k$ 个 TV 频段第 $l$ 个子载波上 CR 基站到第 $n$ 个 CPE 的复信道系数。假设在第 $k$ 个 TV 频段,第 $l$ 个子载波上 CR 基站对第 $n$ 个 CPE 的发射功率为 $P_{k,n,l}$ 考虑到 CR 系统与 TV 系统的相互干扰,用 $h_{k,n}^{\text{CT}}$ 表示第 $k$ 个 TV 基站到第 $n$ 个 CPE 的复信道系数,而 $h_{k,m}^{\text{CT}}$ 表 CR 基站到第 $k$ 个 TV 系统中第 $m$ 个 TV 用户的信道系数。在无线环境下,各信道增益受路径衰耗、阴影效应和快衰落损耗影响,呈现随机分布[17]。

## 8.2.2 对授权用户的干扰限制分析

CR 系统面临的首要问题是保证授权用户免受有害干扰[11]。本章参考文献[11]中定义了两个参数 $P_0$ 和 $\zeta$ 来实现系 CR 统的干扰限制,其中 $P_0$ 表示 CR 系统对授权用户的最大干扰功率限制,$\zeta$ 表示 CR 系统对授权用户的干扰功率超过 $P_0$ 的最大容许概率。这里将给出利用 $P_0$ 和 $\zeta$ 实现 CR 系统功率限制的具体方法。

CR 系统下行链路中对第 $k$ 个系统中第 $m$ 个 TV 用户的干扰可以表示为:

$$P_{k,m}^{\text{int}} = \left\| h_{k,m}^{\text{CT}} \right\|^2 \sum_{n=1}^{N} \sum_{l=1}^{L} P_{k,n,l} \tag{8.1}$$

其中,$\|\cdot\|$ 表示取模,且 $k=1,\cdots,K'$。为了保证 TV 用户免受有害干扰,干扰功率 $P_{k,m}^{\text{int}}$ 应满足:

$$p_r(P_{k,m}^{\text{int}} > P_0) = p_r\left( \left\| h_{k,m}^{\text{CT}} \right\|^2 \sum_{n=1}^{N} \sum_{l=1}^{L} P_{k,n,l} > P_0 \right) \leqslant \zeta \tag{8.2}$$

其中,$p_r(\cdot)$ 表示求概率。

假设 $\left\| h_{k,m}^{\text{CT}} \right\|^2$ 服从累积分布函数为 $F_{k,m}(x)$ 的分布,则式(8.2)等价于

$$F_{k,m}\left( \frac{P_0}{\displaystyle\sum_{n=1}^{N} \sum_{l=1}^{L} P_{k,n,l}} \right) \geqslant 1 - \zeta \tag{8.3}$$

上式即表示 CR 系统发射功率应该满足的干扰限制。

为了简单起见,在下面的讨论中不考虑各 TV 频段内波长差异造成的路径衰耗差异和阴影效应衰耗,假设路径衰耗均正比于发射机和接收机之间距离的平方,衰落信道增益服从瑞利(Rayleigh)分布。

用 $d_{k,m}^{CT}$ 表示 CR 基站到第 $k$ 个 TV 系统中第 $m$ 个 TV 用户的距离,则复信道系数 $h_{k,m}^{CT}$ 是均值为 0,方差为 $\eta_{CT}/(d_{k,m}^{CT})^2$ 的复高斯随机变量,其中 $\eta_{CT}$ 为常数。$\left\| h_{k,m}^{CT} \right\|^2$ 是均值为 $\eta_{CT}/(d_{k,m}^{CT})^2$,参数为 1 的伽马分布,其累积分布函数可以表示为:

$$F_{k,m}(x) = 1 - \exp\left(-\frac{(d_{k,m}^{CT})^2 x}{\eta_{CT}}\right), x \geqslant 0 \tag{8.4}$$

综合式(8.3)得到

$$\sum_{n=1}^{N}\sum_{l=1}^{L} P_{k,n,l} \leqslant -\frac{(d_k^{CT})^2 x}{\eta_{CT}\ln\zeta} \tag{8.5}$$

用 $d_k^{CT}$ 表示 CR 基站到第 $k$ 个 TV 系统中距离 CR 基站最近的 TV 用户的距离,则 CR 系统的干扰限制可以表示为 $K'$ 个线性不等式约束:

$$\sum_{n=1}^{N}\sum_{l=1}^{L} P_{k,n,l} \leqslant -\frac{(d_k^{CT})^2 P_0}{\eta_{CT}\ln\zeta}, k = 1, \cdots, K' \tag{8.6}$$

## 8.2.3 最优自适应资源分配算法

假设 CPE 接收机的噪声为 AWGN,各子载波噪声平均功率为 $\sigma^2$。由于存在来自 TV 系统的干扰,在 CR 系统中需要考虑各子载波的信道 SINR,用 $\gamma_{k,n,l}$ 表示第 $k$ 个 TV 频段第 $l$ 个子载波上 CR 基站到第 $n$ 个 CPE 的信道 SINR:

$$\gamma_{k,n,l} = \begin{cases} \dfrac{\left\| h_{k,n,l} \right\|^2}{P_k^{TV}\left\| h_{k,n}^{TC} \right\|^2/L + \sigma^2} & k = 1, \cdots, K' \\[4mm] \dfrac{\left\| h_{k,n,l} \right\|^2}{\sigma^2}, & k = K'+1, \cdots, K \end{cases} \tag{8.7}$$

尽管在没有 TV 系统协助的情况下,CR 基站无法获得精确的 $h_{k,n}^{TC}$ 信息。然而,通过频谱感知技术[15]可以确定 TV 系统对 CR 系统的干扰功率 $P_k^{TV}h_{k,n}^{TC}/L$,因此,CR 基站可以知道各子载波的信道 SINR,即 $\gamma_{k,n,l}$。

假设在第 $k$ 个 TV 频段第 $l$ 个子载波上 CR 基站对第 $n$ 个 CPE 的发射功率为 $P_{k,n,l}$,CR 系统的总发射功率不超过 $P_T$,则有

$$\sum_{k=1}^{K}\sum_{l=1}^{L}\sum_{n=1}^{N} P_{k,n,l} \leqslant P_T \tag{8.8}$$

在采用 OFDMA 接入方式的 CR 系统中,总容量可以表示为:

$$C = \sum_{k=1}^{K} \sum_{l=1}^{L} \sum_{n=1}^{N} \Omega_{k,n,l} \log_2 (1 + P_{k,n,l} \gamma_{k,n,l}) \tag{8.9}$$

其中，$\Omega_{k,n,l} \in \{0,1\}$ 为子载波分配因子且 $\sum_{n=1}^{N} \Omega_{k,n,l} \leqslant 1$。考虑到总功率限制和干扰限制，CR 系统中的频谱共享问题可以表示为：

$$\min \left\{ - \sum_{k=1}^{K} \sum_{l=1}^{L} \sum_{n=1}^{N} \Omega_{k,n,l} \log_2 (1 + P_{k,n,l} \gamma_{k,n,l}) \right\}$$

$$\text{s. t. } \sum_{n=1}^{N} \Omega_{k,n,l} \leqslant 1, k = 1, \cdots, K, \quad l = 1, \cdots, L;$$

$$\sum_{k=1}^{K} \sum_{l=1}^{L} \sum_{n=1}^{N} P_{k,n,l} - P_T \leqslant 0;$$

$$\sum_{l=1}^{L} \sum_{n=1}^{N} P_{k,n,l} + \frac{(d_k^{CT})^2 P_0}{\eta_{CT} \ln \zeta} \leqslant 0, k = 1, \cdots, K';$$

$$- P_{k,n,l} \leqslant 0, k = 1, \cdots, K; n = 1, \cdots, N; l = 1, \cdots, L \tag{8.10}$$

Jiho Jang 等人在本章参考文献[18]中证明了最优化下行多用户 OFDM 系统容量的子载波分配方式是将各子载波分配给在该子载波上信道信噪比 SNR 最高的用户。类似地，在 CR 系统中有如下结论。

**定理**（最大信道信干噪比原则）：在系统总发射功率和对授权用户干扰受限的条件下，在采用 OFDMA 接入方式的下行 CR 系统中，最优化系统容量的子载波分配方法是将各子载波分配给在该子载波上信道 SINR 最高的 CR 用户，即

$$u_{k,l} = \arg \max_{n} \gamma_{k,n,l}$$

$$\Omega_{k,u_{k,l}} = \begin{cases} 1 & n = u_{k,l} \\ 0 & n \neq u_{k,l} \end{cases} \tag{8.11}$$

**证明**：假设 CR 基站分配给第 $k$ 个 TV 频段第 $l$ 个子载波上的功率值为 $P_{k,l}$，$P_{k,l}$ 为满足总发射功率限制和对授权用户干扰限制 $P_k$ 的任意值，即

$$\sum_{k=1}^{K} \sum_{l=1}^{L} P_{k,l} \leqslant P_T$$

$$\sum_{l=1}^{L} P_{k,l} \leqslant P_k, k = 1, \cdots, K' \tag{8.12}$$

假设第 $k$ 个 TV 频段第 $l$ 个子载波被分配给第 $n$ 个 CR 用户使用，该子载波上的信道容量为：

$$C_{k,n,l} = \log_2 (1 + P_{k,l} \gamma_{k,n,l}) \tag{8.13}$$

由(8.13)可见，当且仅当第 $k$ 个 TV 频段第 $l$ 个子载波被分配给该子信道 SINR 最大的 CR 用户时，该子信道的信道容量最大，得到

$$\hat{C}_{k,n,l} = \arg \max_n \log_2(1 + P_{k,l}\gamma_{k,n,l}) = \log_2(1 + P_{k,l}\gamma_{k,u_{k,l},l}) \tag{8.14}$$

其中，

$$u_{k,l} = \arg \max_n \gamma_{k,n,l} \tag{8.15}$$

考虑到 $P_{k,l}$ 的任意性，系统内某个子载波分配给某个 CR 用户不会影响其他子载波的分配结果，因此，各子载波信道容量的最大化等价于系统总信道容量的最大化。从而，上述定理成立。

采用式(8.11)实现 CR 系统的子载波分配后，资源分配最优化问题(8.10)可以进一步简化为：

$$\boldsymbol{P}^* = \arg \min_P J(\boldsymbol{P}), J(\boldsymbol{P}) = -\Big[\sum_{k=1}^{K}\sum_{l=1}^{L}\log_2(1 + P_{k,u_{k,l},l}\gamma_{k,u_{k,l},l})\Big]$$

$$\text{s. t.} \sum_{l=1}^{L}P_{k,u_{k,l},l} + \frac{(d_k^{CT})^2 P_0}{\eta_{CT}\ln\zeta} \leqslant 0, k = 1,\cdots,K'$$

$$\sum_{k=1}^{K}\sum_{l=1}^{L}P_{k,u_{k,l},l} - P_T \leqslant 0$$

$$-P_{k,u_{k,l},l} \leqslant 0, k = 1,\cdots,K, \quad l = 1,\cdots,L \tag{8.16}$$

其中 $\boldsymbol{P}$ 表示 $KL \times l$ 的向量，其元素为 $P_{k,u_{k,l},l}$。

考察目标函数，$J(\boldsymbol{P})$ 的一阶偏导和二阶导数：

$$\frac{\partial J(\boldsymbol{P})}{\partial P_{k,u_{k,l},l}} = -\frac{\gamma_{k,u_{k,l},l}}{\ln 2(1 + P_{k,u_{k,l},l}\gamma_{k,u_{k,l},l})} \tag{8.17}$$

$$\frac{\partial^2 J(\boldsymbol{P})}{\partial P_{k,u_{k,l},l}\partial P_{k',u_{k',l'},l'}} = 0, k \neq k' \text{ 或 } l \neq l' \tag{8.18}$$

$$\frac{\partial^2 J(\boldsymbol{P})}{\partial P_{k,u_{k,l},l}^2} = \frac{\gamma_{k,u_{k,l},l}^2}{[\ln 2(1 + P_{k,u_{k,l},l}\gamma_{k,u_{k,l},l})]^2}; \tag{8.19}$$

从而在 $J(\boldsymbol{P})$ 问题(8.16)的可行域内为凸函数。则问题(8.16)为标准的凸优化问题，其最优解 $P_{k,u_{k,l},l}^*$，满足 KKT 条件[19]

$$-\frac{\gamma_{k,u_{k,l},l}}{\ln 2(1 + P_{k,u_{k,l},l}^*\gamma_{k,u_{k,l},l})} + \lambda_0 + \lambda_k - \lambda_{k,l} = 0 \tag{8.20}$$

$$\lambda_0\Big(\sum_{l=1}^{L}\sum_{n=1}^{N}P_{k,u_{k,l},l} - P_T\Big) = 0 \tag{8.21}$$

$$\lambda_k\Big[\sum_{l=1}^{L}P_{k,u_{k,l},l}^* + \frac{(d_k^{CT})^2 P_0}{\eta_{CT}\ln\zeta}\Big] = 0 \tag{8.22}$$

$$\lambda_{k,l}P_{k,u_{k,l},l}^* = 0 \tag{8.23}$$

其中，$\lambda_0,\lambda_k$ 和 $\lambda_{k,l}$ 为非负常数。

由式(8.20)可得,最优功率分配结果 $P_{k,u_{k,l},l}^{*}$ 为:

$$P_{k,u_{k,l},l}^{*} = \frac{1}{\ln 2(\lambda_0 + \lambda_k - \lambda_{k,l})} - \frac{1}{\gamma_{k,u_{k,l},l}} \qquad (8.24)$$

尽管式(8.24)中最优解的结构与注水算法[20]中最优解的结构类似,然而由于最优化问题(8.16)含有多重限制条件,因此式(8.24)中含有多个待定常数,其最优解的确定更为复杂。根据 KKT 条件结合式(8.24)中最优解的结构,本文给出双注水算法来求解最优功率分配结果 $P_{k,u_{k,l},l}^{*}$,其过程如下。

第 1 步:利用注水算法解以下最优化问题以确定注水常数 $\mu_0^{(0)}$ 和 $\mu_k$,并令 $t=0$。

$$\max \sum_{k=1}^{K} \sum_{l=1}^{L} \log_2(1 + P_{k,u_{k,l},l} \gamma_{k,u_{k,l},l}),$$

$$\text{s. t.} \sum_{k=1}^{K} \sum_{l=1}^{L} P_{k,u_{k,l},l} - P_T \leqslant 0$$

$$P_{k,u_{k,l},l} \geqslant 0 \qquad (8.25)$$

$$\max \sum_{l=1}^{L} \log_2(1 + P_{k,u_{k,l},l} \gamma_{k,u_{k,l},l}),$$

$$\text{s. t.} \sum_{l=1}^{L} P_{k,u_{k,l},l} + \frac{(d_k^{CT})^2 P_0}{\eta_{CT} \ln \zeta} \leqslant 0$$

$$P_{k,u_{k,l},l} \geqslant 0, k = 1, \cdots, K' \qquad (8.26)$$

其中,式(8.25)的非零最优解为 $\mu_0^{(0)} - 1/\gamma_{k,u_{k,l},l} = 0$,式(8.26)的非零最优解为 $\mu_k - 1/\gamma_{k,u_{k,l},l} = 0$。

第 2 步:,比较 $\mu_k$ 和 $\mu_0^{(t)}$,在集合 $\Psi(t)$ 中记录所有小于 $\mu_0^{(t)}$ 的 $\mu_k$ 下标,在集合 $\Delta\Psi(t)$ 中记录 $\Psi(t)$ 相比 $\Psi(t-1)$ 增加的元素。令 $\Delta\Psi(0) = \Psi(0)$。

第 3 步:考查 $\Delta\Psi(t)$ 是否为空集。如果 $\Delta\Psi(t)$ 非空,令 $t=t+1$ 并利用注水算法解以下最优化问题以确定新的注水常数 $\mu_0^{(t)}$。

$$\max \sum_{k=1, k \notin \Psi(t)}^{K} \sum_{l=1}^{L} \log_2(1 + P_{k,u_{k,l},l} \gamma_{k,u_{k,l},l}),$$

$$\text{s. t.} \sum_{k=1, k \notin \Psi(t)}^{K} \sum_{l=1}^{L} P_{k,u_{k,l},l} - P_T - \sum_{k \in \Psi(t)}^{K} \frac{(d_k^{CT})^2 P_0}{\eta_{CT} \ln \zeta} \leqslant 0$$

$$P_{k,u_{k,l},l} \geqslant 0 \qquad (8.27)$$

其中,式(8.27)的非零最优解为 $\mu_0^{(0)} - 1/\gamma_{k,u_{k,l},l} = 0$,跳至第 2 步。如果 $\Delta\Psi$ 为空集,则跳至第 4 步。

第 4 步:计算所有 $P_{k,u_{k,l},l}^{*}$

$$P_{k,u_{k,l},l}^{*} = \begin{cases} (\mu_k - 1/\gamma_{k,u_{k,l},l})^+, & k \in \Psi(t), l = 1, \cdots, L \\ (\mu_0^{(t)} - 1/\gamma_{k,u_{k,l},l})^+, & k \notin \Psi(t), l = 1, \cdots, L \end{cases} \qquad (8.28)$$

其中$(x)^+ = \max\{0, x\}$。

利用总功率$P_T$对所有子载波注水得到注水常数$\mu_0^{(0)}$,利用各 TV 频段的干扰受限电平值$-\dfrac{(d_k^{CT})^2 P_0}{\eta_{CT} \ln \zeta}$对相应 TV 频段内的子载波注水得到相应频段的注水常数$\mu_k$,$k = 1, \cdots, K'$,比较$\mu_0^{(0)}$和$\mu_k$的大小,可以发现$\mu_3, \mu_4$小于$\mu_0^{(0)}$,则第 3、4 个 TV 频段上应分得的总功率即分别为其干扰受限功率电平值$-\dfrac{(d_3^{CT})^2 P_0}{\eta_{CT} \ln \zeta}$,$-\dfrac{(d_4^{CT})^2 P_0}{\eta_{CT} \ln \zeta}$,这两个频段上各子载波的功率值即为$\mu_3 - 1/\gamma_{3, u_{3,l}, l} = 0$和$\mu_4 - 1/\gamma_{4, u_{4,l}, l} = 0$其中$l = 1, \cdots, L$。利用除第 3 个和第 4 个 TV 频段外的剩余总功率$P_T + \dfrac{(d_3^{CT})^2 P_0}{\eta_{CT} \ln \zeta} + \dfrac{(d_4^{CT})^2 P_0}{\eta_{CT} \ln \zeta}$对其他 TV 频段内的所有子载波重新注水,得到新的注水常数$\mu_0^{(1)}$,再次进行比较发现$\mu_1$和$\mu_{K'}$小于$\mu_0^{(1)}$,对第$l$和第$K'$ TV 频段进行和第 3、4 个 TV 频段内相同的操作,并得到新的注水常数$\mu_0^{(2)}$。再次比较发现没有哪个 TV 频段上的注水参数低于$\mu_0^{(2)}$,则循环结束。第 1、3、4 和$K'$频段以外的 TV 频段上各子载波的功率值都通过$\mu_0^{(2)} - 1/\gamma_{k, u_{k,l}, l}$计算得到。

由式(8.28)可得最终的功率分配结果。下面对双注水算法的最优性给予说明:由于最优化问题(8.16)为凸优化问题,要证明由式(8.28)解得的结果$P_{k, u_{k,l}, l}^*$为式(8.16)的最优解,即证明由式(8.28)解得的$P_{k, u_{k,l}, l}^*$满足式(8.20)中的 KKT条件。

证明:为了区别最优解和双注水算法得到的结果,将双注水算法得到的结果暂时记为$P_{k, u_{k,l}, l}^*$,将待定的 KKT 条件中的常数相应地记为$\lambda_0^*$,$\lambda_k^*$和$\lambda_{k,l}^*$且$l = 1, \cdots, L$,$k = 1, \cdots, K'$。

显然,第 4 步中的功率分配结果均为非负数,所以存在$\lambda_{k,l}^*$满足

$$\lambda_{k,l}^* \begin{cases} = 0, P_{k, u_{k,l}, l}^{**} > 0 \\ > 0, P_{k, u_{k,l}, l}^{**} = 0 \end{cases} \tag{8.29}$$

由双注水算法第 3 步知道,第 4 步中的功率分配结果是在保证总功率等于$P_T$的前提下得到的

$$\sum_{k=1}^{K} \sum_{l=1}^{L} P_{k, u_{k,l}, l}^{**} = P_T \tag{8.30}$$

所以,存在正数$\lambda_0^*$使得

$$\lambda_0^* \left( \sum_{k=1}^{K} \sum_{l=1}^{L} P_{k, u_{k,l}, l}^{**} - P_T \right) = 0 \tag{8.31}$$

由双注水算法第 1 步知道,第 4 步中$k \in \Psi(t)$TV 频段上的子载波功率是在保

证相应频段上总功率等于其干扰受限功率值的前提下得到的

$$\sum_{l=1}^{L} P_{k,u_{k,l},l}^{**} = -\frac{(d_k^{CT})^2 P_0}{\eta_{CT} \ln \zeta}, k \in \Psi(t) \tag{8.32}$$

所以,存在正数 $\lambda_k^*$,使得

$$\lambda_k^* \left[ \sum_{l=1}^{L} \sum_{l=1}^{L} P_{k,u_{k,l},l}^{**} + \frac{(d_k^{CT})^2 P_0}{\eta_{CT} \ln \zeta} \right] = 0 \tag{8.33}$$

且 $k \in \Psi(t)$。

比较最优解的结构式(8.24)和双注水算法所得到的结果式(8.28),可以找到一组常数

$$\lambda_0^* = \frac{1}{\ln 2 \mu_0^{(t)}} \tag{8.34}$$

$$\lambda_k^* = \begin{cases} 0, & k \notin \Psi(t) \\ \dfrac{1/\mu_k - 1/\mu_0^{(t)}}{\ln 2} & k \in \Psi(t) \end{cases} \tag{8.35}$$

$$\lambda_{k,l}^* = \begin{cases} \dfrac{(\gamma_{k,u_{k,l},l} - 1/\mu_0^{(t)})}{\ln 2}, & k \notin \Psi(t), P_{k,u_{k,l},l}^{**} = 0 \\ \dfrac{(\gamma_{k,u_{k,l},l} - 1/\mu_k)}{\ln 2}, & k \in \Psi(t), P_{k,u_{k,l},l}^{**} = 0 \\ 0, & P_{k,u_{k,l},l}^{**} \neq 0 \end{cases} \tag{8.36}$$

其中,$t$ 为双注水算法最终的迭代次数。将 $P_{k,u_{k,l},l}^{**}, \lambda_0^*, \lambda_k^*$ 和 $\lambda_{k,l}^*, l=1,\cdots,L$, $k=1,\cdots,K$ 相应代入 KKT 条件式(8.20)~式(8.23),可得 $P_{k,u_{k,l},l}^{**}$ 符合 KKT 条件,$\lambda_0^*, \lambda_k^*$ 和 $\lambda_{k,l}^*$ 即为所要待定的常数。

由此可以得出,由式(8.28)解得的 $P_{k,u_{k,l},l}^{**}$ 满足式(8.20)中的 KTT 条件,因此其结果为最优化问题式(8.16)的最优解。

## 8.2.4 仿真结果

下面给出所提最优自适应资源分配算法与传统的基于频谱空洞算法的性能比较结果。其中,仿真中所采用的传统算法的具体处理方法为:CR 系统仅可以使用处于空闲状态的 TV 频段(即频谱空洞),首先根据最大信道信干噪比原则将各子载波分配给在该子载波上信道 SINR 最大的 CPE,然后利用 WF 方法计算发射功率。为了描述方便,将此种基于频谱空洞的算法简称为 SH-WF 算法,将本文提出的基于干扰限制的算法简称为 IC-DWF 算法。

仿真环境设置如下:CR系统由一个CR基站和$N$个CPE构成;CPE和TV基站随机分布于环绕CR基站的圆上,半径分别为$r$和$R$;CR基站别离CR用户最近的TV用户的距离为$0.8R$。各发射机和接收机之间的信道服从Rayleigh分布,不考虑阴影效应且信道路径衰耗与两者距离的平方成反比,接收机的噪声为AWGN。

参考IEEE802.22相关标准,其他具体参数的设置如表8-1所示。

**表8-1 参数设置**

| | |
|---|---|
| CPE 数 | $N = 1\,000$ |
| TV 基站数 | $K = 10$ |
| 每个频段包含子载波数 | $L = 128$ |
| TV 基站发射功率 | $P_k = 10^4$ W |
| CR 基站最大发射功率 | $P_T = 200$ W |
| CPE 到 CR 基站的距离 | $r = 25.4$ km |
| 干扰闲置 | $P_0 = 10^{-3}$ W,$\zeta = 10^{-3}$ |
| 路径衰耗常数 | $\eta_{CR}$,$\eta_{CT}$,$\eta_{TC} = 3.225\,8 \times 10^6$ |
| 噪声 | $\sigma^2 = 10^{-2}$ |

如图8-2所示为系统设置不同的最大容许干扰概率$\zeta$的情况下采用IC-DWF算法的CR系统对TV用户的干扰概率,其中干扰概率定义为CR基站对离其最近的TV用户的干扰电平超过$P_0$的概率。从图中可以看出,IC-DWF算法的干扰概率与设定的系统最大容许干扰概率$\zeta$完全一致,从而说明采用IC-DWF算法可以有效保护TV用户免受有害干扰。

图8-3为SH-WF算法与IC-DWF算法的系统容量随TV基站和CR基站之间距离变化的结果。由图可以做出以下比较:(1)当所有TV基站都处于空闲状态时,两种算法的系统容量相同;随着处于工作状态的TV基站数的增加,IC-DWF算法的系统容量高于SH-WF算法且两者之间的差距随之增加;当所有TV基站均处于工作状态时,SH-WF算法的系统容量为零且IC-DWF算法仍然可以提供数据通信。(2)当工作状态TV基站数设置情况相同时,随着TV基站和CR基站之间距离的增大,TV系统和CR系统之间的相互干扰变弱,IC-DWF算法的系统容量逐渐趋近于最大系统容量,即TV基站全部处于空闲状态时的系统容量;而SH-WF算法不会因为TV系统和CR系统之间的相互干扰变弱而获得系统容量增益。

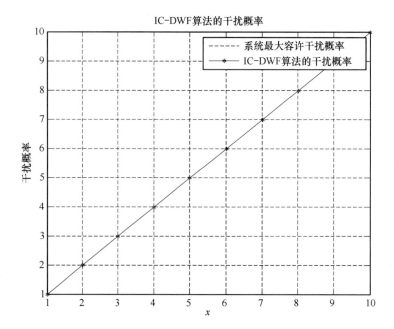

图 8-2　IC-DWF 算法的干扰概率

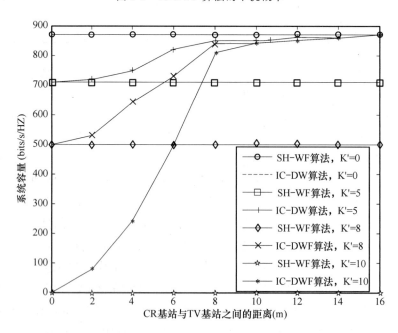

图 8-3　IC-DWF 与 SH-WF 算法系统容量比较

## 8.2.5 结论

为了实现 CR 系统与授权用户以及 CR 用户间的和谐共存并提高 CR 系统中的系统容量,提出了一种适用于 IEEE802.22 等基站中心控制的 CR 系统下行链路的自适应资源分配算法。在分析 CR 用户对授权用户的干扰并给出设置干扰限制的方法的基础上,借助最优化理论给出了最优资源分配方案。仿真结果表明,所提算法不仅可以使授权用户免受有害干扰,而且使 CR 系统的容量显著提高。

# 8.3 最大化信息传输速率的下行 CR 系统资源分配算法

最优自适应资源分配算法从系统容量的角度给出了最优的子载波和功率分配方案。然后在实际系统中,依赖于具体的调制编码方式,系统所能达到的信息传输速率总低于理论上的系统容量。因此,以信息传输速率的最优化为目标相比容量最优化更符合实际系统设计的需要。

本节提出了一种适用于下行 CR 系统的正交频分多址接入资源分配算法,在总发射功率、BER 和对授权用户的干扰受限的条件下最大化系统信息传输速率。本算法可分两步实现:首先通过比较各认知用户在各子载波上的信道 SINR 实现子载波分配;然后利用凸优化理论求解非负实数域内的比特数和功率值的最优解并将其调整为符合实际系统需要的比特数和功率值,实现比特和功率分配。仿真结果表明,相比传统的基于频谱空洞的资源分配算法,本算法可以提供显著的系统信息传输速率增益。

## 8.3.1 优化问题描述

仍然采用图 8-1 中的系统模型。具体参数描述如下:利用 OFDM 技术,CR 系统将每个 TV 频段划分为 $L$ 个子载波,并假设每个子载波的带宽为 1 Hz,使每个 TV 频段可以同时为多个 CPE 的复信道系数。考虑到 CR 系统与 TV 系统的相互干扰,用 $h_{k,n}^{TC}$ 表示第 $k$ 个 TV 基站到第 $n$ 个 CPE 的复信道系数,而 $h_{k,w}^{TC}$ 表示 CR 基站到第 $k$ 个 TV 系统中第 $m$ 个 TV 用户的复信道系数。在无线环境下,各信道增益受路径损耗、阴影效应和快衰落损耗影响,呈现随机分布。

在此固定无线接入系统中,CR 基站容易知道 CPE、TV 基站、TV 用户的位置和它们是否处于工作状态。假设前 $K'$ 个 TV 系统处于工作状态,其他 TV 系统处于闲置状态。且认为 TV 系统的状态在每次 CR 系统资源分配过程中保持不变。第 $k$ 个处于工作状态的 TV 基站发射功率为 $P_k^{TV}$,闲置状态的 TV 基站发射功率为 0。

定义 $\Omega_{k,n,l} \in \{0,1\}$ 为子载波分配因子,$\Omega_{k,n,l}=1$ 表示第 $k$ 个 TV 频段上的第 $l$ 个子载波分配给第 $n$ 个 CPE 使用。在 OFDMA 系统中,每个子载波最多允许一个用户使用,因此,

$$\sum_{n=1}^{N} \Omega_{k,n,l} \leqslant 1 \tag{8.37}$$

用 $P_{k,n,l}$ 表示第 $k$ 个 TV 频段第 $l$ 个子载波上 CR 基站对第 $n$ 个 CPE 的发射功率,CR 系统的总发射功率不超过 $P_T$,则有

$$\sum_{k=1}^{K} \sum_{l=1}^{L} \sum_{n=1}^{N} P_{k,n,l} \leqslant P_T \tag{8.38}$$

用 $\gamma_{k,n,l}$ 表示第 $k$ 个 TV 频段第 $l$ 个子载波上 CR 基站到第 $n$ 个 CPE 的信道 SINR。假设各子载波上的高斯噪声功率均为 $\sigma^2$,$\gamma_{k,n,l}$ 可以表示为

$$\gamma_{k,n,l} = \begin{cases} \dfrac{\left\| h_{k,n,l} \right\|^2}{P_k^{TV} \left\| h_{k,n}^{TC} \right\|^2 / L + \sigma^2} & k=1,\cdots,K' \\[4mm] \dfrac{\left\| h_{k,n,l} \right\|^2}{\sigma^2} & k=K'+1,\cdots,K' \end{cases} \tag{8.39}$$

采用 8.2.2 中的干扰限制分析方法,同样可以得到 CR 系统的干扰限制可以表示为 $K'$ 个线性不等式约束

$$\sum_{n=1}^{N} \sum_{l=1}^{L} P_{k,n,l} \leqslant - \frac{(d_k^{CT})^2 P_0}{\eta_{CT} \ln \zeta}, k=1,\cdots,K' \tag{8.40}$$

其中,$d_k^{VT}$ 表示 CR 基站到第 $k$ 个 TV 系统中距离 CR 基站最近的 TV 用户的距离。

用 $b_{k,n,l}$ 表示一个发送符号内第 $k$ 个 TV 频段第 $l$ 个子载波所承载的第 $n$ 个 CPE 的信息比特数。假设自适应系统采用星座图为方形的 M-QAM,则各子载波单位符号内所能承载的比特数 $b_{k,n,l}$ 为非负偶数,即 $b_{k,n,l}=0,2,4\cdots$,则第 $k$ 个 TV 频段第 $l$ 个子载波上的瞬时 BER 服从如下近似公式

$$p_b(b_{k,n,l}, P_{k,n,l}, \gamma_{k,n,l}) = 0.2 \exp\left( -\frac{1.6 P_{k,n,l} \gamma_{k,n,l}}{2^{b_{k,n,l}} - 1} \right) \tag{8.41}$$

假设系统所能容忍的最高 BER 为 $p_{b0}$,则第 $k$ 个 TV 频段第 $l$ 个子载波上承载的比特数和加载功率值应满足以下关系

$$P_{k,n,l} = \frac{\ln(5 p_{b_0})(2^{b_{k,n,l}} - 1)}{1.6 \gamma_{k,n,l}} \tag{8.42}$$

本节主要研究 CR 系统下行链路中的 OFDMA 资源分配问题,即在总发射功率、BER 和对授权用户的干扰受限的条件下,通过确定合理的子载波分配因子 $\Omega_{k,n,l}$、

比特数 $b_{k,n,l}$ 和功率值 $P_{k,n,l}$ 最大化系统信息传输速率,即 $\max \sum\limits_{k=1}^{N} \sum\limits_{k=1}^{K} \sum\limits_{l=1}^{L} b_{k,n,l}$。在确定了 CR 系统的干扰限制后,所研究的 OFDMA 资源分配问题可以表示为

$$\max \sum_{k=1}^{K} \sum_{l=1}^{L} \Omega_{k,n,l} \cdot b_{k,n,l}$$

$$\text{s. t.} \sum_{n=1}^{N} \Omega_{k,n,l};$$

$$\sum_{k=1}^{K} \sum_{l=1}^{L} \sum_{n=1}^{N} P_{k,n,l} \leqslant P_T; \tag{8.43}$$

$$P_{k,n,l} = -\frac{\ln(5p_{b_0})(2^{b_{k,n,l}} - 1)}{1.6\gamma_{k,n,l}};$$

$$\sum_{n=1}^{N} \sum_{l=1}^{L} P_{k,n,l} \leqslant -\frac{(d_k^{CT})^2 P_0}{\eta_{CT} \ln\zeta}, k = 1, \cdots, K';$$

$$\Omega_{k,n,l} \in \{0,1\}, P_{k,n,l} \geqslant 0, b_{k,n,l} \in \{0,2,4,\cdots\}$$

## 8.3.2 最优的子载波分配方案

优化问题式(8.43)是一个包括子载波、功率和比特数在内的联合优化问题,处理起来非常复杂。然而,通过证明可以得到,优化问题式(8.43)可以等效转化为两步问题:先实现子载波分配,然后实现功率和比特分配。

**定理:**对在总发射功率、BER 和对授权用户干扰受限的条件下,在采用星座图为方形的 M-QAM 的自适应系统中,最大化系统信息传输速率的子载波分配方法是将各子载波分配给在该子载波上信道 SINR 最高的 CR 用户,即

$$v_{k,l} = \arg \max \gamma_{k,n,l}, \Omega_{k,n,l} = 1 \tag{8.44}$$

**证明:**假设 CR 基站分配给第 $k$ 个 TV 频段第 $l$ 个子载波的功率值为 $\widetilde{P}_{k,l}$,$\widetilde{P}_{k,l}$ 为满足总发射功率限制 $P_T$ 和对授权用户干扰限制 $P_K$ 的任意值,即

$$\sum_{k=1}^{K} \sum_{l=1}^{L} \widetilde{P}_{k,l} \leqslant P_T$$

$$\sum_{l=1}^{L} \widetilde{P} \leqslant P_k, k = 1, \cdots, K' \tag{8.45}$$

假设第 $k$ 个 TV 频段第 $l$ 个子载波被分配给第 $n$ 个 CPE 使用,且所加载的信息比特数为 $\overline{b}_{k,n,l}$,则根据式(8.41),该子载波上的瞬时 BER 为

$$\widetilde{P}_b \approx 0.2\exp\left(-\frac{1.6\widetilde{P}_{k,l}\gamma_{k,n,l}}{2^{b_{k,n,l}} - 1}\right) \tag{8.46}$$

其中，$\gamma_{k,n,l}$ 为第 $n$ 个 CPE 在第 $k$ 个 TV 频段第 $l$ 个子载波上的信道 SINR。

考虑到系统的 BER 限制，

$$\widetilde{P}_b \approx 0.2\exp\left(-\frac{1.6\widetilde{P}_{k,l}\gamma_{k,n,l}}{2^{b_{k,n,l}}-1}\right) \leqslant p_{b_0} \tag{8.47}$$

第 $k$ 个 TV 频段第 $l$ 个子载波上所能承载的第 $n$ 个 CPE 的最大信息比特数为

$$\bar{b}_{k,n,l} \leqslant \log_2\left(1-\frac{1.6\widetilde{P}_{k,l}\gamma_{k,n,l}}{\ln(5p_{b_0})}\right) \tag{8.48}$$

由于 $p_{b_0} \ll 1$，$\log_2(5p_{b_0}) < 0$，因此第 $k$ 个 TV 频段第 $l$ 个子载波上所能承载的最大信息比特数是关于信道 SINR 的增函数。因此，把第 $k$ 个 TV 频段第 $l$ 个子载波分配给信道 SINR 最大的用户，即

$$v_{k,l} = \arg\max\gamma_{k,n,l}, \Omega_{k,n,l} = 1 \tag{8.49}$$

可以使该子载波上的信息传输速率最大化。考虑到 $\widetilde{P}_{k,l}$ 的任意性，各子载波信息传输速率的最大化等价于系统信息传输速率的最大化。从而上述定理成立。

### 8.3.3 功率和比特加载方案

确定了对授权用户的干扰限制并且实现了子载波分配后，优化问题简化为

$$\max \sum_{k=1}^{K}\sum_{l=1}^{L}b_{k,v_{k,l},l}$$

$$\mathrm{s.t.} \sum_{l=1}^{L}\mathrm{P}_{k,v_{k,l},l} \leqslant -\frac{(d_k^{CT})^2 P_0}{\eta_{CT}\ln\zeta}, k=1,\cdots,K';$$

$$\sum_{k=1}^{K}\sum_{l=1}^{L}P_{k,v_{k,l},l} \leqslant P_T;$$

$$P_{k,v_{k,l},l} = -\frac{\ln(5p_{b_0})(2^{b_{k,v_{k,l},l}}-1)}{1.6\gamma_{k,v_{k,l},l}};$$

$$P_{k,v_{k,l},l} \geqslant 0, b_{k,v_{k,l},l} \in \{0,2,4,\cdots\}. \tag{8.50}$$

由于 $b_{k,v_{k,l},l} \in \{0,2,4,\cdots\}$，式(8.50)是一个难以处理的整数规划问题。如果抛弃对 $b_{k,v_{k,l},l}$ 的偶数限制，在实数域内考察以下优化问题

$$\min - \sum_{k=1}^{K}\sum_{l=1}^{L}b_{k,v_{k,l},l}$$

$$\mathrm{s.t.} \sum_{k=1}^{K}\sum_{l=1}^{L}\frac{\ln(5p_{b_0})(2^{b_{k,v_{k,l},l}}-1)}{1.6\gamma_{k,v_{k,l},l}} - P_T \leqslant 0;$$

$$\sum_{l=1}^{L}\frac{\ln(5p_{b_0})(2^{b_{k,v_{k,l},l}}-1)}{1.6\gamma_{k,v_{k,l},l}} + \frac{(d_k^{CT})^2 P_0}{\eta_{CT}\ln\zeta} \leqslant 0;$$

$$-b_{k,v_{k,l},l} \leqslant 0 \tag{8.51}$$

容易发现问题(8.51)为非线性不等式约束的凸优化问题,其最优解 $b^*_{k,v_{k,l},l}$ ($k=1,\cdots,K$ 且 $l=1,\cdots,L$)必须满足 KKT 条件

$$-1 + \frac{\lambda_0 \ln(5p_{b0})\ln2 \cdot 2^{b^*_{k,v_{k,l},l}}}{1.6\gamma_{k,v_{k,l},l}} + \frac{\lambda_k \ln(5p_{b0})\ln2 \cdot 2^{b^*_{k,v_{k,l},l}}}{1.6\gamma_{k,v_{k,l},l}} - \lambda_{k,l} = 0;$$

$$\lambda_0 \left[ \sum_{K=1}^{K} \sum_{l=1}^{L} \frac{\ln(5p_{b0})(2^{b^*_{k,v_{k,l},l}}-1)}{1.6\gamma_{k,v_{k,l},l}} + \frac{(d_k^{CT})^2 P_0}{\eta_{CT}\ln\zeta} \right] = 0, k=1,\cdots,K';$$

$$-\lambda_{k,l} b^*_{k,v_{k,l},l} = 0;$$

$$\lambda_0, \lambda_k, \lambda_{k,l} \geqslant 0. \tag{8.52}$$

其中,$\lambda_0$,$\lambda_k$,$\lambda_{k,l}$ 为常数。由式(8.52)和式(8.46)可以得到非负实数域内比特和功率分配最优解的结构为

$$b^*_{k,v_{k,l},l} = \log_2 \left( \frac{1.6\gamma_{k,v_{k,l},l}(1+\gamma_{k,l})}{(\lambda_0+\lambda_k)\ln(5p_{b0})\ln 2} \right) \tag{8.53}$$

$$P^*_{k,v_{k,l},l} = \frac{\ln(5p_{b0})}{1.6\gamma_{k,v_{k,l},l}} - \frac{1+\gamma_{k,l}}{(\lambda_0+\lambda_k)\ln2} \tag{8.54}$$

且当时 $b^*_{k,v_{k,l},l}>0$,$\lambda_{k,l}=0$。

式(8.54)中功率分配的结果可以看作 $\ln(5p_{b0})/1.6\gamma_{k,v_{k,l},l}$ 和一个常数之和。为了确定这个常数,引入 $K'+1$ 个辅助常数 $\mu_0$ 和 $\mu_k$,$k=1,\cdots,K'$。考虑到式(8.53)和式(8.54)中最优解的结构,给出如下方法计算优化问题式(8.51)中的最优解:

**步骤 1:**通过如下方法计算常数 $\mu_0$:

ⅰ. 把所有 $\hat{\gamma}_{k,v_{k,l},l}$ 值进行降序排列存于向量 $\hat{\gamma}$ 中,$\hat{\gamma}_m$ 为排序后的第 $m$ 个元素,$M$ 表示向量 $\hat{\gamma}$ 元素的个数。

ⅱ. 计算 $\mu_0$ 的初始值和各子载波的功率值

$$\mu_0 = \frac{P_T - \dfrac{\ln(5p_{b0})}{1.6} \displaystyle\sum_{m=1}^{M} \frac{1}{\hat{\gamma}_m}}{M} \tag{8.55}$$

$$P_m = \mu_0 + \frac{\ln(5p_{b0})}{1.6\hat{\gamma}_m} \tag{8.56}$$

ⅲ. 如果对于 $m=1,\cdots,M$,存在 $P_m<0$,则令 $M$ 为功率值大于 0 的子载波的个数,并利用式(8.55)和式(8.56)重新计算值和各子载波功率值,如此循环直到前 $M$ 个功率值均不小于 0。

**步骤 2:**对于 $k=1,\cdots,K'$ 利用与步骤 1 中类似的方法计算 $\mu_k$:

ⅰ．把第 $k$ 个 TV 频段上的所有的 $\hat{\gamma}_{k,v_{k,l},l}$ 值进行降序排列存于向量 $\hat{\gamma}^k$ 中，$\hat{\gamma}_m^k$ 为排序后的第 $m$ 个元素，$M_k$ 表示向量 $\hat{\gamma}_m^k$ 的元素个数。

ⅱ．计算 $\mu_k$ 的初始值和第 $k$ 个 TV 频段上各子载波的功率值

$$\mu_k = \frac{\dfrac{-(d_k^{CT})^2 P_0}{\eta_{CT}\ln\zeta} - \dfrac{\ln(5p_{b0})}{1.6}\sum_{m=1}^{M_k}\dfrac{1}{\hat{\gamma}_m^k}}{M_k} \tag{8.57}$$

$$P_m^k = \mu_0 + \frac{\ln(5p_{b0})}{1.6\hat{\gamma}_m^k} \tag{8.58}$$

ⅲ．如果对于 $m=1,\cdots,M_k$，存在 $P_m^k<0$，则令 $M_k$ 为功率值大于 0 的子载波的个数，并利用式（8.57）和式（8.58）重新计算 $u_k$ 值和各子载波功率值，如此循环直到前 $M_k$ 个功率值均不小于 0。

**步骤 3：** 分别比较各个 $\mu_0$ 和 $\mu_k$ 的大小，将所有小于 $\mu_0$ 的 $\mu_k$ 的编号存于集合 $\Phi$ 中，其元素个数记为 $x$；其他 TV 频段的编号存于集合 $\Psi$ 中，其元素个数记为 $y$；用 $\Delta x$ 表示集合 $\Phi$ 中新增加的元素个数，并令其初始值为 $\Delta x=x$。

**步骤 4：** 如果 $\Delta x\neq0$ 并且 $y\neq0$，利用如下步骤更新 $\mu_0$ 值：

ⅰ．把集合 $\Psi$ 中元素所对应的 TV 频段中所有 $\hat{\gamma}_{k,v_{k,l},l}$ 值进行降序排列存于向量 $\hat{\gamma}^\Psi$ 中，$\hat{\gamma}_m^\Psi$ 为排序后的第 $m$ 个元素，$M_\Psi$ 表示向量 $\hat{\gamma}^\Psi$ 的元素个数。

ⅱ．计算 $\mu_0$ 值和相应各子载波的功率值

$$\mu_0 = \frac{P_T + \sum_{k\in\Phi}\dfrac{(d_k^{CT})^2 P_0}{\eta_{CT}\ln\zeta} - \dfrac{\ln(5p_{b_0})}{1.6}\sum_{m=1}^{M_\Psi}\dfrac{1}{\hat{\gamma}_m^\Psi}}{M_\Psi} \tag{8.59}$$

$$P_m^\Psi = \mu_0 + \frac{\ln(5p_{b_0})}{1.6\hat{\gamma}_m^\Psi} \tag{8.60}$$

ⅲ．如果对于 $m=1,\cdots,M_\Psi$，存在 $P_m^\Psi<0$，则令 $M_\Psi$ 为功率值大于 0 的子载波的个数，并利用式（8.59）和式（8.60）重新计算 $\mu_0$ 值和相应各子载波功率值，如此循环直到前 $M_\Psi$ 个功率值均不小于 0。

ⅳ．更新集合 $\Phi$ 和，$x,y$ 和 $\Delta x$ 的值，重复步骤 4 直到 $\Delta x=0$ 为止。

**步骤 5：** 计算实数域内最优功率和比特分配结果

$$P_{k,v_{k,l},l}^* = \begin{cases} \left[\mu_k + \dfrac{\ln(5p_{b_0})}{1.6\hat{\gamma}_{k,v_{k,l},l}}\right]^+ & k\in\Phi \\[4mm] \left[\mu_0 + \dfrac{\ln(5p_{b_0})}{1.6\hat{\gamma}_{k,v_{k,l},l}}\right]^+ & k\in\Psi \end{cases} \tag{8.61}$$

$$b_{k,v_{k,l},l}^{*} = \log_2 \left[ 1 - \frac{1.6\hat{\gamma}_{k,v_{k,l},l}P_{k,v_{k,l},l}^{*}}{\ln(5p_{b_0})} \right] \tag{8.62}$$

其中，$(a)^+ = \max\{a,0\}$。

容易验证，式(8.61)和式(8.62)所得到的比特和功率分配结果符合式(8.52)中的 KKT 条件，是优化问题式(8.51)的最优解。然而，实际系统中可选用的比特数为离散值，因此式(8.62)中的连续比特数结果无法满足实际系统的需要。为了解决这一问题，在采用方形 M-QAM 自适应系统中，给出如下方法对实数域内的比特数进行调整：

**步骤 1**：将 $b_{k,v_{k,l},l}^{*}$ 调整为小于它的最大偶数，并利用式(8.42)中比特数和功率值的关系重新计算功率值。

**步骤 2**：计算每个子载波上增加 2 个比特时所需的功率增量

$$\Delta P_{k,l} = -\frac{3\ln(p_{b0})2^{b_{k,v_{k,l},l}^{*}}}{1.6\hat{\gamma}_{k,v_{k,l},l}} \tag{8.63}$$

**步骤 3**：类似贪婪算法，选出最小功率增量 $\Delta P_{k,l}$ 和其对应子载波，如果所有子载波的功率之和增加 $\Delta P_{k,l}$ 后不超过 $P_T$，则考察该子载波所在 TV 频段上的总功率增加 $\Delta P_{k,l}$ 后是否超过干扰限制 $(d_k^{CT})^2 P_0/\eta_{CT}\ln\zeta$；如果不超过，则在该子载波上增加 2 个比特和 $\Delta P_{k,l}$ 的功率，即 $b_{k,v_{k,l},l}^{*} = b_{k,v_{k,l},l}^{*} + 2$，$P_{k,v_{k,l},l}^{*} = P_{k,v_{k,l},l}^{*} + \Delta P_{k,l}$，并利用式(8.63)重新计算该子载波上再加两个比特所需的功率增量，否则，将该子载波所在的 TV 频段上的所有子载波功率增量都设为一个极大的数，以使该 TV 频段内所有的子载波都不再参与增加比特数的操作。

经过以上调整后，各子载波比特数和功率值均可以满足式(8.50)中优化问题的约束，并能接近或达到最优分配结果。

下面对所提算法的复杂度进行分析。为了简单起见，只考虑运算过程中加减乘除和排序的复杂度，并以浮点运算次数为单位。首先考虑双迭代算法的复杂度。假设步骤 1 中经过了 $t_1$（$t_1 \ll KL$）次循环，各次循环中 $M$ 的值分别为 $M_1, \cdots, M_t$（$KL \geqslant M_1 > M_2 > \cdots > M_{t_1}$），则运算次数约为 $O[(KL)\log_2(KL)] + \sum_{i=1}^{t_1}(M_i + 3)$，其中前一部分来自第 ⅰ 步中的排序，后一部分来自第 ⅱ 步和第 ⅲ 步中的循环计算。同样的可以得到步骤 2 中的浮点运算次数约为 $\sum_{k=1}^{K'} O[(L)\log_2(L)] + \sum_{i=1}^{t_{k2}}(M_{ki} + 3)$，其中 $t_{k2}$（$t_{k2} \ll L$）表示针对第 $k$ 个子载波上运算所需的循环次数，各次循环中 $M_k$ 的值分别为 $M_{ki}$。假设步骤 3 和步骤 4 中的 $\mu_0$ 经过了 $t_3$ 次更新，各

次更新过程中 $\Psi$ 中的元素个数分别为 $K_1, \cdots, K_{t3}$，则这两步骤中所需的浮点运算

次数为 $\sum_{t=1}^{t3} O\{O[(K_t L)\log_2(K_t L)]\log_2 \sum_{i=1}^{n_2}(M'_i+3)\}$，其中 $n_t$ 表示第 $t$ 次更新中步

骤 4 中所需的循环次数，$M'_i$ 表示第 $i$ 次循环中 $M_\Psi$ 的值。步骤 5 的浮点运算次数

约为 $3KL$。

将 2 个比特定义为 1 个比特单元，比特调整过程中的复杂度与贪婪算法类似，与子载波个数和算法所加载比特单元数的乘积成正比。值得注意的是，贪婪算法所加载比特数为系统总比特单元数，而因为每个子载波上最多仅需要调整 1 个比特单元，所提算法比特调整过程中所加载的比特单元数不超过 $KL$。

## 8.3.4 仿真结果

为了验证本节资源分配算法的性能，给出本文算法与传统的基于频谱空洞的资源分配算法的性能比较结果。其中，仿真中所采用的传统资源分配算法的具体处理方法为：首先确定可用子载波集合，如果一个 TV 频段有 TV 用户接入，则该 TV 频段的所有子载波均不可被 CPE 使用，否则该 TV 频段所有子载波均为可用子载波；然后，实现子载波分配，即把各子载波分配给在其子载波上具有最大信道增益的用户；最后，利用贪婪算法实现比特和功率分配。在下面的描述中，将此种基于频谱空洞的算法简称为 SH-G 算法。在所有基于频谱空洞的资源分配算法中，SH-G 算法具有最高的系统信息传输速率。

考虑一个由 CR 基站和 $N=1\ 000$ 个 CPE 构成的 CR 系统。CPE 随机分布在环绕 CR 基站的圆上。CR 基站的最大发射功率 $P_T=200$ W。基站到各 CPE 的信道为 Rayleigh 信道，复信道系数 $h_{k,n,t}$ 是均值为 0，方差为 $\eta/(d_n)^2$ 的复高斯随机变量，其中 $\eta=3.2258\times10^6$，$d_n$ 表示 CR 基站与第 $n$ 个 CPE 之间的距离。CR 小区的半径 $r=25.4$ km。CPE 距离 CR 基站 $0.5r$。

在此 CR 小区周围，有 $K=10$ 个 TV 基站随机分布在以 CR 基站为圆心半径为 $R$ 的圆上，且若干 TV 用户随机分布在各 TV 基站的周围。在第 $k$ 个 TV 系统中，距离 CR 基站最近的 TV 用户到 CR 基站的距离为 $0.5R$。在仿真中，CR 基站到 TV 用户的信道衰减常数取为 $\eta_{CT}=\eta$。前 $K'$ 个 TV 基站处于工作状态，其他 TV 基站处于闲置状态。工作状态的 TV 基站发射功率为 $P_k^{TV}=1\ 000$ W。处于工作状态的 TV 基站将对 CR 系统产生干扰。在第 $k$ 个 TV 频段上 TV 基站到第 $n$ 个 CPE 的复信道系数 $h_{k,n}^{TV}$ 同样是复高斯随机变量，其均值为零，方差为 $\eta/(d_{k,n}^{TC})^2$，其中，$d_{k,n}^{TC}$ 表示第 $k$ 个 TV 基站到第 $n$ 个 CPE 的距离。

CR 系统将每个 TV 频段划分为 $L=28$ 个子载波。假设每个子载波的带宽为

1 Hz,AWGN 噪声功率为 $\sigma^2 = 10^{-2}$。对授权用户的干扰功率限制门限 $P_0 = 10^{-2}$ W,最大容许干扰概率为 $\zeta = 10^{-2}$。CPE 所能容许的最高 BER 为 $p_{b_0} = 10^{-3}$。

图 8-4 给出了本文算法与 SH-G 算法系统信息传输速率的比较结果,其中 $K'$ 表示处于工作状态的 TV 基站数。从图 8-5 可以看出,当 $K'=0$,即 CR 系统周围的 TV 基站都处于闲置状态时,两种算法的系统信息传输速率一致;当 CR 系统周围存在处于工作状态的 TV 基站时,本文算法的系统信息传输速率将高于 SH-G 算法。且当处于工作状态的 TV 基站增加时,两者之间的系统信息传输速率差距有增大的趋势。

从图 8-4 还可以看出,当 CR 基站周围存在处于工作状态的 TV 基站时,随着 CR 基站与 TV 基站距离的增大,相比 SH-G 算法,本文算法在系统信息传输速率方面的优势越来越明显。当 CR 基站与 TV 基站距离足够远时,本文算法的系统信息传输速率趋近于 $K'=0$ 的情况,即本文算法可以通过空间复用更有效地利用空闲频谱。

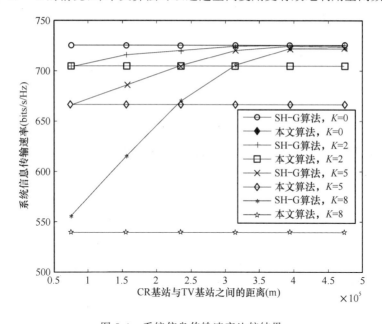

图 8-4　系统信息传输速率比较结果

## 8.3.5　结论

本节提出了一种适用于 CR 系统下行链路的 OFDMA 资源分配算法,在保证授权用户免受有害干扰的前提下最大化系统信息传输速率。仿真结果表明,相比传统的基于频谱空洞的资源分配算法,本文所提出的算法可以提供更高的系统信息传输速率,非常适用于 IEEE 802.22 WRAN 及与此类似的 CR 系统。

# 8.4 最小化发射功率的下行 CR 系统资源分配算法

IEEE 802.16 标准和基于该标准的 WMAN 空中接口,致力于为宽带接入产业提供一个宽广而且有效的配置平台[23]。然而,频谱紧缺成为这一发展计划中需要克服的首要问题。2004 年 802.16 h 工作组的成立,成为解决频谱问题的契机。随后,两种系统模式 WMAN-CX(Wireless Metropolitan Access Network-CoeXistence)、WMAN-UCP(Wireless Metropolitan Access Network-Uncoordinated Coexistence Protocol)问世。将 CR 的概念融入 WMAN 系统中,使其可以工作在 11 GHz 以下的非独享频段。

相比原有的 WMAN 系统,WMAN-CX 系统最突出的特点是增加了协作共存机制,以便于系统可以在 11 GHz 以下的非独享频段里与其他 WMAN-CX 系统或非 WMAN-CX 系统共享频谱资源。11 GHz 以下的非独享频段的物理环境与该频段内的授权频段并没有什么不同。然而,非独享的特性会引入额外的干扰和共存问题。因此,就需要增加相应的限制以便系统的辐射功率能够满足相互的干扰限制要求。这决定了利用 CR 技术的 WMAN-CX 系统内的自适应资源分配问题将不同于传统的 OFDMA 系统,有其自身的特点。

本节研究下行 WMAN-CX 系统在非独占频段(non-exclusively assigned bands)内的自适应资源分配问题。优化目标为在基站(Base Station,BS)下行信息传输速率满足各移动用户(Subscriber Stations,SS)要求的条件下最小化发射功率。本优化问题分两步实现:首先,提出加权贪婪子载波分配算法(Weighted Greedy Subcarrier Allocation,WGSA),得到子载波分配结果;然后,提出的双迭代功率分配算法(Double Iteration Power Allocation,DIPA),得到各子载波功率分配的结果。仿真结果表明,由 WGSA 算法和 DIPA 算法构成的资源分配算法可以显著提高下行 WMAN-CX 系统的功率效率。

## 8.4.1 系统模型

图 8.5 给出了一个由若干个 WMAN-CX 系统构成的社区。所有的 WMAN-CX 系统都通过共存协议共同工作在非独占频段。在下行链路中,WMAN-CX 系统采用 OFDMA 多址方式,社区配置有支持协作共存协议的共存代理服务器(CoeXistence Proxy,CXProxy),以实现干扰的识别、预防和解决。每一个 WMAN-CX 系统都配置有一个分布式数据库(Data Base,DB),以便存储共享信息,如频谱资源的实际利用情况和预订利用情况等。

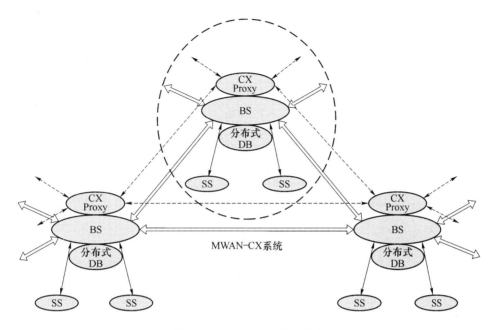

图 8.5　WMAN-CX 社区结构

通过动态频谱选择程序（Dynamic Frequency Selection，DFS），WMAN-CX 系统可以在非独占频段内检测和避开特殊频谱用户（Specific Spectrum Users，SSU），也就是授权用户。当发现 SSU 正在使用某信道时，WMAN-CX 系统必须立即停止其在这个频段内的操作，连续不断地进行信道测试和测量，最终选择并公布一个新的信道。

临时不被 SSU 使用的非独占频段通过分布式的频谱共享调度算法分配给所有的共存系统使用。为了实现频谱资源的共享，社区内多有的 BS 通过系统间通信进行协商。共存系统倾向于选择干扰信号最小的信道。如果在一个信道上有多个共存系统同时接入，每个共存系统必须保证其产生的干扰电平低于可接受干扰门限。

通过协商，每个 WMAN-CX 系统获得了相应的频谱资源。这些频谱中，有一部分可以在特定时间段内由该 WMAN-CX 系统独享，不用受任何限制；而另一部分则是由该 WMAN-CX 系统和其他 WMAN-CX 系统共享的，WMAN-CX 系统在这些频段内的操作要严格地遵守干扰限制标准，保证其操作产生的干扰在其他系统的可接受干扰门限以下。为了方便起见，将在该 WMAN-CX 系统独享的频段内的子载波称为独享子载波，而将在与其他 WMAN-CN 系统共享的频段内的子载波称为共享子载波。

WMAN-CX 系统下行链路中的自适应资源分配算法的功能就是在 SS 之间合理地分配该 WMAN-CX 系统所获得的频谱资源,并进行适当的功率控制。其优化目标是在满足 SS 用户速率要求和其他 WMAN-CX 系统干扰限制的条件下,最小化 WMAN-CX 系统 BS 的总发射功率。所研究的自适应资源分配问题可以用公式表示为

$$\min \sum_{k=1}^{K} \sum_{n=1}^{N} P_{k,n}$$

$$\text{s. t.} \sum_{k=1}^{K} \Omega_{k,n} \log_2 (1 + P_{k,n} \gamma_{k,n}) = R_n, n = 1, \cdots, N$$

$$\sum_{n=1}^{N} \Omega_{k,n} P_{k,n} \leqslant P_k, k = 1, \cdots K'$$

$$\sum_{n=1}^{N} \Omega_{k,n} \leqslant 1, k = 1, \cdots, K$$

$$P_{k,n} \geqslant 0, k = 1, \cdots, k, n = 1, \cdots, N$$

$$\Omega_{k,n} \geqslant 0, k = 1, \cdots, k, n = 1, \cdots, N$$

$$(8.64)$$

其中,K 是该 WMAN-CX 系统所分得的所有子载波个数,$K'$ 是共享子载波的个数。不失一般性,假设前 $K'$ 个子载波为共享子载波。在 WMAN-CX 系统中有 N 个 SS。用 $P_{k,n}$ 表示在第 $k$ 个子载波上 BS 对第 $n$ 个 SS 发射的功率值。用 $\Omega_{k,n}$ 表示子载波分配因子,即,当 $\Omega_{k,n} = 1$ 时,表示第 $k$ 个子载波分配给第 $n$ 个 SS 使用,而 $\Omega_{k,n} = 0$ 表示第 $n$ 个 SS 未获得第 $k$ 个子载波的使用权。在 OFDMA 系统中,一个子载波最多只能被一个 SS 使用。$\gamma_{k,n}$ 表示单位发射功率下第 $n$ 个 ss 在第 $k$ 个子载波上的接收 SINR。$R_n$ 表示第 $n$ 个 SS 要求的信息传输速率。$P_k$ 表示第 $k$ 个共享子载波的发射功率限制。这里,$P_k$ 的值与干扰限制有关,是在协商阶段由分布式频谱共享调度协议确定的。

## 8.4.2 WGSA 算法

很明显,优化问题式(4.64)是一个整数规划问题。当 SS 和子载波的数目比较大时,处理起来非常困难。为了简单起见,将优化问题式(4.64)中的资源分配问题分成两步进行解决:子载波分配和功率分配。尽管把一个联合优化问题分解为分步优化不能得到最优的结果,然而分步后问题处理起来大大简化。而且后来的仿真结果表明,简化后的算法仍然可以得到很高的功率效率。

本章参考文献[12]中,作者提出了适用于频谱空洞条件下最小化发射功率的自适应子载波分配算法——贪婪子载波分配(Greedy Subcarrier Allocation,GSA)

算法。相比频谱空洞条件下的子载波分配,由于各子载波所受到的干扰限制电平值各不相同,本文所研究的基于干扰限制的子载波分配问题更为复杂。

观察优化问题式(8.64)可以发现,某个子载波应该分配给哪个 SS 使用不仅受到在该子载波上各个 SS 的信道状况的影响,还要受各 SS 所要求的信息传输速率值和各子载波上的传输功率限制的影响。具体而言,如果相比其他 SS 而言,某个 SS 在该子载波上的信道条件明显优于其他 SS,则该子载波就倾向于分配给这个 SS。或者某个 SS 所要求的信息传输速率高于其他 SS,则这个 SS 就倾向于得到更多的子载波。另外,共享子载波由于其上的发射功率受限,相应地所能承载的信息传输速率也有限,在实现 SS 信息传输速率要求方面效果要低于独享子载波。基于以上的分析,提出了一种新的贪婪子载波分配算法,称为加权的贪婪子载波分配算法:将共享子载波和独享子载波分别进行分配。对于共享子载波,用集合 $\Omega_n^s$ 表示第 $n$ 个 SS 已经分到的共享子载波的编号集合。在分配过程中,每次只实现一个子载波的分配,因此是一种贪婪的子载波分配过程。在初次分配过程中,对于第 $l$ 个子载波,将其分配给在该子载波上信道条件最好的 SS,即

$$v_{k,l} = \arg \max_n \gamma_{n,1} \Omega_{v_{k,l},l} = 1 \tag{8.65}$$

并更新 $\Omega_{v_{k,l}}^s$。接下来,顺序分配其他共享子载波。在分配的过程中,仍然倾向于将子载波分配给在该子载波上信道条件最好的 SS,并且考虑到各 SS 的信息传输速率要求,尽力保证

$$\frac{\sum\limits_{k \in \Omega_n^s} P_k}{\sum\limits_{i=1}^{K'} P_i} \propto \frac{R_n}{\sum\limits_{i=1}^{N} R_i} \tag{8.66}$$

其中 $x \propto y$,表示 $x$ 与 $y$ 成比例。

具体的做法是,对于第 $l$ 个子载波,$l=1, \cdots, K'$,选出在该子载波上信道条件最好的 SS,假设为 $m_l$,若该 SS 满足

$$\frac{\sum\limits_{j \in \Omega_{m_l}^s} P_j + P_k}{\sum\limits_{i=1}^{K'} P_i} \leqslant \frac{R_{m_i}}{\sum\limits_{i=1}^{N} R_i} + \frac{1}{K} \tag{8.67}$$

则将第 $l$ 个子载波分配给 $m_l$ 使用。否则,选出在该子载波上信道条件排序第二的 SS,假设该 SS 为 $m_2$,用同样的方法考查是否可以把该子载波分配给 $m_2$。以此类推,直到将该子载波分配给某个 SS 后为止,转而分配下一个子载波。

对于独享子载波,不用考虑功率受限的影响,其分配方法和 GSA 算法是一致的,即尽力将各子载波分配给信道条件最好的 SS,并保证各 SS 所分到的子载波数

目与其信息传输速率成正比。用集合 $\Omega_n^u$ 表示第 $n$ 个 SS 已经分到的独享子载波的编号集合。

首先确定各 SS 所能获得的独享子载波个数的最大值。用 $M_n$ 表示第 $n$ 个 SS 能够获得的独享子载波个数的最大值

$$M_n = \mathrm{ceil}\left(\frac{(K-K')R_n}{\sum\limits_{i=1}^{N}R_i}\right) \tag{8.68}$$

其中，$\mathrm{ceil}(x)$ 表示不小于 $x$ 的最小整数。接下来，顺序分配各独享子载波。对于第 $k$ 个子载波，$k=K'+1,\cdots,K$，选出在该子载波上信道条件最好的 SS，记为 $n_1$，考查 $n_1$ 已经分到的独享子载波的个数，即 $\Omega_{n_1}^u$ 内元素的个数。如果 $\Omega_{n_1}^u$ 内元素的个数小于 $M_{n_1}$，则将第 $k$ 个子载波分配给该 SS，并更新 $\Omega_{n_1}^u$。否则，考查在第 $k$ 个子载波上信道条件次优的 SS，直到将该子载波分配出去为止，转而分配下一个子载波。

## 8.4.3 DIPA 算法

完成了子载波分配以后，优化问题式(8.64)可以简化为一个功率最优化问题。假设第 $k$ 个子载波分配给第 $n_k$ 个 SS 使用，则优化问题可以进一步表示为

$$\min \sum_{n=1}^{N}\sum_{k\in\Omega_n}P_{k,n}$$
$$\mathrm{s.t.} \quad \sum_{k\in\Omega_n}\log_2(1+P_{k,n}\gamma_{k,n}) = R_n \quad n=1,\cdots,N$$
$$P_{k,n_k}-P_k \leqslant 0, k=1,\cdots,K'$$
$$-P_{k,n_k} \leqslant 0, k=1,\cdots,K \tag{8.69}$$

其中，$\Omega_n$ 表示分配给第 $n$ 个 SS 的子载波集合。

很明显，式(8.69)可以等效分解为 $N$ 个子问题

$$\min \sum_{k\in\Omega_n}P_{k,n}$$
$$\mathrm{s.t.} \sum_{k\in\Omega}\log_2(1+P_{k,n}\gamma_{k,n}) = R_n$$
$$P_{k,n_k}-P_k \leqslant 0, k\in\Omega_n$$
$$-P_{k,n_k} \leqslant 0, k\in\Omega_n \tag{8.70}$$

其中，$n=1,\cdots,N$

定义

$$f_n = R_n - \sum_{k\in\Omega_n}\log_2(1+P_{k,n}\gamma_{k,n}) \tag{8.71}$$

因为

$$\frac{\partial f_n}{\partial P_{k,n_k}} = \begin{cases} -\dfrac{\gamma_{k,n}}{\ln 2(1+P_{k,n}\gamma_{k,n})}, & n_k = n \\ 0, & n_k \neq n \end{cases} \quad (8.72)$$

$$\frac{\partial^2 f_n}{\partial^2 P_{k,n_k}} = \begin{cases} \dfrac{\gamma_{k,n}^2}{\ln 2(1+P_{k,n}\gamma_{k,n})^2}, & n_k = n \\ 0, & n_k \neq n \end{cases} \quad (8.73)$$

因此,优化问题式(8.70)是一个凸优化问题。进而其最优解必然满足 KKT 条件

$$1 - \frac{a_n \gamma_{k,n_k}}{\ln 2(1+P_{k,n_k}^* \gamma_{k,n_k})^2} + b_k - c_k = 0, k \in \Omega_n \quad (8.74)$$

$$a_n \Big[ R_n - \sum_{k \in \Omega_n} \log_2(1+P_{k,n}^* \gamma_{k,n}) \Big] = 0 \quad (8.75)$$

$$b_k(P_{k,n_k}^* - P_k) = 0, k \in \Omega_n \quad (8.76)$$

$$-c_k P_{k,n_k}^* = 0, k \in \Omega_n \quad (8.77)$$

其中,$a_n$,$b_k$ 和 $c_k$ 都是常数,且 $b_k$,$c_k \geqslant 0$。由此,得到最优功率分配结果应该满足以下最优解的结构

$$P_{k,n_k}^* = -\frac{a_n}{\ln 2(c_k - b_k - 1)} - \frac{1}{\gamma_{k,n_k}}, k \in \Omega_n \quad (8.78)$$

然而,由于 $a_n$,$b_k$ 和 $c_k$ 很难直接进行求解,考虑到最优解的结构特点,给出如下的 DIPA 来得到式(8.70)中 N 个子功率最优化问题的最优解。

**步骤 1:**在假设干扰功率不受限的条件下求解参数 $a_n$,即通过求解以下最优化问题

$$\min \sum_{k \in \Omega_n} P_{k,n}$$

$$\text{s.t.} \quad \sum_{k \in \Omega_n} \log_2(1+P_{k,n}\gamma_{k,n}) = R_n$$

$$-P_{k,n} \leqslant 0, k = 1, \cdots, K \quad (8.79)$$

得到 $a_n$。通过求解,$a_n$ 由下面的式子确定

$$\sum_{k=1}^K \log_2 \Big( \frac{a_n \gamma_{k,n_k}}{\ln 2} \Big)^+ = R_n \quad (8.80)$$

而最优的功率值由下面的式子确定

$$P_{k,n_k} = \Big( \frac{a_n}{\ln 2} - \frac{1}{\gamma_{k,n_k}} \Big) \quad (8.81)$$

具体操作过程是，先通过下面的式子计算 $a_n$

$$a_n = \ln 2 \cdot 2^{\frac{R_n - \sum\limits_{k \in \Omega_n} \log_2 \gamma_{k,n}}{N_n}} \tag{8.82}$$

其中，$N_n$ 表示 $\Omega_n$ 内元素的个数。然后将式(8.82)中得到的 $a_n$ 代入下面的式子计算 $P_{k,n_k}$

$$P_{k,n_k} = \frac{a_n}{\ln 2} - \frac{1}{\gamma_{k,n_k}} \tag{8.83}$$

接下来，比较 $P_{k,n_k}$ 与 0 的大小关系。如果所有的 $P_{k,n_k}$ 都不小于 0，则 $a_n$ 为要得到的结果。如果存在 $P_{k,n_k}$ 小于 0，将小于 0 的 $P_{k,n_k}$ 的值赋 0，返回式(8.82)重新计算 $a_n$ 的值，并在计算过程中将赋 0 的 $P_{k,n_k}$ 所对应的子载波从 $\Omega_n$ 中删除，直到所有的 $P_{k,n_k}$ 都不小于 0 为止。

**步骤 2**：检查式(8.81)所得的功率结果是否符合功率限制要求。用 $\Lambda$ 表示功率干扰限制没有满足的子载波的集合，用 $\Theta$ 表示满足了功率干扰限制的子载波的集合。如果由式(8.81)得到的功率值 $P_{k,n_k}$ 大于干扰功率门限 $P_k$，则令 $P_{k,n_k} = P_k$。并且用 $\Delta$ 表示每次迭代中集合新增元素所构成的集合。在初次迭代中，令 $\Delta = \Lambda$。

**步骤 3**：如果 $\Delta \neq \varnothing$，$\varnothing$ 表示空集，则利用如下优化问题重新计算 $a_n$

$$\min \sum_{k \in \Omega_n, \cap \theta} P_{k,n}$$

$$\text{s. t.} \quad \sum_{k \in \Omega_n, \cap \theta} \log_2(1 + P_{k,n}\gamma_{k,n}) = R_n - \sum_{k \in \Omega_n, \cap \Lambda} \log_2(1 + P_k\gamma_{k,n_k})$$

$$- P_{k,n_k} \leqslant 0, k = 1, \cdots, K \tag{8.84}$$

其中，$a_n$ 由下面的式子确定

$$\sum_{k \in \Omega_n, \cap \theta} \log_2 \left( \frac{a_n \gamma_{k,n_k}}{\ln 2} \right)^+ = R_n - \sum_{k \in \Omega_n, \cap \Lambda} \log_2(1 + P_k\gamma_{k,n_k}) \tag{8.85}$$

并且对于所有 $k \in \Omega_n \cap \theta$ 的子载波重新利用式(8.81)计算功率值。然后，转至步骤 2 重新检查干扰功率限制是否满足，进行步骤 2 的操作。

如果 $\Delta = \varnothing$，则循环结束，利用如下式子计算最终的功率分配结果

$$P_{k,n_k}^* = \begin{cases} P_k, & k \in \Lambda \\ \left( \dfrac{a_n}{\ln 2} - \dfrac{1}{\gamma_{k,n_k}} \right)^+ & k \in \Theta \end{cases} \tag{8.86}$$

可以看到在以上算法中包含两层迭代操作。第一层迭代操作是在解优化问题式(8.79)和式(8.85)中，用以保证所得的功率分配结果 $P_{k,n_k}$ 为非负值；第二层迭代操作是在步骤 2 的循环过程中，用以保证所得的功率分配结果满足干扰功率限制。因此，以上算法命名为双迭代功率分配算法。

可以很容易地验证,由式(8.86)计算所得的功率分配结果满足式(8.74)～式(8.77)中的 KKT 条件,因此式(8.86)所得的结果为优化问题式(8.70)的最优解。通过 WGSA 算法实现子载波分配,然后通过 DIPA 算法实现各子载波上的功率分配,即可得到最终的资源分配结果。

## 8.4.4 仿真结果

考虑一个工作在非独占频段内的 WMAN-CX 系统。通过 DFS 和频谱共享调度,该 WMAN-CX 系统获得了 $K$ 个子载波,其中 $K=128$。前 $K'$ 个子载波是和其他 WMAN-CX 系统共享的,第 $k$ 个子载波上的干扰功率限制为 $P_k=0.5$ W。所用的信道模型为 COST207 信道 6 径模型,具体参数如表 8-1 所示,各径的功率谱密度均为经典 U 型谱。假设 OFDM 系统的 CP 足够长且子载波之间没有相互干扰。在单位发射符号条件下,共享子载波上接收端的 SINR 为 1 dB,其他 $K-K'$ 个子载波上的 SNR 为 5 dB。假设系统中有 $N=10$ 个用户,用户所要求的信息传输速率为 R(bits/符号)。将所提算法称为 WGSA+DIPA 算法,与本章参考文献[12]中基于频谱空洞的算法进行比较。

◆ 仿真 1:子载波分配情况比较

为了直观起见,以总子载波数 $K=8$,共享子载波数 $K'=2$,用户数 $N=2$ 为例,给出信道及相应的子载波分配情况。假设两个用户的信息传输速率要求都为 2 bits/符号。表 8-2 给出了两种算法的子载波分配结果,其中 1 代表第 1 个用户,2 代表第 2 个用户。其中,GSA 算法表示本章参考文献[12]中的贪婪子载波分配算法。

通过表 8-2 可以看到,基于频谱空洞的子载波分配算法在分配过程中不分配共享子载波,WGSA 分配共享子载波。对于独享子载波,两类算法的分配结果是一致的。两类算法都是在考虑用户传输速率需要的基础上,尽量把子载波分配给在该子载波上信道条件较好的用户。通过该表可以清楚地看到,GSA 算法和WGSA 算法的主要区别在于 WGSA 算法不仅实现了独享子载波的分配,还能比较合理地实现共享子载波的分配。

表 8-2 子载波分配结果

| SNR/SINR1 | 1.24 | 1.168 7 | 2.319 | 1.525 3 | 2.694 4 | 6.379 8 | 1.925 6 | 2.194 1 |
|---|---|---|---|---|---|---|---|---|
| SNR/SINR2 | 1.863 1 | 0.654 9 | 4.463 2 | 3.048 1 | 6.727 3 | 3.050 1 | 4.267 3 | 0.750 1 |
| GSA | — | — | 2 | 1 | 2 | 1 | 2 | 1 |
| WGSA | 2 | 1 | 2 | 1 | 2 | 1 | 2 | 1 |

◆ 仿真2：总发射功率比较

图 8-6 给出了两类算法总发射功率随用户信息速率变化的比较结果。从图中可以看出，采用 WGSA＋DIPA 算法的系统，总发射功率低于基于频谱空洞的算法。两者的差距随着用户信息传输速率的增大而增大。同时，当共享子载波数较大时，两者的差距更大。由此可以得出，WGSA＋DIPA 算法的功率效率高于基于频谱空洞的算法。

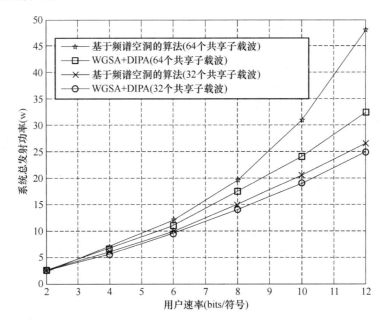

图 8-6　系统总发射功率比较结果

## 8.4.5　结论

本节提出了一种适用于 WMAN-CX 系统下行链路的 OFDMA 自适应资源分配算法，在用户传输速率和对其他共享系统干扰受限的条件下最小化系统的发射功率。相比传统的基于频谱空洞的资源分配算法，WGSA 联合 DIPA 算法可以使 CR 系统获得明显的功率效率增益。

# 8.5　小　　结

在本章中提出了三种自适应资源分配算法来优化下行 CR 系统的性能。在对 CR 系统干扰受限进行分析的基础上，基于优化理论分别实现总功率受限条件下的系统总量最大化、总发射功率和 BER 受限条件下系统总信息传输速率的最大化和用户信息传输速率受限条件下系统总发射功率的最小化。相比传统的基于频谱空洞的资源分配算法,所提算法可以为 CR 系统带来明显的性能增益。

# 参 考 文 献

[1] Recommendation ITU-R M. 1645,"Framework and overall objectives of the future development of IMT-2000 and systems beyond IMT-2000" ITU 2003.

[2] XiaoHu You,GuoAn Chen,Ming Chen,and XiQi Gao,"Toward beyond 3G: the FuTURE project of China," IEEE Communications Magazine,vol. 43,no. 1,pp. 70-75,Jan. 2005.

[3] M. McHenry. Report on spectrum occupancy measurements. Shared Spectrum Company.

[4] J. Mitola, "Cognitive radio:an integrated agent architecture for software defined radio," PHD dissertation,Royal Institute Technology(KTH),2000.

[5] Simon Haykin, "Cognitive Radio:Brain-Empowered Wireless Communications," IEEE J. Sel. Areas Commun. ,vol. 23,no. 2,pp. 201-220,Feb 2005.

[6] Z. Ji and K. J. Ray Liu "Dynamic spectrum sharing:A game theoretical overview," IEEE Communications Magazine,vol. 45,no. 2,pp. 88-94,2007.

[7] IEEE 802 LAN/MAN Standards Committee 802. 22 WG〔EB/OL〕.

[8] IEEE 802. 16 Licese-exempt task group〔EB/OL〕.

[9] A. N. Mody,S. R. Blatt and D. G. Mills "Recent ynamic spectrum sharing:A game theoretical overview," IEEE Communications Magazine,vol. 45,no. 2, pp. 88-94,2007.

[10] 廖楚林,陈劼,唐友喜,李少谦. 认知无线电中的并行频谱分配算法. 电子信息学报,2007,29(7):1608-1611.

[11] Q. Zhao,B. M. Sadler,"A survey of dynamic spectrum access," IEEE Signal Processing Magazine,vol. 24,no. 3,pp. 79-89,2007.

[12] 刘罡,刘元安,张然然,谢刚. 认知无线电下行链路中的 OFDM 多用户资源分配算法. 中国科技论文在线,2008.

[13] C. Y. Ping,H. T. Zheng and B. Y. Zhao,"Utilization and fairness in spectrum assignment for opportunistic spectrum access," Association for Computing Machinery.

［14］李维英,陈东,邢成文,王宁. 认知无线电系统中 OFDM 多用户资源分配算法. 西安电子科技大学学报,2007,34(3):368-372.

［15］Q. Zhi,S. G. Cui and A. H. Sayed,"Optimal linear cooperation for spectrum sensing in cognitive radio networks," IEEE Journal of Selected Topics in Signal Processing,vol. 2,no. 1,pp. 28-40,2008.

［16］B. Wild,K. Ramchandran,"Detecting primary receivers for cognitive radio applications," IEEE International symposium on new frontiers in dynamic spectrum access networks,Maryland USA,Nov. 8-11,pp. 124-130,2005.

［17］吴伟陵,牛凯. 移动通信原理. 北京,电子工业出版社,2005.

［18］Jiho Jang,K. B. Lee,"Transmit power adaptation for multiuser OFDM systems," IEEE Journal on Selected Areas in Communications,vol. 21,no. 2,pp. 171-178,2003.

［19］Stephen Boyd and Lieven Vandenberghe,*Convex Optimization*,Cambridge,Cambridge University Press,UK,2004.

［20］I. E. Telatar,"Capacity of multi-antenna Gaussian channels," Tech. Rep. ♯BL0112170-950615-07TM,AT&T Bell Laboratories,1995.

［21］S. T. Chung and A. J. Goldsmith,"Degrees of freedom in adaptive modulation:A unified view," IEEE Trans. Commun. ,49(9),Sep. 2001,pp. 1561-1571.

［22］S. K. Lai,R. S. Cheng and K. B. Letaief,and R. D. Murch,"Adaptive trellis coded MQAM and power optimization for OFDM transmission," in Proc. IEEEVTC,vol. 1,Houston,TX,May 1999,pp. 290-294.

［23］C. Eklund,R. B. Marks,K. L. Stanwood, et al,"A technical overview of the WMANTM air interface for broadband wireless access," IEEE Communications Magazine,vol. 40,no. 6,pp. 98-107,2002.

# 第9章 基于拍卖理论的动态频谱接入技术

拍卖一直是配置稀缺资源的有效手段。尤其是在中心节点功能比较薄弱的网络中,通过拍卖可以实现以较少的信令交互达到有效资源配置的目的。

## 9.1 基于拍卖理论的无线信道分配[22]

考虑一个发射终端向 $N$ 个用户发送数据的场景中,用户与发射终端之间的信道为独立衰落信道。假设发射终端一直有数据传输给用户,发射功率为 $P$,在某个特定时隙,发射端只能向一个用户传输数据。在功率一定的条件下,简便起见,假设吞吐量是信道状态的线性函数。令随机变量 $X_i$ 表示发射端和用户 $i$ 之间的信道状态,则向用户 $i$ 传输数据时的吞吐量为 $P \cdot X_i$,不失一般性,假设 $P=1$。

令 $\alpha_i$ 表示在每个时隙用户 $i$ 可用的平均出价金额,并假设这个金额对所有用户是已知的。此外,用户已知所有的信道状态分布 $X_i$。根据第二价格拍卖机制,我们可以将上述 $N$ 玩家博弈问题写为 $\Gamma = [N, \{S_i\}, \{g_i(\cdot)\}]$,$S_i$ 代表用户出价策略函数,$g_i(s_1, \cdots, s_N)$ 代表支付函数。在这个博弈中,用户的目标是设计一个最优的出价策略从而最大化自己的每个时隙的期望吞吐量。简化起见,下面将以两个用户为例,求解每个用户的最优出价策略。

将第二价格拍卖机制下的纳什均衡策略对记作 $(f_1^*, f_2^*)$,用户分别从自己的策略集合 $F_1$ 和 $F_2$ 中选择它们的出价策略。显然,$F_i$ 是用户信道状态 $X_i$ 的函数。不失一般性,我们进一步假设 $F_i$ 是 $X_i$ 的递增函数,即用户信道状态条件越好,在该信道上的出价越高。定义 $A: (x_1, x_2) \to \{1, 2\}$ 为信道分配指示变量,下面我们将推导纳什均衡策略对应的信道分配结果。

首先考虑信道状态 $X_i$ 在有限区间 $[l_i, u_i]$ 连续分布的情况,$l_i$ 和 $u_i$ 为非负实数。给定用户 1 的出价策略 $f_1 \in F_1$ 且 $f_1(l_1) = a$,$f_1(u_1) = b$,用户 2 选择一个出价策略 $f_2$,则用户 2 的期望吞吐量为

$$g_2(f_1,f_2) = E_{X_1,X_2}\left[X_2 \cdot 1_{f_{2(x_2)} \geqslant f_{1(x_1)}}\right] \tag{9.1}$$

其中，$1_{f_2(x_2) \geqslant f_1(x_1)} = \begin{cases} 1, & f_2(x_2) \geqslant f_1(x_1)\text{时} \\ 0, & \text{其他情况} \end{cases}$

由于第二价格拍卖机制中，赢家支付函数等于第二高出价值，因此，用户 2 的可行出价函数集合 $S_2(f_1)$ 为

$$S_2(f_1) = \{f_2 \in F_2 \mid E_{X_1,X_2}[f_1(x_1) \cdot 1_{f_2(x_2) \geqslant f_1(x_1)}] \leqslant \alpha_2\} \tag{9.2}$$

由于在区间 $[a,b]$ 上函数 $f_1$ 不一定是严格递增的，因此，我们定义如下的函数：

$$h(y) = \begin{cases} l_1, & y \leqslant a \text{ 时} \\ \max\{x \mid f_1(x) \leqslant y\}, & a < y < b \text{ 时} \\ u_1, & y \geqslant b \text{ 时} \end{cases} \tag{9.3}$$

当 $f_1$ 为严格增函数时，上式可以简化为：

$$h(y) = \begin{cases} l_1, & y \leqslant a \text{ 时} \\ f_1^{-1}(y), & a < y < b \text{ 时} \\ u_1, & y \geqslant b \text{ 时} \end{cases} \tag{9.4}$$

**定理 1**：给定用户 1 的出价策略 $f_1 \in F_1$ 且 $f_1(l_1) = a, f_1(u_1) = b$，用户 2 的最佳响应为：

$$\begin{aligned} f_2(x_2) \leqslant a, & \quad x_2 \in [l_2, \theta_1]\text{时} \\ f_2(x_2) = c_2 \cdot x_2, & \quad x_2 \in [\theta_1, \theta_2]\text{时} \\ f_2(x_2) \geqslant b, & \quad x_2 \in [\theta_2, u_2]\text{时} \end{aligned} \tag{9.5}$$

其中，$\theta_1, \theta_2 \in [l_2, u_2], c_2 \cdot \theta_1 = a, c_2 \cdot \theta_2 = b.$

证明：给定用户 1 的出价策略 $f_1$ 和用户 2 的出价 $y$，用户 2 获胜的概率 $P_2^{\text{win}}(y)$ 为

$$P_2^{\text{win}}(y) = P[f_1(x_1) \leqslant y] = P[x_1 \leqslant h(y)]$$
$$= \int_{l_1}^{h(y)} p_{x_1}(x_1)\mathrm{d}x_1$$

因此，用户 2 面临的优化问题为找到一个策略 $f_2$ 来最大化期望吞吐量，即

$$\max_{f_2} \int_{l_2}^{u_2} x_2 p_{x_2}(x_2) P_2^{\text{win}}[f_2(x_2)]\mathrm{d}x_2 = \max_{f_2} \int_{l_2}^{u_2} x_2 p_{x_2}(x_2) \int_{l_1}^{h[f_2(x_2)]} p_{x_1}(x_1)\mathrm{d}x_1\mathrm{d}x_2$$

$$\text{s.t.} \quad \int_{l_2}^{u_2} \int_{l_1}^{h[f_2(x_2)]} f_1(x_1) p_{x_1}(x_1) p_{x_2}(x_2)\mathrm{d}x_1\mathrm{d}x_2 \leqslant \alpha_2 \tag{9.6}$$

为了解决这个优化问题，采用文献[2]中的最优性条件。首先，式(9.6)的拉格朗日函数为

$$\int_{l_2}^{u_2} \int_{l_1}^{h[f_2(x_2)]} x_2 p_{x_1}(x_1) p_{x_2}(x_2) \mathrm{d}x_1 \mathrm{d}x_2 -$$

$$\lambda_2 \left\{ \int_{l_2}^{u_2} \int_{l_1}^{h[f_2(x_2)]} f_1(x_1) p_{x_1}(x_1) p_{x_2}(x_2) \mathrm{d}x_1 \mathrm{d}x_2 - \alpha_2 \right\} \tag{9.7}$$

$$= \int_{l_2}^{u_2} \left\{ \int_{l_1}^{h[f_2(x_2)]} \{x_2 - \lambda_2 f_1(x_1)\} p_{x_1}(x_1) \mathrm{d}x_1 \right\} p_{x_2}(x_2) \mathrm{d}x_2 - \lambda_2 \alpha_2$$

其中，$\lambda_2$ 由不等式约束条件决定。选择一个函数 $f_2$ 来最大化式(9.7)，即

$$\max_{f_2(x_2)} \int_{l_1}^{h[f_2(x_2)]} [x_2 - \lambda_2 f_1(x_1)] p_{x_1}(x_1) \mathrm{d}x_1 \tag{9.8}$$

令 $z = f_2(x_2)$，式(9.8)简化为

$$\max_z L_1(z) = \int_{l_1}^{h(z)} [x_2 - \lambda_2 f_1(x_1)] p_{x_1}(x_1) \mathrm{d}x_1 \tag{9.9}$$

对于一个固定的 $x_2$，$x_2 - \lambda_2 f_1(x_1)$ 是 $x_1$ 的减函数，最大化 $L_1(z)$ 等效于最大化曲线 $x_2 - \lambda_2 f_1(x_1)$ 下的面积，显然 $z^*$ 满足 $x_2 - \lambda_2 f_1[h(z^*)] = 0$ 或者 $z^* = \dfrac{x_2}{\lambda_2}$。因此，由式(9.3)可知，最优的出价函数的形式如下：

$$f_2(x_2) \leqslant a, \qquad x_2 \in [l_2, \theta_1] \text{时}$$
$$f_2(x_2) = c_2 \cdot x_2, \qquad x_2 \in [\theta_1, \theta_2] \text{时}$$
$$f_2(x_2) \geqslant b, \qquad x_2 \in [\theta_2, u_2] \text{时}$$

其中，$\theta_1, \theta_2 \in [l_2, u_2]$，$c_2 \cdot \theta_1 = a$，$c_2 \cdot \theta_2 = b$.

同理，给定用户 2 的出价策略，用户 1 的最优出价形式也具有类似的形式。

**定理 2**：在次价拍卖博弈 $\Gamma = [2, \{S_i\}, \{g_i(\cdot)\}]$ 中，纳什均衡是存在的。

**证明**：信道状态 $X_1$ 分布在区间 $[l_1, u_1]$ 上，在(9.5)式给出的最佳响应中，$f_1(x_1) = c_1 \cdot x_1$ 在区间 $[l_1, u_1]$ 上对 $x_1$ 来说是一个有效最佳响应。不失一般性，只证明线性投标函数条件下纳什均衡策略对的存在性。如果可以找到一组 $(c_1, c_2)$ 满足下面两个约束条件，则纳什均衡存在。

$$E_{X_1, X_2}[f_2(x_2) \cdot 1_{f_1(x_1) \geqslant f_2(x_2)}] \leqslant \alpha_1 \tag{9.10}$$

$$E_{X_1, X_2}[f_1(x_1) \cdot 1_{f_2(x_2) \geqslant f_1(x_1)}] \leqslant \alpha_2 \tag{9.11}$$

给定用户 2 的策略 $f_2(x_2) = c_2 \cdot x_2$，定义集合 $S_1(c_2)$ 为用户 1 的可行策略集。特别地，$S_1(c_2) = \{c_1 \in [0, \infty] \mid E_{X_1, X_2}[c_2 X_2 \cdot 1_{c_1 x_1 \geqslant c_2 x_2}] \leqslant \alpha_1\}$。当用户 2 选择 $c_2, b_1(c_2)$ 时，用户 1 的最佳响应是 $b_1(c_2) = \arg \max\limits_{y \in S_1(c_2)} E_{X_1, X_2}[X_1 \cdot 1_{yx_1 \geqslant c_2 x_2}]$。根据纳什均衡存在性定理，我们必须证明最佳响应 $b_1(\cdot)$ 是非空紧凸子集且上半连续。首先，$b_1(c_2)$ 是一个连续函数 $E_{X_1, X_2}[X_1 \cdot 1_{yx_1 \geqslant c_2 x_2}]$ 在紧致集 $S_1(c_2)$ 上的最大值组成的集合，因此它是非空的。$E_{X_1, X_2}[X_1 \cdot 1_{yx_1 \geqslant c_2 x_2}]$ 是 $y$ 的不减函数，因此为一个准凹

函数,$b_1(c_2)$是准凹函数的最大值集合,因此是一个凸集。此外,因为集合$S_1(c_2)$对所有$c_2\in[0,\infty]$是紧致的,根据 Berge 最大化理论,$b_1(c_2)$是上半连续的。至此,不动点理论的所有条件均满足,所以纳什均衡是存在的。

# 9.2 基于多赢家拍卖的认知无线电系统[23]

由于认知无线电系统是干扰受限而不是数量受限的,在可以忽略互干扰的条件下,一个频段是允许多个从用户同时接入的。因此通过多赢家拍卖机制的设计,可以有效地提高频谱效率。在如图 9-1 所示的认知无线电系统中,$N$ 个从用户与$M$ 个主用户共存,主用户(卖家)将未使用频段租借给从用户(潜在买家)使用。简便起见,考虑每个主用户只有一个频段,而且每个从用户只需要一个频段。首先考虑 $M=1$,即单频段情况下的拍卖机制设计问题,之后扩展到多个频段的情况。

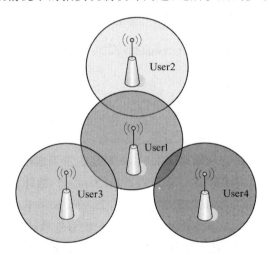

图 9-1 认知频谱拍卖系统的物理模型

从用户上报密封投标值 $b=[b_1,b_2,\cdots,b_N]$,频谱经纪人根据投标值和信道可用性确定信道分配向量 $x=[x_1,x_2,\cdots,x_N]$ 和支付向量 $p=[p_1,p_2,\cdots,p_N]$。定义赢家集合为 $W\subseteq\{1,2,\cdots,N\}$,从用户的效用函数可表示为

$$r_i=v_ix_i-p_i,i=1,2,\cdots,N \qquad (9.12)$$

系统的社会效用可表示为

$$U_v(x)=\sum_{i=1}^{N}v_ix_i=\sum_{i\in W}v_i \qquad (9.13)$$

在如图 9-1 所示的系统模型中,重叠区域代表从用户之间存在干扰。如果 $C_{i,j}=1$ 代表用户 $i$ 和用户 $j$ 有干扰,$C_{i,j}=0$ 代表没有干扰;则该系统中从用户之间

的干扰情况用矩阵表示为 $\begin{pmatrix} 0 & 1 & 1 & 1 \\ 1 & 0 & 0 & 0 \\ 1 & 0 & 0 & 0 \\ 1 & 0 & 0 & 0 \end{pmatrix}$。

首先考虑采用 VCG 价格机制,确定信道分配向量 $x$ 的最优化问题可以表示为

$$\max_x U_v(\boldsymbol{x}) = \sum_{i=1}^{N} v_i x_i$$

$$\text{s. t.} \quad x_i + x_j \leqslant 1, \forall i, j \text{ if } C_{ij} = 1$$

$$x_i = 0 \text{ or } 1, i = 1, 2, \cdots, N \tag{9.14}$$

假设式(9.14)的解为 $\boldsymbol{x}^*$,对应的最大社会效用为 $U_v^* = U_v(\boldsymbol{x}^*)$,则相应的 VCG 价格可以表示为

$$p_i = U_{v_{-i}}^* - (U_v^* - v_i) = v_i + U_{v_{-i}}^* - U_v^* \tag{9.15}$$

其中,$U_{v_{-i}}^*$ 表示用户 $i$ 不存在时的社会效用。

在 VCG 价格机制中,卖家收益一般较低,并且会出现用户共谋以及频段转租,从而降低社会效用的问题。因此在多赢家拍卖中,需要对传统的 VCG 机制进行改进,对抗用户的共谋及转租行为。

在改进机制中,采用密封投标次价拍卖的思想,但是次价拍卖只能用在单赢家拍卖中,因此,引入虚拟竞标者的概念,即将任意两个之间都不存在干扰的用户组成的用户集合看作一个虚拟竞标者。这样一来,多赢家拍卖问题转化为单赢家拍卖问题。首先根据式(9.14)确定赢家,然后将所有赢家从系统中剔除,再次通过优化问题计算系统的最大效用 $U_{v_{-W}}^*$,虚拟竞标者总的支付价格就是 $U_{v_{-W}}^*$。获胜的虚拟竞标者将总的支付价格分配给内部的各个用户,这个过程可以建模为如下的纳什讨价还价问题:

$$\max_{\{p_i, i \in W\}} \prod_{i \in W} (v_i - p_i)$$

$$\text{s. t.} \quad \sum_{i \in W} p_i = U_{v-W}^*$$

$$0 \leqslant p_i \leqslant v_i \tag{9.16}$$

根据 $\sum_{i \in W} v_i = U_v^*$ 并且利用 KKT 条件,上述问题的解可以表示为

$$p_i = \max\{v_i - \rho, 0\}, \text{for } i \in W \tag{9.17}$$

其中,$\rho$ 由 $\sum_{i \in W} p_i = U_{v-W}^*$ 条件确定。证明在此省略。

在改进机制中,共谋行为可以得到彻底的抑制。因为竞标失败者若通过共谋赢得拍卖,必须使它们组成的极大虚拟竞标者的标价总和高于最大的极大虚拟竞标者,而它们一旦通过这种手段赢得拍卖后它们的出价总和就为原本最大的极大

虚拟竞标者的总标价,这个总标价是高于它们的价值总和的,因此会给它们造成损失,所以说通过串通赢得拍卖有害而无益。为了有效制止转租获益的行为,必须通过增加约束条件的方式来解决。不难看出,$\sum_{i \in W_c} p_i < \sum_{i \in L_c} v_i$ 是转租获益的必要条件,同时转租者也要考虑互干扰的情况,即被转租者必须与其他赢家之间无干扰,所以如果支付价格满足 $\sum_{i \in W_c} p_i \geqslant \max_{L_c \in L(W-W_c)} \sum_{i \in L_c} v_i = U^*_{v_{L(W-W_c)}}$,转租没有收益,从而有效制止了转租行为的产生,优化问题转化为如下形式:

$$\max_{\{p_i, i \in W\}} \prod_{i \in W} (v_i - p_i)$$
$$\text{s. t.} \quad \sum_{i \in W_C} p_i \geqslant U^*_{v_{L(w-w_c)}}, \forall W_C \subseteq W$$
$$0 \leqslant p_i \leqslant v_i \tag{9.18}$$

上式是一个具有线性不等式约束的凸优化问题,可以通过数值法解决,这里不再赘述。

综合来说,改进的多赢家拍卖机制可以首先根据式(9.14)确定赢家,再根据式(9.18)计算支付价格,从而有效制止共谋和转租的行为。

下面分析多频段情况下该机制的扩展,假设有 $M$ 个可用频段,每个从用户最多租用一个频段,并且假设所有频段的收益是相同的。多频段情况下的赢家确定可以建模为如下问题:

$$\max_{x^1, x^2, \cdots, x^M} U_v(x^1, x^2, \cdots, x^M) = \sum_{m=1}^{M} \sum_{i=1}^{N} v_i x_i^m$$
$$\text{s. t.} \ x_i^m + x_j^m \leqslant 1, \forall i, j \text{ if } C_{ij} = 1, \forall m$$
$$\sum_{m=1}^{M} x_i^m \leqslant 1, \forall i$$
$$x_i^m = 0 \text{ or } 1, i = 1, 2, \cdots, N; m = 1, 2, \cdots, M \tag{9.19}$$

其中,$x_i^m = 1$ 代表从用户 $i$ 转租了主用户 $m$ 的空闲频段。直接求解这个问题的复杂度是非常高的,因此,可以通过贪婪算法的思想解决该问题。首先,根据式(9.14)解决单频段上的赢家确定问题,并且将频段 1 分配给该用户。然后,将该赢家从潜在买家集合中剔除,再解决另一个频段上的赢家确定问题,分配频段 2 给该赢家,一直这样进行下去。令 $L^{(m)}$ 表示第 $m$ 次迭代中的潜在买家集合,$W^{(m)}$ 代表获得频段的赢家集合,这个迭代问题可以表示为:

$$\max_{x} U_v(x) = \sum_{i=1}^{N} v_i x_i$$
$$\text{s. t.} \ x_i + x_j \leqslant 1, \forall i, j \text{ if } C_{ij} = 1$$
$$x_i = 0 \text{ or } 1, \text{if } i \in L^{(m)}$$

$$x_i = 0 \text{ or } 1, \text{if } i \notin L^{(m)} \tag{9.20}$$

在每次迭代完成后,更新潜在买家集合 $L^{(m+1)} = L^{(M)} - W^{(m)}$。

通过增加更多的约束条件使转租行为无利可图,类似式(9.18)的支付函数在多频段条件下仍然是可用的。

# 9.3 认知无线网络中基于重复拍卖的频谱接入技术[15]

考虑一个包含 $K$ 个信道和 $N$ 个从用户的认知无线电网络,在 $t$ 时刻从用户通过重复竞争的方式接入上行链路。假设从用户 $i$ 可以在没有其他从用户信息的条件下合理估计自己在 $t$ 时刻的信道速率 $\theta_{i,k}^t$,将主用户的活动建模为二元随机变量,服从均值为 $\Theta_k$ 的伯努利二项分布。不失一般性,所有从用户的传输功率为 $P_0$,在从用户基站端的噪声为 $\sigma^2$。在 $t$ 时刻用户 $i$ 在信道 $k$ 上的速率为

$$\theta_{i,k}^t = W \log_2 \left( 1 + \frac{G_i h_{i,k}^t}{\sigma^2} \right) \tag{9.21}$$

其中,$W$ 是信道带宽,$G_i h_{i,k}^t$ 是从用户 $i$ 的信道增益。

在 $t$ 时刻,从用户将面临两类成本消耗:接入成本 $c^t$ 和控制成本 $e^t$,接入成本消耗是指频谱接入和信道估计需要消耗的能量支出,控制成本是指感知主用户和通过控制信道获得过去历史信息的成本。接下来将从用户的频谱接入行为建模为如下的重复拍卖博弈过程。

(1) 在 $t$ 时刻,从用户可以选择静默或者参与频谱接入竞争,当用户决定参与 $t$ 时刻的拍卖时,才需要支付接入成本,但是无论是否参与拍卖都需要支付控制成本。

(2) 如果用户选择参与频谱接入竞争,则向协调中心发送自己的投标信息,假设从用户 $i$ 的投标为 $m_i^t$,其中包含 $K$ 个投标值 $m_{i,k}^t$,$m_{i,k}^t = 0$ 时从用户保持静默,不参与频谱接入的竞争。

(3) 对于参与竞标的用户,感知和接入信道的成本为 $e^t + c^t l(m_{i,k}^t \neq 0)$,未参与的用户的成本为 $e^t$。除了支付实际传输成本以外,从用户还需要支付各自的接入成本和控制成本。

(4) 在每轮竞争中,投标值最大的用户获得接入频谱的机会。

根据从用户的行动集合,信道 $k$ 在 $t$ 时刻的分配策略为 $X_t(k) \triangleq \{ \chi_{1,k}^t, \ldots,$

$\chi_{n,k}^{t} \big| \chi_{i,k}^{t} \in \{0,1\} \land \sum_i \chi_{i,k}^{t} = 1\}$ 且满足 $\sum_{i=1}^{N} \chi_{i,k}^{t} \leqslant \hat{1}$ 和 $\chi_{i,k}^{t}(m_{i,k}^{t} = SO) = 0$，$SO$ 表示静默状态。

根据最高投标值获得接入机会的原则，信道分配指示变量满足 $\chi_{i,k}^{t}(m_{i,k}^{t} \neq SO) =$

$$\begin{cases} 1 & m_{i,k}^{t} > m_{j,k}^{t}, \forall j \neq i \text{ 且主用户不存在} \\ 0 & \text{其他情况} \end{cases}$$。获胜从用户的支付函数为 $p_{i,k}^{t} =$

$$\begin{cases} 0 & m_{i,k}^{t} = SO \text{ 或者 } \exists j, m_{j,k}^{t} > m_{i,k}^{t} \text{ 且主用户存在} \\ \psi_{i,k}^{t} & \text{其他情况} \end{cases}$$，考虑到机制的激励兼容性，采

用第二价格拍卖的支付机制，$\psi_{i,k}^{t} = \max\{m_j^{t} \big| j \in \mathbf{N} \backslash i\}$。

从用户 $i$ 在 $t$ 时刻的累积成本为 $c_i^{t}(h_i^{t-1}) = \sum_{k=1}^{K} \sum_{\tau=1}^{t-1} [p_{i,k}^{\tau} \chi_{i,k}^{t} + c_t l(m_{i,k}^{\tau} \doteq 0) + e_t]$，其中 $h_i^{t-1}$ 是从用户观察到的历史投标值，累计收益为

$$r_i^{t}(h_i^{t-1}) = \sum_{k=1}^{K} \sum_{\tau=1}^{t-1} \theta_{i,k}^{\tau} \chi_{i,k}^{\tau} \tag{9.22}$$

从用户的效用函数定义为累积收益和总成本的比值

$$\gamma_i^{t}(h_i^{t-1}) = \frac{r_i^{t}(h_i^{t-1})}{c_i^{t}(h_i^{t-1})} \tag{9.23}$$

所有的从用户都希望最大化自己的效用，即使是在集中式条件下，上式的优化也是不容易的，因此，假设从用户是否参与竞争存在一个阈值 $f(\theta_{i,k}^{t}, h_i^{t-1})$，该阈值是从用户当前状态和以往时刻投标值的函数，在第二价格拍卖是真值占优的，因此从用户在 $t$ 时刻的均衡策略为

$$m_{i,k}^{t} = \begin{cases} SO & f(\theta_{i,k}^{t}, h_i^{t-1}) \geqslant 0 \\ \theta_{i,k}^{t} & \text{其他情况} \end{cases} \tag{9.24}$$

在单一信道频谱接入竞争中，当从用户认为参与竞标会降低自己的效用时会选择静默，即当 $\gamma_i^{t}(\theta_i^{t}, h_i^{t-1} : m_i^{t} = SO) \geqslant E_{\theta_{-i}^{t}}[\gamma_i^{t}(\theta_i^{t}, h_i^{t-1} : m_i^{t} = \theta_i^{t})]$ 时 $m_i^{t} = SO$。

第一轮竞拍时，所有从用户都没有历史信息，假设所有从用户的投标值为独立同分布的，累积分布函数为 $F(\cdot)$，概率密度函数为 $f(\cdot)$，则所有从用户有相同的阈值。$N$ 个用户中第二高投标值的累积分布函数和概率密度函数分别为 $G(y) = F(y)^{N-1}$ 和 $g(y) = (N-1)F(y)^{N-2}f(y)$。令 $r_i^1 = c_i^1 = 1$，第一轮竞标中，当且仅当 $\theta_i^1 < \bar{c}$ 时，用户选择静默。$\bar{c}$ 为参与竞争的从用户的最小投标值，当其他所有用户的投标值都小于 $\bar{\theta}$ 时，投标值为 $\bar{\theta}$ 的从用户 $i$ 将胜出。因此，

$$\gamma_i^1(\theta_i^1 : m_i^1 = SO) = \frac{1}{1 + e_1} \text{ 且 } E_{\theta_{-i}^1}[\gamma_i^1(\theta_i^1 : m_i^1 = \bar{\theta})] = \frac{1 + G(\bar{\theta})\bar{\theta}}{1 + e_1 + c_1}$$，根据式 $\gamma_i^{t}(\theta_i,$

$h_i^{t-1}：m_i^t = SO) \geqslant E_{\theta_{-i}}[\gamma_i^t(\theta_i^t h_i^{t-1}：m_i^t = \bar{\theta}_i^t)]$ 可得，$\bar{\theta}G(\bar{\theta}) = \dfrac{e_1}{1+c_1}$，从此式可求得从

用户的初始估值 $\bar{\theta}_i$。在 $t$ 时刻，从用户 $i$ 更新效用为 $\gamma_i^t(\theta_i^t：m_i^t = SO) = \dfrac{r_i^t}{c_i^t+e_t}$，采

用启发式算法简化 $E_{\theta_{-i}}[\gamma_i^t(\theta_i^t；m_i^t = \bar{\theta}_i^t)]$ 为 $E_{\theta_{-i}}[\gamma_i^t(\theta_i^t；m_i^t = \bar{\theta}_i^t)] \approx \dfrac{r_i^t+\theta_i^t-\bar{\theta}_i}{c_i^t+e_i+c_t}$，因

而可以得到从用户 $i$ 的策略为 $m_i^t = \begin{cases} SO & \dfrac{r_i^t}{c_i^t+e_t} > \dfrac{r_i^t+\theta_i^t-\bar{\theta}_i}{c_i^t+e_t+c_t} \\ \theta_i^t & \text{其他} \end{cases}$ 。

在一轮竞标结束之后，如果从用户 $i$ 选择静默，但是赢家的支付 $p_m(t) < \bar{\theta}_i$，则将采用步进的方式更新用户的估计值 $\bar{\theta}_i = p_m(t)\cdot\zeta+\bar{\theta}_i\cdot(1-\zeta)$，其中 $\zeta$ 为常数，衡量步进的快慢。如果从用户 $i$ 参与竞标，但是没有赢得资源或者赢得资源后的支付成本超过 $\bar{\theta}_i$，则依旧采用步进的方式更新用户的估计值 $\bar{\theta}_i = p_m(t)\cdot\zeta+\bar{\theta}_i\cdot(1-\zeta)$，其他情况下从用户保持估计值 $\bar{\theta}_i$ 不变。

在认知无线电网络中采用基于重复拍卖的频谱竞争接入方式，可以减少系统内的信令交互信息，尤其是在大规模分布节点的系统中，可以调高系统调度的效率。

# 参考文献

[1] Jun Sun, Eytan Modiano, Lizhong Zheng. "Wireless Channel Allocation Using an Auction Algorithm", IEEE J. Sel. Areas Commun. , vol. 24, no. 5, May 2006.

[2] D. Bertsekas, Nonlinear Programming. Belmont, MA: Athena Scientific, 1999.

[3] F. P. Kelly, A. K. Maulloo, and D. K. H. Tan, "Rate control for communication networks: shadow prices, proportional fairness and stability," J. Oper. Res. Soc. , vol. 49, pp. 237-252, 1998.

[4] T. Basar and R. Srikant, "Revenue-maximizing pricing and capacity expansion in a many-users regime," in Proc. IEEE INFOCOM, vol. 1, Jun. 2002, pp. 23-27.

[5] T. R. Palfrey, "Multiple-object, discriminatory auctions with bidding constraints: A game-theoretic analysis," Manage. Sci. , vol. 26, pp. 935-946, Sep. 1980.

[6] D. Famolari, N. Mandayam, and D. Goodman, "A new framework for power

control in wireless data networks: Games, utility, and pricing," in Proc. Allerton Conf. Commun. ,Control,and Comput. ,Monticello,IL,Sep. 1998.

[7] P. Klemperer,"Auction theory: A guide to the literature," J. Economics Surveys,vol. 13,no. 3,pp. 227-286,Jul. 1999.

[8] X. Liu, E. K. P. Chong, and N. B. Shroff, "Opportunistic transmission scheduling with resource-sharing constraints in wireless networks," IEEE J. Sel. Areas Commun. ,vol. 19,no. 10,pp. 2053-2064,Oct. 2001.

[9] Yongle Wu, Beibei Wang, K. J. Ray Liu, T. Charles Clancy. A Scalable Collusion-Resistant Multi-Winner Cognitive Spectrum Auction Game. IEEE Transactions on Communications,vol. 57,no. 12,Dec. 2009.

[10] L. Badia,E. Alessandro,L. Lenzini,and M. Zorzi,"A general interference-aware framework for joint routing and link scheduling in wireless mesh networks," IEEE Network,vol. 22,no. 1,pp. 32-38,Jan. 2008.

[11] L. Yang, L. Cao, and H. Zheng, "Physical interference driven dynamic spectrum management," IEEE Symposium New Frontiers Dynamic Spectrum Access Networks(DySPAN'08),Chicago,Oct. 2008.

[12] L. M. Lawrence and P. R. Milgrom, "Ascending auctions with package bidding," Frontiers Theoretical Economics,vol. 1,no. 1,pp. 1-43,2002.

[13] R. Day and P. R. Milgrom,"Core-selecting package auctions," International J. Game Theory,vol. 36,no. 3,pp. 393-407,Mar. 2008.

[14] Z. Ji and K. J. R. Liu, "Multi-stage pricing game for collusion-resistant dynamic spectrum allocation," IEEE J. Select. Areas Commun. ,vol. 26,no. 1,pp. 182-191,Jan. 2008.

[15] Zhu Han, Rong Zheng, and H. Vincent Poor. Repeated Auctions with Bayesian Nonparametric Learning for Spectrum Access in Cognitive Radio Networks. IEEE Transactions on Wireless Communications,vol. 10,no. 3, Mar. 2011.

[16] S. Haykin, "Cognitive radio: brain-empowered wireless communications," IEEE J. Sel. Areas Commun. ,vol. 23,pp. 201-220,Feb. 2005.

[17] W. Zhang and K. Ben Letaief,"Cooperative spectrum sensing with transmit and relay diversity in cognitive networks," IEEE Trans. Wireless Commun. ,vol. 7,no. 12,pp. 4761-4766,Dec. 2008.

[18] S. Huang,X. Liu,and Z. Ding,"Optimal sensing-transmission structure for

dynamic spectrum access," in Proc. International Conference on Computer Communications(INFOCOM), Rio de Janeiro, Brazil, Apr. 2009.

[19] M. Maskery, V. Krishnamurthy, and Q. Zhao, "Decentralized dynamic spectrum access for cognitive radios: cooperative design of a noncooperative game," IEEE Trans. Commun., vol. 57, no. 2, pp. 459-469, Feb. 2009.

[20] J. Bae, E. Beigman, R. A. Berry, M. L. Honig, and R. Vohra, "Sequential bandwidth and power auctions for distributed spectrum sharing," IEEE J. Sel. Areas Commun., vol. 26, no. 7, pp. 1193-1203, Sep. 2008.

[21] J. Unnikrishnan and V. V. Veeravalli, "Algorithms for dynamic spectrum access with learning for cognitive radio," IEEE Trans. Signal Process., vol. 58, no. 2, pp. 750-760, Feb. 2010.

[22] Wireless Channel Allocation Using an Auction Algorithm.

[23] A Multi-Winner Cognitive Spectrum Auction Framework with Collusion-Resistant Mechanisms.

# 第10章  多天线系统动态频谱接入技术

由于 MIMO 技术能够显著提升频谱利用率,提高系统的吞吐量,因此越来越多的人开始研究如何将 MIMO 技术引入到认知无线电系统中。

## 10.1  基于理想信道信息的 MIMO 认知无线电系统

如图 10-1 所示是一个点对点的认知无线电 MIMO 系统模型,仅考虑一个主用户 MIMO 链路和一个从用户 MIMO 链路同时共存。

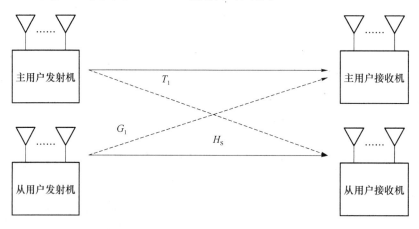

图 10-1  认知无线电 MIMO 系统模型

假设从用户链路中发射机有 $M_s$ 根天线,接收机有 $N_s$ 根天线,而主用户链路中发射机有 $M_p$ 根天线,接收机有 $N_p$ 根天线。考虑到从用户链路和主用户链路同时工作在同一频段上,主用户接收机接收到的信号可以表示为

$$y_p = H_p x_p + G_1 x_s + n_p \tag{10.1}$$

其中 $y_p \in \mathcal{L}^{N_p \times 1}$ 为主用户接收机接收到的信号向量,$x_s \in \mathcal{L}^{M_s \times 1}$ 为从用户发射机发

射的信号向量,$\boldsymbol{x}_p \in \mathcal{L}^{M_p \times 1}$ 为主用户发射机发射的信号向量,$\boldsymbol{H}_p \in \mathcal{L}^{N_p \times M_p}$ 为主用户发射机到主用户接收机的信道,$\boldsymbol{G}_1 \in \mathcal{L}^{N_p \times M_s}$ 为从用户发射机到主用户接收机的信道,$\boldsymbol{n}_p \in \mathcal{L}^{N_p \times 1}$ 为主用户接收机接收到的加性高斯白噪声,服从 $\mathrm{CN}(0, \boldsymbol{I})$ 分布。

根据干扰 MIMO 信道的容量公式,主用户的链路容量可以写为

$$C_p = \log_2 \left| \boldsymbol{I} + (\boldsymbol{I} + \boldsymbol{G}_1 \boldsymbol{Q}_s \boldsymbol{G}_1^H)^{-1} \boldsymbol{H}_p \boldsymbol{Q}_p \boldsymbol{H}_p^H \right| \tag{10.2}$$

其中 $\boldsymbol{Q}_p = E(\boldsymbol{x}_p \boldsymbol{x}_p^H)$ 为主用户发射机发射信号的协方差矩阵,$\boldsymbol{Q}_s = E(\boldsymbol{x}_s \boldsymbol{x}_s^H)$ 为从用户发射机发射信号的协方差矩阵。

这样由于从用户信号的传输给主用户系统带来的容量损失可以表示为

$$\Delta C_p = \log_2 \left| \boldsymbol{I} + \boldsymbol{H}_p \boldsymbol{Q}_p \boldsymbol{H}_p^H \right| - \log_2 \left| \boldsymbol{I} + (\boldsymbol{I} + \boldsymbol{G}_1 \boldsymbol{Q}_s \boldsymbol{G}_1^H)^{-1} \boldsymbol{H}_p \boldsymbol{Q}_p \boldsymbol{H}_p^H \right| \tag{10.3}$$

我们发现当 $\boldsymbol{G}_1 \boldsymbol{Q}_s \boldsymbol{G}_1^H = 0$ 时,$\Delta C = 0$,从用户的传输对主用户系统没有影响。因此如果为从用户系统设计一种满足 $\boldsymbol{G}_1 \boldsymbol{Q}_s \boldsymbol{G}_1^H = 0$ 的传输策略,从用户就可以在对主用户不造成干扰的同时进行自己信息的传输。

另一方面,考虑到从用户链路可以表示为

$$\boldsymbol{y}_s = \boldsymbol{H}_s \boldsymbol{x}_s + \boldsymbol{T}_1 \boldsymbol{x}_p + \boldsymbol{n}_s \tag{10.4}$$

其中 $\boldsymbol{y}_s \in \mathcal{L}^{N_s \times 1}$ 为从用户接收机接收到的信号向量,$\boldsymbol{H}_s \in \mathcal{L}^{N_s \times M_s}$ 为从用户发射机到从用户接收机的信道,$\boldsymbol{T}_1 \in \mathcal{L}^{N_s \times M_p}$ 为主用户发射机到从用户接收机的信道,$\boldsymbol{n}_s \in \mathcal{L}^{N_s \times 1}$ 为从用户接收机接收到的加性高斯白噪声,服从 $\mathrm{CN}(0, \boldsymbol{I})$ 分布。

根据干扰 MIMO 信道的容量公式,从用户链路的容量可以表示为

$$C_s = \log_2 \left| \boldsymbol{I} + (\boldsymbol{I} + \boldsymbol{T}_1 \boldsymbol{Q}_p \boldsymbol{T}_1^H)^{-1} \boldsymbol{H}_s \boldsymbol{Q}_s \boldsymbol{H}_s^H \right| \tag{10.5}$$

以对主用户不造成干扰的同时最大化从用户链路容量为准则,设计 $\boldsymbol{Q}_s$,有如下问题

$$\max_{\boldsymbol{Q}_s} \text{imize} \ \log_2 \left| \boldsymbol{I} + (\boldsymbol{I} + \boldsymbol{T}_1 \boldsymbol{Q}_p \boldsymbol{T}_1^H)^{-1} \boldsymbol{H}_s \boldsymbol{Q}_s \boldsymbol{H}_s^H \right|$$
$$\text{s. t.} \quad \mathrm{Tr}(\boldsymbol{Q}_s) \leqslant P_T$$
$$\boldsymbol{G}_1 \boldsymbol{Q}_s \boldsymbol{G}_1^H = 0 \tag{10.6}$$

为了化简约束条件 $\boldsymbol{G}_1 \boldsymbol{Q}_s \boldsymbol{G}_1^H = 0$,将 $\boldsymbol{G}_1$ 进行如下奇异值分解

$$\boldsymbol{G}_1 = \boldsymbol{U}_1 \begin{bmatrix} \boldsymbol{\Lambda}_1 & \\ & 0 \end{bmatrix} \left[ \boldsymbol{V}_1^{(1)} \boldsymbol{V}_1^{(0)} \right]^H \tag{10.7}$$

其中 $\boldsymbol{V}_1^{(0)} \in \mathcal{L}^{M_s \times (M_s - N_p)}$ 为 $\boldsymbol{G}_1$ 奇异值分解中奇 0 异值所对应的右奇异向量。

实际上 $\boldsymbol{V}_1^{(0)}$ 的各列可以看成 $\boldsymbol{G}_1$ 零空间的一组标准正交基。由于 $\boldsymbol{G}_1 \boldsymbol{Q}_s \boldsymbol{G}_1^H = 0$,所以 $\boldsymbol{Q}_s$ 在 $\boldsymbol{G}_1$ 的零空间内,考虑到 $\boldsymbol{Q}_s$ 为厄尔米特矩阵,$\boldsymbol{Q}_s$ 可以表示为

$$\boldsymbol{Q}_s = \boldsymbol{V}_1^{(0)} \bar{\boldsymbol{Q}}_s \boldsymbol{V}_1^{(0)H} \tag{10.8}$$

将上式代入,原优化问题变为

$$\max_{Q_s} \text{imize} \log_2 \left| I + (I + T_1 Q_p T_1^H)^{-1} H_s V_1^{(0)} \bar{Q} V_1^{(0)H} H_s^H \right| \qquad (10.9)$$

$$\text{s. t.} \quad \text{Tr}(\bar{Q}_s) \leqslant P_T$$

将 $\bar{Q}_s$ 表示为

$$\bar{Q}_s = U \hat{Q}_s U^H \qquad (10.10)$$

其中 $U$ 为 $V_1^{(0)H} H_s^H (I + T_1 Q_p T_1^H)^{-1} H_s V_1^{(0)}$ 特征值分解的酉矩阵,即

$$V_1^{(0)H} H_s^H (I + T_1 Q_p T_1^H)^{-1} H_s V_1^{(0)} = U \Lambda U^H \qquad (10.11)$$

其中 $\Lambda$ 为对角矩阵,其对角线元素 $\lambda_i$ 为 $V_1^{(0)H} H_s^H (I + T_1 Q_p T_1^H)^{-1} H_s V_1^{(0)}$ 的特征值。

将 $\bar{Q}_s = U \hat{Q}_s U^H$ 代入目标函数,有

$$\log_2 \left| I + (I + T_1 Q_p T_1^H)^{-1} H_s V_1^{(0)} \bar{Q}_s V_1^{(0)H} H_s^H \right|$$

$$= \log_2 \left| I + \Lambda \hat{Q}_s \right| \leqslant \sum_{i=1}^{M_s - N_p} \log_2 (1 + \lambda_i P_i) \qquad (10.12)$$

其中 $P_i$ 为 $\hat{Q}_s$ 的对角线元素,根据哈达马不等式,等号当且仅当 $\hat{Q}_s$ 为对角阵时成立。

这样从用户容量最大化问题变为

$$\max_{P_i \geqslant 0} \text{imize} \sum_{i=1}^{M_s - N_p} \log_2 (1 + \lambda_i P_i)$$

$$\text{s. t.} \quad \sum_{i=1}^{M_s - N_p} P_i \leqslant P_T \qquad (10.13)$$

由于该问题为凸问题,根据 Karush-Kuhn-Tucker 条件,有

$$\begin{cases} \dfrac{\lambda}{1 + \lambda P_i} - u - v_i = 0 \\ u \left( \sum_{i=1}^{M_s - N_p} P_i - P_T \right) = 0 \\ v_i P_i = 0 \end{cases} \qquad (10.14)$$

其中 $u$ 和 $v_i$ 为非负实数。

根据注水算法,最优的 $P_i$ 具有如下形式

$$P_i = \left( u - \frac{1}{\lambda_i} \right)^+ \qquad (10.15)$$

其中 $(z)^+$ 代表 $\max(0, z)$。考虑到总功率约束,$u$ 满足

$$\sum_{i=1}^{L} \left( u - \frac{1}{\lambda_i} \right)^+ = P_T \qquad (10.16)$$

使用二分法求解 $u$ ，具体求解算法如下

**Step1**：initial $u_{\min}=0$ , $u_{\max}$ ，

**Step2**：update $u=(u_{\min}+u_{\max})/2$

If $\sum_{i=1}^{L}\left(u-\dfrac{1}{\lambda_i}\right)^+>P_T$ , $u_{\max}=u$ , else $u_{\min}=u$

Step3：goto Step2，until $u_{\max}-u_{\min}<\varepsilon$ ，其中 $\varepsilon$ 为一足够小的正常数。

根据求解的 $P_i$ ，原问题的解 $Q_s$ 可以表示为

$$Q_s=V_1^{(0)}U\begin{bmatrix}P_1&&&\\&P_2&&\\&&\ddots&\\&&&P_{M_s-N_p}\end{bmatrix}U^HV_1^{(0)H} \qquad (10.17)$$

这样就得到了对主用户不造成干扰的同时又最大化从用户链路容量的 $Q_s$ 。为了使得从用户系统的发射信号协方差矩阵满足 $Q_s$ ，可以根据下式设计发射信号 $x_s$

$$x_s=V_1^{(0)}U\begin{bmatrix}\sqrt{P_1}&&&\\&\sqrt{P_2}&&\\&&\ddots&\\&&&\sqrt{P_{M_s-N_p}}\end{bmatrix}s_s \qquad (10.18)$$

其中 $s_s$ 为从用户要发送的信息符号，且 $E(s_s s_s^H)=I$ 。

可以发现当 $M_s>N_p$ 时，基于 MIMO 的认知无线电系统，可以工作在和主用户相同的信道上而不对主用户产生任何干扰，这打破了传统的基于频率检测和信道避让的认知无线电系统架构，大大提升了从用户的传输速率。

# 10.2　基于感知的 MIMO 认知无线电系统[7]

在基于理想信道信息的 MIMO 认知无线电系统中，从用户发射策略的设计是以知道从用户发射机到主用户接收机信道信息为基础的。实际中，由于从用户和主用户隶属于两个系统，在不知道主用户导频等信息的情况下，从用户一般很难获得主用户信道的信道信息。下面我们介绍一种基于感知的认知无线电 MIMO 系统设计。

图 10-2 描述了一个基于感知的认知无线电 MIMO 系统。从用户链路由发射机和接收机构成，其中发射机有 $M_s$ 根天线，接收机有 $N_s$ 根天线。主用户链路由主用户 1 和主用户 2 构成，假设主用户 1 和主用户 2 相互进行信息的传输，其中主

用户 1 有 $M_{p1}$ 根天线,主用户 2 有 $M_{p2}$ 根天线。考虑到从用户链路和主用户链路同时工作在同一频段上,从用户发射机在发射信息前可以先侦听主用户的发射信号,如果主用户工作在 TDD 的模式下,根据信道互易性,从用户可以根据主用户的发射信号设计自己的传输策略以避免发射信息时对主用户造成干扰。

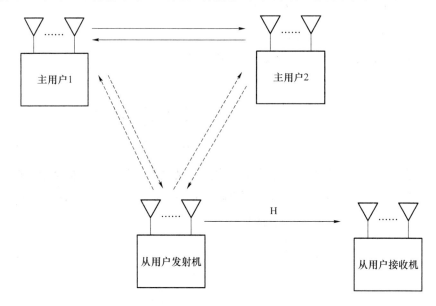

图 10-2 基于感知的认知无线电 MIMO 系统

当从用户发射机处于静默侦听阶段时,从用户发射机在时间 $n$ 接收到的信号可以表示为

$$\boldsymbol{y}_{st}(n) = \boldsymbol{G}_1^H \boldsymbol{x}_{p1}(n) + \boldsymbol{G}_2^H \boldsymbol{x}_{p2}(n) + \boldsymbol{n}_{st}(n) \tag{10.19}$$

其中 $\boldsymbol{y}_{st}(n) \in \boldsymbol{\mathcal{L}}^{M_s \times 1}$ 为从用户发射机在时间 $n$ 侦听到的信号向量,$\boldsymbol{G}_1 \in \boldsymbol{\mathcal{L}}^{M_{p1} \times M_s}$ 为从用户发射机到主用户 1 的信道,$\boldsymbol{G}_2 \in \boldsymbol{\mathcal{L}}^{M_{p2} \times M_s}$ 为从用户发射机到主用户 2 的信道,$\boldsymbol{x}_{p1}(n) \in \boldsymbol{\mathcal{L}}^{M_{p1} \times 1}$ 为主用户 1 在时间 $\boldsymbol{n}$ 发射的信号向量,$\boldsymbol{x}_{p2}(n) \in \boldsymbol{\mathcal{L}}^{M_{p2} \times 1}$ 为主用户 2 在时间 $\boldsymbol{n}$ 发射的信号向量,$\boldsymbol{n}_{st}(n) \in \boldsymbol{\mathcal{L}}^{M_s \times 1}$ 为从用户发射机在时间 $\boldsymbol{n}$ 接收到的加性高斯白噪声,服从 $\mathrm{CN}(0, \sigma_n^2 \boldsymbol{I})$ 分布。

由于在侦听期内,主用户 1 和主用户 2 交替工作进行信号的传送,将主用户 1 和主用户 2 发射信号的码本归一化,有 $E[\boldsymbol{x}_{p1}(n)\boldsymbol{x}_{p1}(n)^H] = \alpha_1 \boldsymbol{I}, E[\boldsymbol{x}_{p2}(n)\boldsymbol{x}_{p_2}(n)^H] = \alpha_2 \boldsymbol{I}$,其中 $\alpha_1$ 和 $\alpha_2$ 分别表示主用户 1 和 2 在侦听期内处于发射状态的概率。

假设主用户 1 和 2 发射的信号不相关,这样侦听期内从用户发射机接收到的信号的协方差矩阵为

$$\boldsymbol{Q}_{st} = E[\boldsymbol{y}_{st}(n)\boldsymbol{y}_{st}(n)^H] = \alpha_1 \boldsymbol{G}_1^H \boldsymbol{G}_1 + \alpha_2 \boldsymbol{G}_2^H \boldsymbol{G}_2 + \sigma_n^2 \boldsymbol{I} \tag{10.20}$$

对 $Q_{st}$ 进行特征值分解,有

$$Q_{st} = [V_s \quad V_n] \begin{bmatrix} \Lambda_s & \\ & \Lambda_n \end{bmatrix} [V_s \quad V_n]^H \tag{10.21}$$

其中 $\Lambda_n$ 为 $Q_{st}$ 等于 $\sigma_n^2$ 的特征值,$\Lambda_s$ 为 $Q_{st}$ 大于 $\sigma_n^2$ 的特征值,$V_s$ 为对应于 $\Lambda_s$ 的特征向量,$V_n$ 为对应于 $\Lambda_n$ 的特征向量。由于 $V_n$ 对应的特征值是噪声方差,其所在空间又被称为噪声子空间。

考虑到

$$V_n^H Q_{st} V_n = V_n^H [V_s \quad V_n] \begin{bmatrix} \Lambda_s & \\ & \Lambda_n \end{bmatrix} [V_s \quad V_n]^H V_n = \Lambda_n \tag{10.22}$$

$$V_n^H Q_{st} V_n = V_n^H (\alpha_1 G_1^H G_1 + \alpha_2 G_2^H G_2 + \sigma_n^2 I) V_n \tag{10.23}$$

有

$$V_n^H (\alpha_1 G_1^H G_1 + \alpha_2 G_2^H G_2) V_n = 0 \tag{10.24}$$

由于 $\alpha_1 \neq 0, \alpha_2 \neq 0$,因此 $V_n^H G_1^H G_1 V_n = 0, V_n^H G_2^H G_2 V_n = 0$

再考虑从用户发射机发射阶段,从用户接收机接收到的信号可以表示为

$$y_s = H_s x_s + n_s + z \tag{10.25}$$

其中 $y_s \in \mathcal{L}^{N_s \times 1}$ 为从用户接收机接收到的信号向量,$H_s \in \mathcal{L}^{N_s \times M}$ 为从用户发射机到从用户接收机的信道,$T_1 \in \mathcal{L}^{N_s \times M_p}$ 为主用户发射机到从用户接收机的信道,$n_s \in \mathcal{L}^{N_s \times 1}$ 为从用户接收机接收到的加性高斯白噪声,服从 $CN(0, I)$ 分布,$z \in \mathcal{L}^{N_s \times 1}$ 为主用户到从用户的干扰。

根据干扰 MIMO 信道的容量公式,从用户链路的容量可以表示为

$$C_s = \log_2 \left| I + R^{-1} H_s Q_s H_s^H \right| \tag{10.26}$$

其中 $R = E(n_s n_s^H + zz^H)$ 为从用户接收机接收到的干扰加噪声的协方差矩阵,$Q_s = E(x_s x_s^H)$ 为从用户发射机发射信号的协方差矩阵。

为了避免对主用户造成干扰,需要满足 $G_1 Q_s G_1^H = 0, G_2 Q_s G_2^H = 0$。考虑到 $V_n^H G_1^H G_1 V_n = 0, V_n^H G_2^H G_2 V_n = 0$,因此如果将 $Q_s$ 表示为 $Q_s = V_n \bar{Q}_s V_n^H$,就可以避免对主用户造成干扰。这种方法利用对主用户信号的侦听来获取与主用户信道正交的向量方向,从而指导从用户信号的设计。

再考虑以用户链路容量最大化为准则设计 $\bar{Q}_s$,有如下问题

$$\max_{\bar{Q}_s} \text{imize} \log_2 \left| I + R^{-1} H_s V_n \bar{Q}_s V_n^H H_s^H \right|$$

$$\text{s. t.} \quad \text{Tr}(\bar{Q}_s) \leqslant P_T \tag{10.27}$$

该问题的求解与上节中基于理想信道信息的 MIMO 认知无线电系统的发射协方差矩阵的求解类似,可以通过奇异值分解和注水算法得到该问题的最优解。

# 10.3 感知时间受限的 MIMO 认知无线电系统[8]

对于基于感知的 MIMO 认知无线系统,实际应用中,从用户发射机由于感知时间有限,往往不能在侦听期内精确地估计出从用户发射机接收到的信号的协方差矩阵。因此为了更加贴近实际应用,需要考虑感知时间受限的 MIMO 认知无线电系统的设计。在感知时间受限的 MIMO 认知无线电系统中,假设主用户工作在 TDD 模式。侦听期内,考虑到感知时间很短,认为只有一个主用户在发射信号,不失一般性,我们设为主用户 2。从用户发射机在侦听期内接收到的信号 $y_{st}$ 可以表示为

$$y_{st}(n) = G_2^H x_{p2}(n) + n_{st}(n) \qquad (10.28)$$

其中 $y_{st}(n) \in \mathcal{L}^{M_s \times 1}$ 为从用户发射机在时间 $n$ 侦听到的信号向量,$G_2 \in \mathcal{L}^{M_{p2} \times M_s}$ 为从用户发射机到主用户 2 的信道,$x_{p2}(n) \in \mathcal{L}^{M_{p2} \times 1}$ 为主用户 2 在时间 $n$ 发射的信号向量,$n_{st}(n) \in \mathcal{L}^{M_s \times 1}$ 为从用户发射机在时间 $n$ 接收到的加性高斯白噪声,服从 $CN(0, \sigma_n^2 I)$ 分布。

假设侦听期内对 $y_{st}$ 进行了 $N$ 次抽样,从用户发射机接收到的信号的协方差矩阵 $Q_{st}$ 的最大似然估计为

$$\hat{Q}_{st} = \frac{1}{N} \sum_{n=1}^{N} y_{st}(n) y_{st}(n)^H \qquad (10.29)$$

根据文献[10],对 $\tilde{Q}_{st}$ 进行特征值分解所得到的噪声子空间向量的估计值 $\tilde{V}_n$ 与对 $Q_{st}$ 进行特征值分解所得到的噪声子空间向量的真实值 $V_n$ 之间的一阶误差为

$$\Delta V_n = \hat{V}_n - V_n \approx -(G_2^H G_2)^{-1} \Delta Q_{st} V_n \qquad (10.30)$$

其中 $\Delta Q_{st} = \tilde{Q}_{st} - Q_{st}$。对于任意矩阵 $\Psi$,有 $E(\Delta Q_{st} \Psi \Delta Q_{st}^H) = \frac{1}{N} \mathrm{Tr}(Q_{st} \Psi) Q_{st}$。

当主用户 2 转变到接收阶段时,从用户发射机采用感知 MIMO 认知无线电系统的发射策略,设计发射协方差矩阵为 $Q_s = \hat{V}_n \bar{Q}_s \tilde{V}_n^H$。

主用户 2 收到的来自从用户发射机干扰信号总功率的期望为

$$
\begin{aligned}
E[\mathrm{Tr}(G_2 Q_s G_2^H)] &= E[\mathrm{Tr}(G_2 \hat{V}_n \bar{Q}_s \hat{V}_n^H G_2^H)] \\
&= E[\mathrm{Tr}(G_2 \Delta V_n \bar{Q}_s \Delta V_n^H G_2^H] \\
&= E\{\mathrm{Tr}[G_2 (G_2^H G_2)^{-1} \Delta Q_{st} V_n \bar{Q}_s [(G_2^H G_2)^{-1} \Delta Q_{st} V_n]^H G_2^H]\} \\
&= E\{\mathrm{Tr}[\Delta Q_{st} V_n \bar{Q}_s V_n^H \Delta Q_{st}^H (G_2^H G_2)^{-1}]\}
\end{aligned}
$$

$$= \frac{1}{N} \mathrm{Tr} \big[ \mathrm{Tr}(\boldsymbol{V}_n^H \boldsymbol{Q}_{st} \boldsymbol{V}_n \bar{\boldsymbol{Q}}_s) \boldsymbol{Q}_{st} (\boldsymbol{G}_2^H \boldsymbol{G}_2)^{-1} \big]$$

$$= \frac{1}{N} \mathrm{Tr} \big\{ \sigma_0^2 \mathrm{Tr}(\bar{\boldsymbol{Q}}_s) \big[ \boldsymbol{I} + \sigma_0^2 (\boldsymbol{G}_2^H \boldsymbol{G}_2)^{-1} \big] \big\}$$

$$= \frac{\sigma_0^2}{N} \mathrm{Tr}(\bar{\boldsymbol{Q}}_s) \big\{ M_s + \mathrm{Tr} \big[ \sigma_0^2 (\boldsymbol{G}_2^H \boldsymbol{G}_2)^{-1} \big] \big\} \qquad (10.31)$$

可以发现由于侦听期内对从用户发射机接收到的信号的协方差矩阵 $\boldsymbol{Q}_{st}$ 的不够精确,导致从用户发射机对主用户造成了一定干扰。根据本章参考文献[6]中的干扰功率约束,可以有 $E[\mathrm{Tr}(\boldsymbol{G}_2 \boldsymbol{Q}_s \boldsymbol{G}_2^H)] \leqslant \Gamma$,$\Gamma$ 为干扰功率门限。因此

$$\frac{\sigma_0^2}{N} \mathrm{Tr}(\bar{\boldsymbol{Q}}_s) \big\{ M_s + \mathrm{Tr} \big[ \sigma_0^2 (\boldsymbol{G}_2^H \boldsymbol{G}_2)^{-1} \big] \big\} = \frac{\sigma_0^2}{N} \mathrm{Tr}(\bar{\boldsymbol{Q}}_s) \big\{ M_s + \mathrm{Tr} \big[ \sigma_0^2 (\hat{\boldsymbol{Q}}_{st} - \sigma_0^2 \boldsymbol{I})^{-1} \big] \big\}$$

$$= \frac{\beta}{N} \mathrm{Tr}(\bar{\boldsymbol{Q}}_s) \leqslant \Gamma \qquad (10.32)$$

其中 $\beta a \dfrac{\sigma_0^2}{N} \{ M_s + \mathrm{Tr}[\sigma_0^2(\hat{\boldsymbol{Q}}_{st} - \sigma_0^2 \boldsymbol{I})^{-1}] \}$。

再考虑以用户链路容量最大化为准则设计 $\bar{\boldsymbol{Q}}_s$,有如下问题

$$\max_{\boldsymbol{Q}_s} imize \ \log_2 \big| \boldsymbol{I} + \boldsymbol{R}^{-1} \boldsymbol{H}_s \hat{\boldsymbol{V}}_n \bar{\boldsymbol{Q}}_s \hat{\boldsymbol{V}}_n^H \boldsymbol{H}_s^H \big|$$

$$\mathrm{s.t.} \quad \mathrm{Tr}(\bar{\boldsymbol{Q}}_s) \leqslant \min(P_T, \Gamma N / \beta) \qquad (10.33)$$

其中 $\bar{\boldsymbol{Q}}_s$ 为从用户接收机接收到的干扰加噪声的协方差矩阵。

该问题的求解与基于理想信道信息的 MIMO 认知无线电系统的发射协方差矩阵的求解类似,可以通过奇异值分解和注水算法得到该问题的最优解。

# 参 考 文 献

[1] E. Telatar,"Capacity of multi-antenna Gaussian channels," Bell Laboratories Technical Memoran-dum,1995.

[2] G. Caire and S. Shamai,"On the capacity of some channels with channelstate information," IEEE Trans. Inf. Theory,vol. 45,no. 6,pp. 2007-2019,Sep. 1999.

[3] J. Mitola,III,"Cognitive radio:An integrated agent architecture for software defined radio," Ph. D. dissertation,Royal Inst. Technol. ,Stockholm,Sweden,Dec. 2000.

[4] S. Haykin, "Cognitive radio: Brain-empowered wireless communications,"

IEEE J. Sel. Areas Commun. ,vol. 23,no. 2,pp. 201-220,Feb. 2005.

[5] A. Goldsmith,S. A. Jafar, I. Mari' c, and S. Srinivasa, "Breaking spectrum gridlock with cognitive radios:An information theoretic perspective," Proc. IEEE,2008.

[6] R. Zhang and Y. C. Liang, "Exploiting multi-antennas for opportunistic spectrum sharing in cognitive radio networks," IEEE J. Sel. Topics Signal Process. ,vol. 2,no. 1,pp. 88-102,Feb. 2008.

[7] R. Zhang,F. Gao,and Y. -C. Liang, "Cognitive beamforming made practical: Effective interference channel and learning-throughput tradeoff," IEEE Trans. Commun. ,vol. 8,no. 2,pp. 706-718,Feb. 2010.

[8] F. Gao,R. Zhang, Y. C. Liang, X. Wang, "Design of Learning-Based MIMO Cognitive Radio Systems,"IEEE Trans. on Vehicular Technology,vol. 59,no. 4,pp. 1707-1720,May. 2010.

[9] R. Zhang,T. J. Lim,Y. C. Liang,and Y. Zeng, "Multi-antenna based spectrum sensing for cognitive radios:A GLRT approach," IEEE Trans. Commun. , vol. 51,no. 1,pp. 84-88,Jan. 2010.

[10] Z. Xu, "On the second-order statistics of the weighted sample covariance matrix,"IEEE Trans. Signal Process. ,vol. 51,no. 2,pp. 527-534,Feb. 2003.

# 第五部分
# 认知无线电技术的应用

# 第 11 章　认知无线电的标准进展

目前国内外已经将认知无线电技术应用于实际并形成了一系列标准规范,主要有 802.22,802.11h,802.11y 等。

## 11.1　802.22

IEEE 802.22 固定无线区域网络(WRAN)工作于 54～862 MHz VHF、UHF (扩展频率范围 47～910 MHz)频段中的 TV 信道。它可自动检测空闲的频段资源并加以使用,因此可与电视、无线麦克风等已有设备共存。利用 WRAN 设备的这种特征可向低人口密度地区提供类似于城区所得到的宽带服务。总的来说,IEEE 802.22 有三个基本的技术目标。(1)使用目前广播电视空闲的频谱资源。在项目启动时候确定的目标频段是 54～862 MHz 频段。但广播电视具体使用的频段在各个国家中不完全相同,同时各个国家广播电视使用的制式也不完全相同。如美国使用 NTSC 制式,而我国使用 PAL 制式。为了能够在各个不同的国家使用, 802.22 的相关技术细节正在研究中。(2)充分利用认知无线电技术,自动检测空闲的频段资源并加以利用,消除对广播电视的影响,实现与模拟广播电视、数字广播电视、无线麦克风等业务的共存。(3)802.22 的基本目的是利用低频段的良好传播特性,向人口密度较低的地区(如郊区和农村地区)提供高速无线接入服务。根据 802.22 技术需求文件的要求,覆盖半径的典型值应该在 3040 公里之间,最大覆盖半径应该达到 100 公里。在小区边缘,用户能够获得的数据速率应当不低于下行 1.5 Mbit/s,上行 384 kbit/s。对于系统的频谱效率,要求最低不低于 0.5 bit/Hz,最高不要高于 5 bit/Hz。

IEEE 802.22 中与认知无线电相关的主要技术有:频谱感知、共存以及信道管理技术。

(1) IEEE 802.22 的频谱感知

802.22 系统采用分布式感知、集中控制的机制。也就是说,基站(BS)和所有的用户终端(CPE)都参与到信道测量的过程中,然后将结果上报给 BS,由 BS 统一控制信道的分配。为了有效地保护授权用户,在信道感知过程中采用工作信道内与工作信道外感知技术。其中工作信道内感知又分为快速感知阶段与精细感知阶段。在快速感知阶段通常只采取单一的感知方法(如能量检测或导频信号能量检测),达到快速感知授权用户的目的。而精细感知阶段则要检测授权用户的详细信息;用户终端(CPE)利用独立天线在工作信道内感知的同时实现工作信道外感知。

(2) IEEE 802.22 的共存

在目前 IEEE 802.22 草案中包括与授权用户共存和其他 802.22 系统的共存。与授权用户的共存包括授权用户的感知、授权用户通告、授权检测恢复一系列机制。授权用户感知机制是工作信道内两段式感知机制,在每个信道检测时间内周期性地分配多个快速感知时间,而精细感知时间是在每个信道检测时间内动态分配。这种机制的主要优点是允许认知无线电系统满足实时系统的 QoS 要求,只在必要时候才进行精细感知。由于电视授权用户不是经常的出现或消失,通常情况下只需要进行快速感知,这样可以保证 QoS 不受影响。授权用户通告机制是解决感知授权用户以后及时通知 BS 的场景。授权用户检测恢复机制是,小区范围内的授权用户由 BS 确认后 BS 进入恢复运行的模式。目前 IEEE 802.22 草案中支持两种 WRAN 系统间通信方式,一种是 CBP( Coexistence Beacon Protocol),另一种是 inter-BS 通信。CBP 方式支持主动和被动式,而后者只是被动地监听邻居小区基站发送的超帧控制头(SCH)或 CBP 包。

(3) IEEE 802.22 的信道管理

IEEE 802.22 系统把信道分为工作信道集合、候选信道集合、占用信道集合、不允许使用的信道集合和空信道集合。对于多信道支持的情况,工作信道又分为工作信道 1 和工作信道 2。对于每个 CPE 自身工作信道为工作信道 1,其他的当前 BS 的工作信道为工作信道 2。占用信道集合是被授权用户占用的信道。根据感知结果,实现各信道的切换。由于认知系统工作在授权用户频段,一旦工作信道内出现授权用户,系统迅速退出授权用户信道,实现对授权用户的保护,这时工作信道转化为占用信道。同理,如果授权用户释放了占用的信道,则这个信道可以转化为候选信道集合作为认知系统的候选信道,或者转化为其他信道集合类型。信道管理为更好地保护授权用户,为用户提供更灵活的服务和 QoS 保证提供了可能。

# 11.2　802.11h

802.11 的提出是为了适应各国政府用于监管 5 GHz 频带的不同管理规定,

避免了部分国家在 5 GHz 使用的雷达频段妨碍了 802.11a 的部署。在 802.11h 中定义的 5 GHz 无线频带上，支持多达 24 条非重叠信道，因此其抗干扰性能优于 802.11b/g。

在 IEEE 802.11h 中，除了包括 802.11a WLAN 设备符合 IT U 要求的机制，还包括一些用于 5 GHz 频谱共享的新技术。主要包括动态频率选择(Dynamic Frequency Selection,DFS)和发射功率控制(Transmit Power Control,TPC)。

（1）动态频率选择

动态频率选择(DFS)技术主要负责避免干扰正在所检测目标信道上工作的其他设备，如军用雷达设备以及其他 802.11 系列设备。具体过程为：一个接入点在帧中指定它使用的 DFS，而 WLAN 站点用来发现接入点。当 WLAN 站点与一个接入点建立联系或重新建立联系时，这个站点报告它可以支持的信道。当需要切换到新信道时，接入点利用它所支持的信道列表来确定最佳的信道。接入点通过向所有与它建立联系的 WLAN 站点发送一帧信息来启动信道切换。这帧数据包括指定新信道号信道切换生效所需时间以及在信道切换前是否允许传输数据。站点过一段时间后会收到接入点发来的关于转换到新信道所需的信道切换信息。接入点测量信道活动用来确定 WLAN 信道中是否还有其他无线传输流。该接入点向一个站点或一组站点发出测量请求。测量请求指定所要测量的信道、测量开始时间和测量持续时间。这个站点会完成对信道活动所要求的测量并生成一个报告发送给接入点。

（2）发射功率控制

发射功率控制(TPC)技术，主要是通过降低 WLAN 设备使用的无线发射功率，减少 WLAN 对其他服务的干扰。另外 TPC 还可用于管理无线设备的功耗和控制接入点与无线设备间的距离。具体过程为：接入点在发送给 WLAN 站点的帧中说明了对 TPC 的支持。这些帧还指定了 WLAN 中所允许的最大发射功率和接入点目前使用的发射功率。与接入点建立联系的 WLAN 站点所使用的发射功率不能超过接入点设定的最大限制。当一个 WLAN 站点与单个接入点建立联系时，WLAN 站点会说明它的发射功率能力。接入点利用与它建立联系的所有站点的数据，确定 WLAN 网段的最大功率。这意味着 WLAN 网段中的无线电功率可以调节，在保持边缘 WLAN 运行所需足够连接功率的同时，减少对其他设备的干扰。帧也在接入点与站点之间传送，用以监测无线网络的信号强度。如果需要的话，接入点可以动态地调节无线电信号强度，以保持无线通信。

# 11.3　802.11y

IEEE 802.11y 标准的目标是对与卫星固定业务用户共享的美国 3.65～3.7 GHz 频段中 IEEE 802.11 无线局域网通信的机制进行标准化。IEEE 802.11y 中定义了传输初始化的过程、确定信道状况(是否可用)的方法、检测信道忙时重传的机制等诸多内容并提供了 5 MHz、10 MHz、20 MHz 等多种带宽的选择,借助 OFDM 多载波技术,可以实现多种带宽的快速切换,从而提高系统的鲁棒性和灵活性。除切换信道外,802.11y 系统也可以利用 OFDM 的特点,通过调整参数来避免干扰的形成,比如:将所用带宽从 20 MHz 调整至 10 MHz 或 5 MHz,从而避开主用户的工作频段。

在 802.11y 中与认知无线电相关的主要技术包括动态频率选择动态频率选择(Dynamic Frequency Selection,DFS)和发射功率控制(Transmit Power Control,TPC)以及动态站点激活(Dynamic Station Enablement,DSE)。

(1) 动态频率选择

802.11y 的动态频率选择技术是基于 802.11h 中的 DFS 基础上的,为了更好地支持信道带宽的可调性,802.11y 的 DFS 技术又扩展了信道切换的内容,使得站点可以在任意信道之间,包括不同带宽 5\10\20 MHz 的重叠信道和相同带宽的非重叠信道,进行切换以避免对正在使用的用户造成干扰。具体过程为:一个接入点在帧中指定它使用的扩展切换信道(Extended Channel Switch,ECS),并向 WLAN 站点报告。当 WLAN 站点与一个接入点建立联系或重新建立联系时,这个站点报告它可以支持的信道。当需要切换到新信道时,接入点利用它所支持的信道列表来确定最佳的信道。接入点通过向所有与它建立联系的 WLAN 站点发送一帧信息来启动信道切换。这帧数据包括指定新信道号信道切换生效所需时间以及在信道切换前是否允许传输数据。站点过一段时间后会收到接入点发来的关于转换到新信道所需的信道切换信息。接入点测量信道活动用来确定 WLAN 信道中是否还有其他无线传输流。该接入点向一个站点或一组站点发出测量请求。测量请求指定所要测量的信道、测量开始时间和测量持续时间。这个站点会完成对信道活动所要求的测量并生成一个报告发送给接入点。

(2) 发射功率控制

802.11y 的发射功率控制技术与 802.11h 一致,主要是通过降低 WLAN 设备使用的无线发射功率,减少 WLAN 对其他服务的干扰。另外 TPC 还可用于管理无线设备的功耗和控制接入点与无线设备间的距离。具体过程为:接入点在发送给 WLAN 站点的帧中说明了对 TPC 的支持。这些帧还指定了 WLAN 中所允许的最大发射功率和接入点目前使用的发射功率。与接入点建立联系的 WLAN 站点所使用的发射功率不能超过接入点设定的最大限制。当一个 WLAN 站点与单个接入点建立联系时,WLAN 站点会说明它的发射功率能力。接入点利用与它建立联系的所有站点的数据,确定 WLAN 网段的最大功率。这意味着 WLAN 网段中的无线电功率可以调节,在保持边缘 WLAN 运行所需足够连接功率的同时,减少对其他设备的干扰。帧也在接入点与站点之间传送,用以监测无线网络的信号强度。如果需要的话,接入点可以动态地调节无线电信号强度,以保持无线通信。

（3）动态站点激活

802.11y 中使用动态站点激活技术（DSE）主要是为了充分保护卫星固定业务用户不被 802.11y 中的站点干扰。DSE 要求只有当 802.11y 站点被授权后,才能在指定的授权频谱上进行通信。在 802.11y 中可以进行授权的站点不限于接入站点（AP）,也可以是 AP 和 STA 共同组成一个授权系统为新加入的 STA 进行授权。新加入的站点在获得授权后即可获得当前对其授权的系统的授权频谱信息。需要注意的是,站点授权和站点接入是两个过程,一个站点被某个 AP 授权后,仍然具有接入另一个 AP 或者自己单独发起通信的权利,但是必须要按照授权频谱进行操作,并且周期性地与授权 AP 保持报告保持授权状态。DSE 技术同时还被用于干扰协调,站点获得授权时,需要包括自己的地理位置信息,这部分信息不仅被用于授权系统实现分布式频谱检测以规范其授权频谱,还被用于对系统内通信的干扰协调。

# 参 考 文 献

[1] "IEEE 802.22.1-2010 standard," [Online],available：http：//standards.ieee.org/ getieee802/ download/802.22.1-2010.pdf.

[2] Cordeiro,Carlos,Challapali,Birru,Shankar,"IEEE 802.22：An Introduction to the First Wireless Standard based on Cognitive Radios,"JCM,1(1)：pp. 38-47.

[3] "IEEE 802.11h-2003 Standard" [Online], available：http：//standards.ieee.org/getieee802/download/802.11h-2003.pdf.

[4] "Commission Proposes to Allocate the 3650-3700 MHz Band for Fixed Services；Freezes New or Major Modified Earth Station Applications," [Online], available： http：//transition.fcc.gov/Bureaus/Engineering_Technology/ News_Releases/1998/nret8019.html.

[5] "IEEE 802.11y-2003 Standard" [Online],available：http：//standards.ieee.org/getieee802/ download/ 802.11y-2008.pdf.

# 第 12 章　认知无线电技术
# 在军事中的应用

在军事领域,认知无线电有着广泛的应用前景。其最重要的两项军事应用领域是频谱管理和抗干扰通信。目前,国内外都在大力推进新军事变革和军队信息化建设。通信抗干扰技术在军队信息化建设中占有十分重要的地位。军事无线通信如果不能在恶劣的电磁环境中生存,那就意味着军队的信息系统在战时不能有效地运行,因而通信抗干扰已成为信息作战关注的焦点和难点问题。军事通信中抗干扰,主要指抗敌意干扰。敌意干扰的目的是破坏或中断通信,其中干扰信号要与通信信号在频率域、空间域、时间域上的各种特征相吻合。认知无线电(Cognitive Radio,CR)是一个智能无线通信系统,其主要特征是具有感知能力。认知无线电通过感知周围的通信环境,并使用人工智能技术从环境中学习,以自动调整其内部通信机理和通信参数,不断适应环境变化。把认知无线电用于军事通信,形成 CR 设备,该设备通过对战时通信环境的感知,能够进行自适应的通信,达到从频率域、空间域、时间域对抗敌意干扰的目的。所以研究对抗条件下的空天认知无线电网络技术对于提高我国军事通信水平有着重大的意义。

## 12.1　频谱管理

美国联邦通信委员会把认知无线电技术看成是可能对频谱冲突产生重大影响的少数几种技术之一,而美国军方则因为他们在频谱规划方面面临着巨大的难题,所以也对认知无线电十分感兴趣。无论是进行军事演习和联合作战,或是在国内进行培训,军方都遇到有关频率分配的巨大问题。有了认知无线电技术,军方将不再局限于一个动态的频率规划,而是可以从根本上适应需求的变化。为此,美国国防部提出下一代无线通信(XG)项目,初期投资 1 700 万美元。该项目将研制和开发频谱捷变无线电(Spectrum Agile Radios),这些无线电台在使用法规的范围内,可以动态自适应变化的无线环境。XG 项目的承包商雷声公司称在不干扰其他无线电台正常工作的前提下,该项目可使目前的频谱利用率提高 10～20 倍。雷声公司在该项研究中采用的就是认知无线电技术,目前正计划在实际环境中对其进行验证,并为 XG 技术向军事和潜在的商业应用移植做准备。静态的、集中的频谱分配策略已不能满足灵活多变的现代战争的要求。未来通信的频谱管理应该是动态的、集中与分布相结合的,每一部电台都将具有无线电信号感知功能(侦察功能)。军用认知无线电如能将通信与侦察集成到一部电台里,那么组成的通信网络就具有很多的感知节点和通信节点。军用认知无线电台还可以使军方根据频谱管理中心分配的频率资源与感知的频率环境来确定通信策略;而频谱管理中心还可以从军用认知无线电台获取各地区的频谱利用及受扰信息。这样就形成了集中与分布式相结合的动态频谱管理模式,使得部署更加方便。

## 12.2　复杂电磁环境监控

近年来,各国对复杂电磁环境的研究发展很快,美、英、法等国都在积极研究如何应对未来战场上的复杂电磁环境。

在对复杂电磁环境的模拟仿真方面,各国都在生产相应的信号模拟器。比如美国的 HP-E2507B/E2507A 多制式通信信号模拟器采用软件无线电技术,可用于多路常规通信信号的模拟,包括常用的民用通信信号和军用通信信号。美国的 HP-8770S 信号模拟器可以用于雷达、电子对抗以及通信等多规格信号的模拟,支持各种模拟调制和数字调制的通信信号。还有德国的 ADS、AMS 型任意波形发生器,可以利用序列编辑器,存储发射任意波形的信号。国内方面对电磁环境的模拟工作已经做出了完整的计算机虚拟平台,比如国防科大的 KD-RTI 系统可以虚拟出真实的战场复杂电磁环境,将来可能会进一步做出相应的信号模拟发生器。这些设备都可以模拟构建出战场复杂电磁环境,为开展复杂电磁环境的分析工作提供了拟真的研究环境。

在对复杂电磁环境的分析方面,最早是敌我识别器的研究,利用我军电磁信号特征对我军装备进行识别,以解决在复杂电磁环境下敌我设备的识别问题,引导部队对敌进行打击,避免误伤。德国较早开展了敌我识别器的研究,制造出一个叫"卡里普斯"(CARPIS)的设备,利用识别特征应答信号识别己方设备。其他各国也纷纷对此展开了研究。比如法国的 BIFF 战场识别器和美国的 BCIS 系统以及英国的 M-TICS 系统。随着对复杂电磁环境的分析技术的发展,目前敌我识别器的研究,已经进入了非协作识别的领域,即利用友军装备电子信号特点直接进行装备识别,而不是对应答信号进行识别,比如美军提出的 NCTR 系统。随着战场电磁环境的日益复杂化,为了对当前战场电磁环境的复杂性进行判断,各国又开展了复杂电磁环境的复杂性分析,特点是利用模糊数学理论,对战场电磁环境的复杂性描述划分等级并进行归类。但是这种仅仅对战场电磁环境复杂性的描述,无法定量地得到当前战场电磁环境对战场电子设备的影响。因此,各国又开展了对战场电磁环境参数化的分析工作。主要利用频谱检测理论和信号识别技术,分析战场电磁环境参数。比如美军的哈姆反辐射导弹、英军的 ALARM 导弹等均是利用从复杂电磁环境中分析出雷达信号参数从而进行跟踪打击的。还有美军的 AN/VSX系统,能够利用天线传感器探测并报告出选定频段内出现的战场电磁信号特征,包括频率、脉冲宽度、脉冲间隔及调制方式,并存入战场数据库。

# 12.3　抗干扰通信

随着信息战技术和装备的发展,作为网络化、信息化战场神经中枢的通信网络系统也发生了明显的变化,通信频带不断加宽,保密措施越来越完善,反侦察、抗干扰能力不断加强。为了迎接通信对抗新的挑战,各国不断加强通信干扰技术攻关和装备研制,从而衍生了一些新的干扰技术和方法,使得通信对抗作战手段更为丰富,作战空域和作战对象更为广泛。

军用认知无线电台将大大提升电台的抗干扰水平。应根据频谱感知、干扰信号特征以及通信业务的需求选取合适的抗干扰通信策略。比如进行短报文通信时,可以采用在安静频率上进行突发通信的方式;当敌方采用跟踪式干扰时,可采用变速调频等干扰策略。

# 参 考 文 献

[1] Joseph Mitola III, Gerald Q. Maguite, "Cognitive Radio: Making Software Radios More Personal [J]", IEEE Personal Communications, 1999,6(4):pp. 13-18.

[2] Joseph Mitola III, "Cognititve Radio: An Integrated Agent Architectrure Defined Radio for Software ", Ph. D. Dissertation, Royal Institute of Technology, 2000.

[3] 高斌,唐晓斌.复杂电磁环境效应研究初探.中国电子科学研究院学院.2008 年 8 月第 4 期.

[4] 张贺.战场电磁环境对作战的影响.四川兵工学报.2011 年 2 月.第 32 卷第 2 期.

［5］孙国至,刘尚合.战场电磁环境效应对信息化战争的影响.军事运筹与系统工程.2006 年 9 月.第 20 卷第 3 期.

［6］那振宇.对跳频通信系统典型干扰性能的分析［［J］.科学技术与工程.Vol No.8 Apr .2009.

［7］姚富强.通信抗干扰工程与实践［M］.电子工业出版社.2008. 24-72.